Educational Producer For Your Success

알기쉽게 풀어쓴!

에듀피디
산업위생관리
기사·산업기사 실기

| 전나훈 편저 |

- 기출문제 및 관련 이론을 집중적으로 학습할 수 있도록 구성
- 과년도 기출문제를 통한 실력 향상
- 필수적으로 암기해야 하는 부분의 암기 방법을 두문자를 통해 제시

Engineer
Industrial
Hygiene
Management

에듀피디 동영상강의 www.edupd.com

알기 쉽게 풀어쓴
산업위생관리(산업)기사 실기

인　쇄　　2023년 8월 10일
발　행　　2023년 8월 17일

편저자　　전나훈
발행처　　에듀피디
등　록　　제300-2005-146
주　소　　서울 종로구 대학로 45 임호빌딩 2층 (연건동)

전　화　　1600-6690
팩　스　　02)747-3113

※ 이 책은 저작권법에 따라 보호받는 저작물이므로 무단전재와 무단복제를 금지하며 책 내용의 전부 또는 일부를 이용하려면 반드시 저작권자와 에듀피디의 서면 동의를 받아야 합니다.

Contents

제1편 작업환경관리 실무

CHAPTER 01	작업환경 측정 및 평가	024
CHAPTER 02	작업환경관리	083
CHAPTER 03	환기 일반	104
CHAPTER 04	전체 환기	114
CHAPTER 05	국소배기	123
CHAPTER 06	산업안전보건법에 따른 관리	158
CHAPTER 07	위험성 평가	166
CHAPTER 08	근골격계 질환	179
CHAPTER 09	보호구 관리하기	182
CHAPTER 10	석면관리	190

제2편 과년도 필답형 기출문제

[산업기사 기출문제]

CHAPTER 01	2016년도 제1회 산업기사 필답형	198
CHAPTER 02	2020년도 제1회 산업기사 필답형	203
CHAPTER 03	2020년도 제2회 산업기사 필답형	207
CHAPTER 04	2020년도 제3회 산업기사 필답형	211

[기사 기출문제]

CHAPTER 05	2015년도 제1회 기사 필답형	215
CHAPTER 06	2015년도 제3회 기사 필답형	220
CHAPTER 07	2016년도 제1회 기사 필답형	225
CHAPTER 08	2016년도 제2회 기사 필답형	230
CHAPTER 09	2016년도 제3회 기사 필답형	235
CHAPTER 10	2017년도 제1회 기사 필답형	240
CHAPTER 11	2017년도 제2회 기사 필답형	245
CHAPTER 12	2017년도 제3회 기사 필답형	250
CHAPTER 13	2018년도 제1회 기사 필답형	255
CHAPTER 14	2018년도 제2회 기사 필답형	260
CHAPTER 15	2018년도 제3회 기사 필답형	266
CHAPTER 16	2019년도 제1회 기사 필답형	272
CHAPTER 17	2019년도 제2회 기사 필답형	277
CHAPTER 18	2019년도 제3회 기사 필답형	283
CHAPTER 19	2020년도 제1회 기사 필답형	288
CHAPTER 20	2020년도 제2회 기사 필답형	293
CHAPTER 21	2020년도 제3회 기사 필답형	298
CHAPTER 22	2022년도 제1회 기사 필답형	303
CHAPTER 23	2022년도 제2회 기사 필답형	308
CHAPTER 24	2023년도 제1회 기사 필답형	313

제3편 과년도 필답형 기출해설

[산업기사 기출문제 정답 및 해설]

| 2016년도 산업기사 필답형 | 318 |
| 2020년도 산업기사 필답형 | 322 |

[기사 기출문제 정답 및 해설]

2015년도 기사 필답형	335
2016년도 기사 필답형	344
2017년도 기사 필답형	357
2018년도 기사 필답형	371
2019년도 기사 필답형	386
2020년도 기사 필답형	401
2022년도 기사 필답형	415
2023년도 기사 필답형	425

부록 산업위생공식 및 법규정리

| CHAPTER 01 | 산업위생 공식정리 | 430 |
| CHAPTER 02 | 법규정리 | 448 |

출제 GUIDE | 출제기준(실기)

| 직무분야 | 안전관리 | 중직무분야 | 안전관리 | 자격종목 | 산업위생관리산업기사 | 적용기간 | 2020.01.01.~ 2024.12.31 |

◉ **직무내용** : 작업장 및 실내 환경의 쾌적한 환경 조성과 근로자의 건강 보호와 증진을 위하여 작업장 및 실내 환경 내에서 발생되는 화학적, 물리적, 생물학적, 그리고 기타 유해요인에 관한 환경 측정, 시료분석 및 평가(작업환경 및 실내 환경)를 통하여 유해 요인의 노출 정도를 분석·평가하고, 그에 따른 대책을 제시하며, 산업 환기 점검, 보호구 관리, 공정별 유해 인자 파악 및 유해 물질 관리 등을 실시하며, 보건 교육 훈련, 근로자의 보건 관리 업무를 통하여 환경 시설에 대한 보건 진단 및 개인에 대한 건강 진단 관리, 건강 증진, 개인위생 관리 업무를 수행하는 직무이다.

◉ **수행준거** : 1. 분진측정기, 소음측정기, 진동측정기 등의 각종 측정기기를 사용하여 사업장내 유해위험과 작업환경을 측정할 수 있다.
2. 제반 문제점을 개선, 개량, 감독하고 작업자에게 산업위생보건에 관한 지도 및 교육을 실시하는 업무를 수행할 수 있다.
3. 산업위생관리기사의 업무를 보조하는 직무를 수행할 수 있다.

| 실기검정방법 | 필답형 | 시험시간 | 2시간 30분 |

실기과목명	주요항목	세부항목	세세항목
작업환경 관리실무	❶ 작업환경 측정 및 평가	❶ 입자상 물질을 측정, 평가하기	1. 분진흡입에 대한 인체의 방어기전에 대하여 기술할 수 있다. 2. 분진의 크기 표시 및 침강 속도에 대하여 기술할 수 있다. 3. 입자별 크기에 따른 노출기준에 대하여 기술할 수 있다. 4. 여과지의 종류 및 특성에 대하여 기술할 수 있다. 5. 작업종류에 따른 입자상 유해물질에 대하여 기술할 수 있다. 6. 입자상 물질의 측정방법을 알고 평가할 수 있다.
		❷ 유해물질을 측정, 평가하기	1. 가스상 물질의 측정 개요에 대하여 기술할 수 있다. 2. 가스상 물질의 성질에 대하여 기술할 수 있다. 3. 연속 시료채취에 대하여 기술할 수 있다. 4. 순간 시료채취에 대하여 기술할 수 있다. 5. 흡착의 원리에 대하여 기술할 수 있다. 6. 시료 채취시 주의사항에 대하여 기술할 수 있다. 7. 흡착관의 종류에 대하여 기술할 수 있다. 8. 유해물질의 측정방법 및 평가에 대하여 기술할 수 있다.
		❸ 소음 및 진동을 측정, 평가하기	1. 소음진동의 인체 영향에 대하여 기술할 수 있다. 2. 소음의 측정 및 평가에 대하여 기술할 수 있다. 3. 진동의 측정 및 평가에 대하여 기술할 수 있다.

실기과목명	주요항목	세부항목	세세항목
		❹ 극한온도 등 유해인자를 측정, 평가하기	1. 이상기압에 대한 인체 영향을 기술할 수 있다. 2. 고열환경의 측정 및 평가에 대하여 기술할 수 있다. 3. 한랭환경의 측정 및 평가에 대하여 기술할 수 있다. 4. 직업성 피부질환의 발생요인에 대하여 기술할 수 있다. 5. 유해광선에 대한 측정 및 평가에 대하여 기술할 수 있다.
		❺ 산업위생통계에 대하여 기술하기	1. 통계의 필요성에 대하여 기술할 수 있다. 2. 용어에 대하여 기술할 수 있다. 3. 평균, 표준편차, 표준오차에 대하여 기술할 수 있다. 4. 신뢰구간에 대하여 기술할 수 있다.
	❷ 작업환경관리	❶ 입자상 물질의 관리 및 대책을 수립하기	1. 일반적인 분진 및 유해입자의 관리에 대하여 기술할 수 있다. 2. 분진 작업에서의 관리에 대하여 기술할 수 있다. 3. 석면 작업에서의 관리에 대하여 기술할 수 있다. 4. 금속먼지 및 흄 작업에서의 관리에 대하여 기술할 수 있다. 5. 기타 작업에서의 관리에 대하여 기술할 수 있다.
		❷ 유해화학물질의 관리 및 평가하기	1. 유해화학물질의 정의에 대하여 기술할 수 있다. 2. 유해화학물질의 표시에 대하여 기술할 수 있다. 3. 유기화합물의 관리 및 대책을 수립할 수 있다. 4. 산, 알칼리의 관리 및 대책을 수립할 수 있다. 5. 가스상 물질의 관리 및 대책을 수립할 수 있다.
	❸ 환기 일반	❶ 환기량 및 환기방법에 대하여 기술하기	1. 유해물질에 대한 전체 환기량에 대하여 기술할 수 있다. 2. 환기량 산정방법에 대하여 기술할 수 있다. 3. 환기량을 평가할 수 있다. 4. 공기 교환횟수에 대하여 기술할 수 있다. 5. 환기방법의 종류를 기술할 수 있다.
		❷ 기온, 기습, 압력, 유속, 유량에 대하여 기술하기	1. 단위, 밀도, 점성에 대하여 기술할 수 있다. 2. 비중량, 비체적, 비중에 대하여 기술할 수 있다. 3. 기온에 대하여 기술할 수 있다. 4. 기습에 대하여 기술할 수 있다. 5. 유량과 유속에 대하여 기술할 수 있다. 6. 속도압, 정압, 전압, 증기압에 대하여 기술할 수 있다. 7. 밀도보정계수에 대하여 기술할 수 있다. 8. 압력손실에 대하여 기술할 수 있다.

출제 GUIDE | 출제기준(실기)

실기과목명	주요항목	세부항목	세세항목
			9. 마찰손실에 대하여 기술할 수 있다. 10. 베르누이의 정리에 대하여 기술할 수 있다. 11 레이놀드 수에 대하여 기술할 수 있다.
	❹ 작업환경관리	❶ 전체 환기에 대하여 기술하기	1. 가스상 물질의 측정 개요에 대하여 기술할 수 있다. 2. 가스상 물질의 성질에 대하여 기술할 수 있다. 3. 연속 시료채취에 대하여 기술할 수 있다. 4. 순간 시료채취에 대하여 기술할 수 있다. 5. 흡착의 원리에 대하여 기술할 수 있다. 6. 시료 채취시 주의사항에 대하여 기술할 수 있다. 7. 흡착관의 종류에 대하여 기술할 수 있다. 8. 유해물질의 측정방법 및 평가에 대하여 기술할 수 있다.
		❷ 전체 환기 시스템의 점검 및 유지관리하기	1. 환기시스템에 대하여 기술할 수 있다. 2. 공기공급 시스템에 대하여 기술할 수 있다. 3. 공기공급 방법에 대하여 기술할 수 있다. 4. 공기혼합 및 분배에 대하여 기술할 수 있다. 5. 배출물의 재유입에 대하여 기술할 수 있다. 6. 설치, 검사 및 관리에 대하여 기술할 수 있다.
	❺ 작업환경관리	❶ 후드에 대하여 기술하기	1. 후드의 종류에 대하여 기술할 수 있다. 2. 후드의 선정방법에 대하여 기술할 수 있다. 3. 후드 제어속도에 대하여 기술할 수 있다. 4. 후드의 필요 환기량에 대하여 기술할 수 있다. 5. 후드의 정압에 대하여 기술할 수 있다. 6. 후드의 압력손실에 대하여 기술할 수 있어야 한다. 7. 후드의 유입손실에 대하여 기술할 수 있다.
		❷ 닥트에 대하여 기술하기	1. 닥트의 직경과 원주에 대하여 기술할 수 있어야 한다. 2. 닥트의 길이 및 곡률반경에 대하여 기술할 수 있다. 3. 닥트의 반송속도에 대하여 기술할 수 있다. 4. 닥트의 압력손실에 대하여 기술할 수 있다. 5. 설치 및 관리에 대하여 기술할 수 있다.
		❸ 송풍기에 대하여 기술하기	1. 송풍기의 기초이론에 대하여 기술할 수 있다. 2. 송풍기의 종류에 대하여 기술할 수 있다. 3. 송풍기의 선정방법에 대하여 기술할 수 있다. 4. 송풍기의 동력에 대하여 기술할 수 있다. 5. 송풍량 조절방법에 대하여 기술할 수 있다. 6. 작동점과 성능곡선에 대하여 기술할 수 있다. 7. 송풍기 상사법칙에 대하여 기술할 수 있다.

실기과목명	주요항목	세부항목	세세항목
			8. 송풍기 시스템의 압력손실에 대하여 기술할 수 있다. 9. 연합운전과 소음대책에 대하여 기술할 수 있다. 10. 설치 및 관리에 대하여 기술할 수 있다.
		❹ 국소환기 시스템 점검 및 유지관리하기	1. 준비단계에 대하여 기술할 수 있다. 2. 공기흐름의 분배에 대하여 기술할 수 있다. 3. 압력 손실 계산에 대하여 기술할 수 있다. 4. 속도변화에 대한 보정에 대하여 기술할 수 있다. 5. 푸시-풀 시스템에 대하여 기술할 수 있다. 6. 설치 및 관리에 대하여 기술할 수 있다.
		❺ 공기 정화에 대하여 기술하기	1. 선정 시 고려사항에 대하여 기술할 수 있다. 2. 공기정화기의 종류에 대하여 기술할 수 있다. 3. 입자상 물질의 처리에 대하여 기술할 수 있다. 4. 가스상 물질의 처리에 대하여 기술할 수 있다. 5. 압력손실에 대하여 기술할 수 있다. 6. 집진장치의 종류에 대하여 기술할 수 있다. 7. 흡수법에 대하여 기술할 수 있다. 8. 흡착법에 대하여 기술할 수 있다. 9. 연소법에 대하여 기술할 수 있다.
	❻ 보건관리계획 수립평가	❶ 안전보건활동 계획수립하기	1. 보건활동의 문제점을 도출하고 우선순위를 정할 수 있다. 2. 보건활동의 목적과 목표를 설정하고 사업명을 계획할 수 있다. 3. 안전보건활동의 사업별 대상, 기간, 방법, 성과지표, 업무분장, 소요예산 등을 계획할 수 있다. 4. 성과지표에 따른 안전보건 활동의 기대효과를 예측할 수 있다.
	❼ 안전보건관리 체제 확립	❶ 산업안전보건위원회 활동하기	1. 부서별로 작업장 자체점검을 통한 보건관리 추진 상황을 확인하고, 근로자위원의 건의사항을 취합하여 보건분야의 요구사항을 수집할 수 있다. 2. 산업안전보건위원회의 보건분야 심의안건을 문서로 작성할 수 있다. 3. 사용자위원으로 회의에 참석하여 보건분야 의견을 제시할 수 있다. 4. 회의결과를 주지하고 이행 여부를 확인할 수 있다.
		❷ 관리감독자 지도·조언하기	1. 관리감독자가 지휘·감독하는 작업과 보건점검 및 이상 유무의 확인에 관해 지도/조언할 수 있다.

  | 출제기준(실기)

실기과목명	주요항목	세부항목	세세항목
			2. 관리감독자에게 소속된 근로자의 작업복·보호구 및 방호장치의 점검과 그 착용·사용에 관한 교육·지도에 관해 지도/조언할 수 있다. 3. 해당 작업에서 발생한 산업재해에 관한 보고 및 이에 대한 응급조치에 관해 지도/조언할 수 있다. 4. 해당 작업의 작업장 정리·정돈 및 통로확보에 대한 확인·감독에 관해 지도/조언할 수 있다.
	❽ 산업보건 정보관리	❶ 산업안전보건법에 따른 기록 관리하기	1. 산업안전보건법령에서 요구하는 보건관리업무의 서류와 자료를 적법하게 수집, 정리할 수 있다. 2. 법에서 요구하는 기록의 보유기간에 맞추어서 기록을 보존하고, 유지관리할 수 있다. 3. 보관하는 문서를 필요시에 찾아보기 쉽게 요약정리하고 문서별로 중심어를 선정하여 기록의 검색에 활용할 수 있다.
		❷ 업무수행기록 관리하기	1. 업무수행 중에 기록이 필요한 사항에 대하여 기록 양식과 기록방법을 적절하게 채택할 수 있다. 2. 업무수행에 관한 기록을 하고 업무의 중요성과 활용도에 따라서 체계적으로 분류하고 보존기간을 결정할 수 있다. 3. 생성된 자료나 문서를 간단하게 통계처리하거나 요약하고 중심어를 선정하여 활용할 때에 쉽게 검색할 수 있도록 한다.
		❸ 자료보관 활용하기	1. 산업보건관리에서 증거로서 가치가 있는 기록을 보존하여 쉽게 검색하고 활용하도록 할 수 있다. 2. 증거로서 가치가 있는 기록을 분류하고 편철하거나 전산화하여 보존할 수 있다. 3. 생산된 기록에 대하여 보유기간을 확인하고 판단하여 불필요한 기록은 폐기할 수 있다.
	❾ 위험성 평가	❶ 위험성평가 체계 구축하기	1. 안전보건관리책임자와 협조하여 위험성평가 체계를 구축할 수 있다. 2. 위험성평가를 위해 필요한 교육을 실시할 수 있다. 3. 위험성평가를 효과적으로 실시하기 위하여 실시 계획서 작성에 참여할 수 있다. 4. 이해관계자와 위험성평가 방법을 결정하는 데 협조할 수 있다.
		❷ 위험성평가 과정 관리하기	1. 위험성평가 과정에 필요한 보건 분야의 유해·위험 요인 정보를 제공할 수 있다.

실기과목명	주요항목	세부항목	세세항목
			2. 위험성평가의 과정 및 위험도 계산 방법에 대하여 숙지할 수 있다. 3. 사업장 위험성평가에 관한 지침에 따라 위험성평가의 실시를 관리할 수 있다. 4. 유해·위험 요인별 위험도의 수준에 따라 위험감소 대책을 수립하는데 참여할 수 있다.
		❸ 위험성평가 결과 적용하기	1. 사업장 위험성평가에 관한 지침에 따라 위험성 평가서의 결과를 해석할 수 있다. 2. 위험도가 높은 순으로 개선대책을 수립한 것 중 보건 분야에 적용할 것을 선별할 수 있다. 3. 위험성평가를 종료한 후 남아있는 유해·위험요인에 대해서 게시, 주지 등의 방법으로 근로자에게 알릴 수 있다. 4. 위험성평가 실시내용, 결과, 보건 분야 개선 내용을 기록할 수 있다. 5. 보건 분야 위험감소대책이 지속적으로 시행되고 있는지 확인하고 보완할 수 있다.
	❿ 작업관리	❶ 작업부하관리하기	1. 효율적인 근로시간과 휴식시간을 계획하기 위하여 작업시간 및 작업자세, 휴식시간과 근로자 건강장해의 관계를 파악할 수 있다. 2. 건강장애예방을 위하여 적정한 휴식시간을 제안하여 개선할 수 있다. 3. 작업강도와 작업시간을 조절할 수 있도록 개선안을 제시할 수 있다. 4. 유해·위험작업에서 근로시간과 관련된 근로자의 건강 보호를 위한 근로조건의 개선방법을 제시할 수 있다.
		❷ 교대제 관리하기	1. 교대작업자의 작업설계시 고려사항에 대해 제안할 수 있다. 2. 교대작업자의 건강관리를 위해 직무스트레스평가와 뇌·심혈관질환발병위험도평가를 실시하여 그 결과에 따라 건강증진프로그램을 제공할 수 있다. 3. 교대작업자로 배치할 때 업무적합성평가결과를 참조하여 적절한 작업에 배치할 수 있도록 제안할 수 있다. 4. 야간작업자를 분류하고 대상자에 대한 특수건강진단(배치 전, 배치 후)을 받도록 조치할 수 있다. 5. 야간작업으로 인한 건강장애를 예방하기 위한 사후관리를 할 수 있다.

출제 GUIDE | 출제기준(실기)

실기과목명	주요항목	세부항목	세세항목
		❸ 보호구 관리하기	1. 보호구 착용대상자를 파악하여 보호구 구입, 지급, 착용, 보관에 대한 관리계획을 수립할 수 있다. 2. 해당보호구 선정기준에 따라 적격품을 선정할 수 있다. 3. 사업장 순회 점검 시 보호구 지급 및 관리 현황을 작성하여 관리할 수 있다. 4. 보건위생보호구의 착용지도를 위하여 호흡보호프로그램과 청력보호프로그램을 운영할 수 있다. 5. 해당 근로자 및 관리감독자를 대상으로 위생보호구 지급 착용에 따른 교육 및 훈련을 실시할 수 있다.
		❹ 근골격계 질환예방 관리 프로그램 운영하기	1. 작업장의 인간공학적 유해요인을 파악하고 목록을 작성할 수 있다. 2. 골격계 부담작업의 유무를 파악하여 근골격계 부담작업 개선계획을 수립할 수 있다. 3. 골격계부담작업을 수행하는 근로자의 자각증상을 조사표를 사용하여 평가할 수 있다. 4. 근로자의 자각증상조사결과를 사업주에게 제출하여 개선의 필요성을 인지시킬 수 있다. 5. 골격계부담작업에 종사하는 근로자를 대상으로 근골격계부담작업 유해요인 조사를 실시할 수 있다. 6. 유해요인조사결과에 따라 의학적 관리를 수행할 수 있다. 7. 근골격계질환 예방관리프로그램을 운영할 수 있다. 8. 노사가 함께 개선활동을 실행할 수 있도록 노사 참여형 개선활동기법을 추진할 수 있다.
	⓫ 건강관리	❶ 건강진단 계획하기	1. 건강진단 실시를 위한 일반적 자료를 수집할 수 있다. 2. 작업환경 유해인자와 관련된 자료를 수집할 수 있다. 3. 건강진단 기관별 특성에 파악하여 적합한 건강진단 실시 기관을 선정할 수 있다. 4. 건강진단 실시 계획을 수립하고 일정을 수립하며 문서 작성을 할 수 있다.
		❷ 건강진단 실시하기	1. 계획된 건강진단 일정에 따라 건강진단 관련 자료를 근로자에 제공할 수 있다. 2. 설문지 작성, 검진과 관련된 주의사항 안내와 같이 해당 근로자에 적합한 정보를 충분히 제공하고 사전 준비를 할 수 있다. 3. 건강진단 실시에 적합한 환경을 조성하여 건강진단을 실시할 수 있다.

실기과목명	주요항목	세부항목	세세항목
			4. 건강진단 실시 기관의 의료진에게 진단에 필요한 사업장정보를 제공하고 협력하여 정확한 건강진단이 되도록 할 수 있다. 5. 건강진단 실시 결과를 분석하고 보고할 수 있다.
		❸ 건강진단 사후관리하기	1. 건강진단 판정 등급과 업무적합성 평가 결과에 따라 사후관리 계획을 수립하고 실행할 수 있다. 2. 직업병 또는 업무관련성 질환과 일반질환에 대한 관리 계획을 수립하고 실행할 수 있다. 3. 뇌심혈관질환 등 발병위험도 수준에 따른 관리계획을 수립하고 실행할 수 있다. 4. 건강진단 결과에 따라 업무관련성 질병 예방을 위한 작업환경, 작업조건 개선 사항을 인지하고 적합한 조치를 위한 건의를 할 수 있다. 5. 개인별, 부서별, 작업별 특성에 따른 사후관리 계획을 수립하고 실행할 수 있다. 6. 직업병 발생 시 장해보상신청 절차에 대한 정보를 제공하고 적합한 조치를 취할 수 있다.
	⓬ 사업장보건 교육	❶ 보건교육 계획하기	1. 교육종류에 따라 보건교육의 연간일정 계획을 수립할 수 있다. 2. 사업장 보건교육의 원리에 따라 보건교육 계획안을 작성할 수 있다. 3. 보건교육 평가기준을 마련하고, 목표달성 정도가 반영되는 평가도구를 선정할 수 있다. 4. 관리담당자와 보건교육 계획 일정을 논의하고 조정할 수 있다. 5. 노사협의회, 안전보건위원회, 경영 팀과 협의하여 보건교육을 홍보하고 예산지원을 구성할 수 있다.
		❷ 보건교육 실시하기	1. 보건교육 연간계획표를 제공하고, 보건교육 대상자를 확인할 수 있다. 2. 보건교육 계획에 따라 보건교육실시에 필요한 준비사항을 확인할 수 있다. 3. 보건교육 계획안에 따라 교육을 실시하거나 지원할 수 있다. 4. 안전보건관리책임자, 관리감독자 및 특별교육대상자의 교육이수를 점검할 수 있다.

출제 GUIDE | 출제기준(실기)

직무분야	안전관리	중직무분야	안전관리	자격종목	산업위생관리기사	적용기간	2020.01.01.~ 2024.12.31

◎ **직무내용**: 작업장 및 실내 환경의 쾌적한 환경 조성과 근로자의 건강 보호와 증진을 위하여 작업장 및 실내 환경 내에서 발생되는 화학적, 물리적, 생물학적, 그리고 기타 유해요인에 관한 환경 측정, 시료분석 및 평가(작업환경 및 실내 환경)를 통하여 유해 요인의 노출 정도를 분석·평가하고, 그에 따른 대책을 제시하며, 산업 환기 점검, 보호구 관리, 공정별 유해 인자 파악 및 유해 물질 관리 등을 실시하며, 보건 교육 훈련, 근로자의 보건 관리 업무를 통하여 환경 시설에 대한 보건 진단 및 개인에 대한 건강 진단 관리, 건강 증진, 개인위생 관리 업무를 수행하는 직무이다.

◎ **수행준거**: 1. 분진측정기, 소음측정기, 진동측정기 등의 각종 측정기기를 사용하여 사업장내 유해위험과 작업환경을 측정할 수 있다.
2. 제반 문제점을 개선, 개량, 감독하고 작업자에게 산업위생보건에 관한 지도 및 교육을 실시하는 업무를 수행할 수 있다.

실기검정방법	필답형	시험시간	3시간

실기과목명	주요항목	세부항목	세세항목
작업환경 관리실무	❶ 작업환경 측정 및 평가	❶ 입자상 물질을 측정, 평가하기	1. 분진흡입에 대한 인체의 방어기전에 대하여 기술할 수 있다. 2. 분진의 크기 표시 및 침강 속도에 대하여 기술할 수 있다. 3. 입자별 크기에 따른 노출기준에 대하여 기술할 수 있다. 4. 여과지의 종류 및 특성에 대하여 기술할 수 있다. 5. 작업종류에 따른 입자상 유해물질에 대하여 기술할 수 있다. 6. 입자상 물질의 측정방법을 알고 평가할 수 있다.
		❷ 유해물질을 측정, 평가하기	1. 가스상 물질의 측정 개요에 대하여 기술할 수 있다. 2. 가스상 물질의 성질에 대하여 기술할 수 있다. 3. 연속 시료채취에 대하여 기술할 수 있다. 4. 순간 시료채취에 대하여 기술할 수 있다. 5. 흡착의 원리에 대하여 기술할 수 있다. 6. 시료 채취시 주의사항에 대하여 기술할 수 있다. 7. 흡착관의 종류에 대하여 기술할 수 있다. 8. 유해물질의 측정방법 및 평가에 대하여 기술할 수 있다.
		❸ 소음 및 진동을 측정, 평가하기	1. 소음진동의 인체 영향에 대하여 기술할 수 있다. 2. 소음의 측정 및 평가에 대하여 기술할 수 있다. 3. 진동의 측정 및 평가에 대하여 기술할 수 있다.
		❹ 극한온도 등 유해인자를 측정, 평가하기	1. 이상기압에 대한 인체 영향을 기술할 수 있다. 2. 고열환경의 측정 및 평가에 대하여 기술할 수 있다. 3. 한랭 환경의 측정 및 평가에 대하여 기술할 수 있다.

실기과목명	주요항목	세부항목	세세항목
			4. 직업성 피부질환의 발생요인에 대하여 기술할 수 있다. 5. 유해광선에 대한 측정 및 평가에 대하여 기술할 수 있다.
		❺ 산업위생통계에 대하여 기술하기	1. 통계의 필요성에 대하여 기술할 수 있다. 2. 용어에 대하여 기술할 수 있다. 3. 평균, 표준편차, 표준오차에 대하여 기술할 수 있다. 4. 신뢰구간에 대하여 기술할 수 있다.
	❷ 작업환경 관리	❶ 입자상 물질의 관리 및 대책을 수립하기	1. 일반적인 분진 및 유해입자의 관리에 대하여 기술할 수 있다. 2. 분진 작업에서의 관리에 대하여 기술할 수 있다. 3. 석면 작업에서의 관리에 대하여 기술할 수 있다. 4. 금속먼지 및 흄 작업에서의 관리에 대하여 기술 할 수 있다. 5. 기타 작업에서의 관리에 대하여 기술할 수 있다.
		❷ 유해화학물질의 관리 및 평가하기	1. 유해화학물질의 정의에 대하여 기술할 수 있다. 2. 유해화학물질의 표시에 대하여 기술할 수 있다. 3. 유기화합물의 관리 및 대책을 수립할 수 있다. 4. 산, 알칼리의 관리 및 대책을 수립할 수 있다. 5. 가스상 물질의 관리 및 대책을 수립할 수 있다.
		❸ 소음 및 진동을 관리하고 대책 수립하기	1. 일반적인 소음의 대책을 수립할 수 있다. 2. 흡음에 의한 관리대책을 수립할 수 있다. 3. 차음에 의한 관리대책을 수립할 수 있다. 4. 기타 공학적 소음대책을 수립할 수 있다. 5. 진동의 관리 및 대책을 수립할 수 있다. 6. 개인보호구에 대하여 기술할 수 있다.
		❹ 산업 심리에 대하여 기술하기	1. 산업심리의 영역에 대하여 기술할 수 있다. 2. 직무 스트레스를 원인에 대하여 기술할 수 있다. 3. 직무 스트레스를 평가할 수 있다. 4. 직무 스트레스를 관리할 수 있다. 5. 조직과 집단에 대하여 기술할 수 있다. 6. 직업과 적성에 대하여 기술할 수 있다.
		❺ 노동 생리에 대하여 기술하기	1. 근육의 대사과정에 대하여 기술할 수 있다. 2. 산소 소비량에 대하여 기술할 수 있다. 3. 작업강도에 대하여 기술할 수 있다. 4. 에너지 소비량에 대하여 기술할 수 있다. 5. 작업자세에 대하여 기술할 수 있다. 6. 작업시간과 휴식에 대하여 기술할 수 있다.

출제 GUIDE | 출제기준(실기)

실기과목명	주요항목	세부항목	세세항목
	❸ 환기 일반	❶ 유체역학에 대하여 기술하기	1. 단위, 밀도, 점성에 대하여 기술할 수 있다. 2. 비중량, 비체적, 비중에 대하여 기술할 수 있다. 3. 유량과 유속에 대하여 기술할 수 있다. 4. 속도압, 정압, 전압, 증기압에 대하여 기술할 수 있다. 5. 밀도보정계수에 대하여 기술할 수 있다. 6. 압력손실에 대하여 기술할 수 있다. 7. 마찰손실에 대하여 기술할 수 있다. 8. 베르누이의 정리에 대하여 기술할 수 있다. 9. 레이놀드 수에 대하여 기술할 수 있다.
		❷ 환기량 및 환기방법에 대하여 기술하기	1. 유해물질에 대한 전체 환기량에 대하여 기술할 수 있다. 2. 환기량 산정방법에 대하여 기술할 수 있다. 3. 환기량을 평가할 수 있다. 4. 공기 교환횟수에 대하여 기술할 수 있다. 5. 환기방법의 종류를 기술할 수 있다.
		❸ 기온, 기습, 압력에 대하여 기술하기	1. 기온에 대하여 기술할 수 있다. 2. 기습에 대하여 기술할 수 있다. 3. 압력에 대하여 기술할 수 있다.
	❹ 전체 환기	❶ 전체 환기에 대하여 기술하기	1. 환기의 방식에 대하여 기술할 수 있다. 2. 전체 환기의 원칙에 대하여 기술할 수 있다. 3. 강제 환기에 대하여 기술할 수 있다. 4. 자연환기에 대하여 기술할 수 있다. 5. 제한조건에 대하여 기술할 수 있다.
		❷ 전체 환기 시스템 설계, 점검 및 유지관리하기	1. 환기시스템에 대하여 기술할 수 있다. 2. 공기공급 시스템에 대하여 기술할 수 있다. 3. 공기공급 방법에 대하여 기술할 수 있다. 4. 공기혼합 및 분배에 대하여 기술할 수 있다. 5. 배출물의 재유입에 대하여 기술할 수 있다. 6. 설치, 검사 및 관리에 대하여 기술할 수 있다.
	❺ 국소환기	❶ 후드에 대하여 기술하기	1. 후드의 종류에 대하여 기술할 수 있다. 2. 후드의 선정방법에 대하여 기술할 수 있다. 3. 후드 제어속도에 대하여 기술할 수 있다. 4. 후드의 필요 환기량에 대하여 기술할 수 있다. 5. 후드의 정압에 대하여 기술할 수 있다. 6. 후드의 압력손실에 대하여 기술할 수 있다. 7. 후드의 유입손실에 대하여 기술할 수 있다.

실기과목명	주요항목	세부항목	세세항목
		❷ 닥트에 대하여 기술하기	1. 닥트의 직경과 원주에 대하여 기술할 수 있다. 2. 닥트의 길이 및 곡률반경에 대하여 기술할 수 있다. 3. 닥트의 반송속도에 대하여 기술할 수 있다. 4. 닥트의 압력손실에 대하여 기술할 수 있다. 5. 설치 및 관리에 대하여 기술할 수 있다.
		❸ 송풍기에 대하여 기술하기	1. 송풍기의 기초이론에 대하여 기술할 수 있다. 2. 송풍기의 종류에 대하여 기술할 수 있다. 3. 송풍기의 선정방법에 대하여 기술할 수 있다. 4. 송풍기의 동력에 대하여 기술할 수 있다. 5. 송풍량 조절방법에 대하여 기술할 수 있다. 6. 작동점과 성능곡선에 대하여 기술할 수 있다. 7. 송풍기 상사법칙에 대하여 기술할 수 있다. 8. 송풍기 시스템의 압력손실에 대하여 기술할 수 있다. 9. 연합운전과 소음대책에 대하여 기술할 수 있다. 10. 설치 및 관리에 대하여 기술할 수 있다.
		❹ 국소환기 시스템 설계, 점검, 유지관리하기	1. 준비단계에 대하여 기술할 수 있다. 2. 설계절차 및 방법에 대하여 기술할 수 있다. 3. 공기흐름의 분배에 대하여 기술할 수 있다. 4. 압력 손실 계산에 대하여 기술할 수 있다. 5. 속도변화에 대한 보정에 대하여 기술할 수 있다. 6. 단순 국소배기장치의 설계에 대하여 기술할 수 있다. 7. 복합 국소배기장치의 설계에 대하여 기술할 수 있다. 8. 푸시-풀 시스템에 대하여 기술할 수 있다. 9. 설치 및 관리에 대하여 기술할 수 있다.
		❺ 공기 정화에 대하여 기술하기	1. 선정 시 고려사항에 대하여 기술할 수 있다. 2. 공기정화기의 종류에 대하여 기술할 수 있다. 3. 입자상 물질의 처리에 대하여 기술할 수 있다. 4. 가스상 물질의 처리에 대하여 기술할 수 있다. 5. 압력손실에 대하여 기술할 수 있다. 6. 집진장치의 종류에 대하여 기술할 수 있다. 7. 흡수법에 대하여 기술할 수 있다. 8. 흡착법에 대하여 기술할 수 있다. 9. 연소법에 대하여 기술할 수 있다.

실기과목명	주요항목	세부항목	세세항목
	❻ 보건관리계획 수립평가	❶ 사업장 보건문제 사정하기	1. 사업장의 인구학적 특성, 작업관리 특성, 작업환경특성, 조직체계 현황을 파악하여 분석할 수 있다. 2. 사업장의 건강관리실 이용현황, 유소견자 현황, 산업재해 건수, 건강검진 현황과 같은 건강수준을 파악할 수 있다. 3. 사업장 안전보건활동의 과정과 효과성을 파악할 수 있다.
		❷ 안전보건활동 계획수립하기	1. 보건활동의 문제점을 도출하고 우선 순위를 정할 수 있다. 2. 보건활동의 목적과 목표를 설정하고 사업명을 계획할 수 있다. 3. 안전보건활동의 사업별 대상, 기간, 방법, 성과지표, 업무분장, 소요예산 등을 계획할 수 있다. 4. 성과지표에 따른 안전보건 활동의 기대효과를 예측할 수 있다.
		❸ 안전보건활동 평가하기	1. 산업안전보건규정에 의거하여 안전보건활동을 지도, 감독할 수 있다. 2. 안전보건활동의 대상, 기간, 역할분담을 정할 수 있다. 3. 필요시 안전보건활동을 조정할 수 있다. 4. 안전보건활동의 참여자에 대하여 필요한 사전 자체 교육을 수행할 수 있다. 5. 노사협의회, 산업안전보건위원회를 통해 협조를 요청할 수 있다. 6. 모니터링을 통해 안전보건활동을 점검할 수 있다.
	❼ 안전보건관리 체제 확립	❶ 산업안전보건위원회 활동하기	1. 부서별로 작업장 자체점검을 통한 보건관리 추진 상황을 확인하고, 근로자위원의 건의사항을 취합하여 보건분야의 요구사항을 수집할 수 있다. 2. 산업안전보건위원회의 보건분야 심의 안건을 문서로 작성할 수 있다. 3. 사용자위원으로 회의에 참석하여 보건분야 의견을 제시할 수 있다. 4. 회의결과를 주지하고 이행 여부를 확인할 수 있다.
		❷ 관리감독자 지도 · 조언하기	1. 관리감독자가 지휘 · 감독하는 작업과 보건점검 및 이상 유무의 확인에 관해 지도/조언할 수 있다. 2. 관리감독자에게 소속된 근로자의 작업복 · 보호구 및 방호장치의 점검과 그 착용 · 사용에 관한 교육 · 지도에 관해 지도/조언할 수 있다.

실기과목명	주요항목	세부항목	세세항목
			3. 해당 작업에서 발생한 산업재해에 관한 보고 및 이에 대한 응급조치에 관해 지도/조언할 수 있다. 4. 해당 작업의 작업장 정리·정돈 및 통로확보에 대한 확인·감독에 관해 지도/조언할 수 있다.
	❽ 산업보건정보 관리	❶ 산업안전보건법에 따른 기록 관리하기	1. 산업안전보건법령에서 요구하는 보건관리업무의 서류와 자료를 적법하게 수집, 정리할 수 있다. 2. 법에서 요구하는 기록의 보유기간에 맞추어서 기록을 보존하고, 유지관리할 수 있다. 3. 보관하는 문서를 필요시에 찾아보기 쉽게 요약 정리하고 문서별로 중심어를 선정하여 기록의 검색에 활용할 수 있다.
		❷ 업무수행기록 관리하기	1. 업무수행 중에 기록이 필요한 사항에 대하여 기록양식과 기록방법을 적절하게 채택할 수 있다. 2. 업무수행에 관한 기록을 하고 업무의 중요성과 활용도에 따라서 체계적으로 분류하고 보존기간을 결정할 수 있다. 3. 생성된 자료나 문서를 간단하게 통계처리하거나 요약하고 중심어를 선정하여 활용할 때에 쉽게 검색할 수 있도록 한다.
		❸ 자료보관 활용하기	1. 산업보건관리에서 증거로서 가치가 있는 기록을 보존하여 쉽게 검색하고 활용하도록 할 수 있다. 2. 증거로서 가치가 있는 기록을 분류하고 편철 하거나 전산화하여 보존할 수 있다. 3. 생산된 기록에 대하여 보유기간을 확인하고 판단하여 불필요한 기록은 폐기할 수 있다.
	❾ 위험성 평가	❶ 위험성평가 체계 구축하기	1. 안전보건관리책임자와 협조하여 위험성평가 체계를 구축할 수 있다. 2. 위험성평가를 위해 필요한 교육을 실시할 수 있다. 3. 위험성평가를 효과적으로 실시하기 위하여 실시 계획서 작성에 참여할 수 있다. 4. 이해관계자와 위험성평가 방법을 결정하는 데 협조할 수 있다.
		❷ 위험성평가 과정 관리하기	1. 위험성평가 과정에 필요한 보건 분야의 유해·위험 요인 정보를 제공할수 있다. 2. 위험성평가의 과정 및 위험도 계산방법에 대하여 숙지할 수 있다.

출제 GUIDE | 출제기준(실기)

실기과목명	주요항목	세부항목	세세항목
			3. 사업장 위험성평가에 관한 지침에 따라 위험성평가의 실시를 관리할 수 있다. 4. 유해·위험 요인별 위험도의 수준에 따라 위험 감소대책을 수립하는데 참여할 수 있다.
		❸ 위험성평가 결과 적용하기	1. 사업장 위험성평가에 관한 지침에 따라 위험성평가서의 결과를 해석할 수 있다. 2. 위험도가 높은 순으로 개선대책을 수립한 것 중 보건분야에 적용할 것을 선별할 수 있다. 3. 위험성평가를 종료한 후 남아 있는 유해·위험요인에 대해서 게시, 주지 등의 방법으로 근로자에게 알릴 수 있다. 4. 위험성평가 실시내용, 결과, 보건분야 개선 내용을 기록할 수 있다. 5. 보건 분야 위험감소대책이 지속적으로 시행되고 있는지 확인하고 보완할 수 있다.
	❿ 작업관리	❶ 작업부하관리하기	1. 효율적인 근로시간과 휴식시간을 계획하기 위하여 작업시간 및 작업자세, 휴식시간과 근로자 건강장해의 관계를 파악할 수 있다. 2. 건강장애예방을 위하여 정한 휴식시간을 제안하여 개선할 수 있다. 3. 작업강도와 작업시간을 조절할 수 있도록 개선안을 제시할 수 있다. 4. 유해·위험작업에서 근로시간과 관련된 근로자의 건강 보호를 위한 근로조건의 개선방법을 제시할 수 있다.
		❷ 교대제 관리하기	1. 교대작업자의 작업설계시 고려사항에 대해 제안할 수 있다. 2. 교대작업자의 건강관리를 위해 직무스트레스평가와 뇌·심혈관질환발병위험도평가를 실시하여 그 결과에 따라 건강증진프로그램을 제공할 수 있다. 3. 교대작업자로 배치할 때 업무적합성평가결과를 참조하여 적절한 작업에 배치할 수 있도록 제안할 수 있다. 4. 야간작업자를 분류하고 대상자에 대한 특수 건강진단(배치 전, 배치 후)을 받도록 조치할 수 있다. 5. 야간작업으로 인한 건강장애를 예방하기 위한 사후관리를 할 수 있다.

실기과목명	주요항목	세부항목	세세항목
		❸ 보호구 관리하기	1. 보호구 착용대상자를 파악하여 보호구 구입, 지급, 착용, 보관에 대한 관리계획을 수립할 수 있다. 2. 해당보호구 선정기준에 따라 적격품을 선정할 수 있다. 3. 사업장 순회 점검 시 보호구 지급 및 관리 현황을 작성하여 관리할 수 있다. 4. 보건위생보호구의 착용지도를 위하여 호흡보호 프로그램과 청력보호프로그램을 운영할 수 있다. 5. 해당 근로자 및 관리감독자를 대상으로 위생보호구 지급 착용에 따른 교육 및 훈련을 실시할 수 있다.
		❹ 근골격계 질환예방관리 프로그램 운영하기	1. 작업장의 인간공학적 유해요인을 파악하고 목록 을 작성할 수 있다. 2. 근골격계 부담작업의 유무를 파악하여 근골격계 부담작업 개선계획을 수립할 수 있다. 3. 근골격계부담작업을 수행하는 근로자의 자각 증상을 조사표를 사용하여 평가할 수 있다. 4. 근로자의 자각증상조사결과를 사업주에게 제출 하여 개선의 필요성을 인지시킬 수 있다. 5. 근골격계부담작업에 종사하는 근로자를 대상으로 근골격계 부담작업 유해요인 조사를 실시할 수 있다. 6. 유해요인조사결과에 따라 의학적 관리를 수행할 수 있다. 7. 근골격계질환 예방관리프로그램을 운영할 수 있다. 8. 노사가 함께 개선활동을 실행할 수 있도록 노사 참여형 개선활동기법을 추진할 수 있다.
	⑪ 건강관리	❶ 건강진단 계획하기	1. 건강진단 실시를 위한 일반적 자료를 수집할 수 있다. 2. 작업환경 유해인자와 관련된 자료를 수집할 수 있다. 3. 건강진단 기관별 특성을 파악하여 적합한 건강진단 실시기관을 선정할 수 있다. 4. 건강진단 실시 계획을 수립하고 일정을 수립하며 문서 작성을 할 수 있다.
		❷ 건강진단 실시하기	1. 계획된 건강진단 일정에 따라 건강진단 관련 자료를 근로자에 제공할 수 있다. 2. 설문지 작성, 검진과 관련된 주의사항 안내와 같이 해당 근로자에 적합한 정보를 충분히 제공하고 사전 준비를 할 수 있다. 3. 건강진단 실시에 적합한 환경을 조성하여 건강진단을 실시할 수 있다.

출제 GUIDE | 출제기준(실기)

실기과목명	주요항목	세부항목	세세항목
			4. 건강진단 실시 기관의 의료진에게 진단에 필요한 사업장 정보를 제공하고 협력하여 정확한 건강진단이 되도록 할 수 있다. 5. 건강진단 실시 결과를 분석하고 보고할 수 있다.
		❸ 건강진단 사후관리하기	1. 건강진단 판정 등급과 업무적합성 평가 결과에 따라 사후관리 계획을 수립하고 실행할 수 있다. 2. 직업병 또는 업무관련성 질환과 일반질환에 대한 관리계획을 수립하고 실행할 수 있다. 3. 뇌심혈관질환 등 발병위험도 수준에 따른 관리계획을 수립하고 실행할 수 있다. 4. 건강진단 결과에 따라 업무관련성 질병 예방을 위한 작업환경, 작업조건 개선 사항을 인지하고 적합한 조치를 위한 건의를 할 수 있다. 5. 개인별, 부서별, 작업별 특성에 따른 사후관리 계획을 수립하고 실행할 수 있다. 6. 직업병 발생 시 장해보상신청절차에 대한 정보를 제공하고 적합한 조치를 취할 수 있다.
		❹ 증상 관리하기	1. 증상의 발견과 처치를 하기에 적합한 관찰과 정보수집을 할 수 있다. 2. 감염성 질환의 우려가 있는 경우 적합한 조치를 할 수 있다. 3. 증상의 정도에 따라 적합한 조치를 할 수 있다. 4. 해당 증상과 처치 사항을 상세하게 기록할 수 있다.
	⓬ 사업장 건강증진	❶ 건강증진 요구 사정하기	1. 사업장 건강증진 요구 파악에 필요한 자료를 수집할 수 있다. 2. 수집한 자료를 근거로 사업장의 유해위험요인과 근로자의 생활습관 개선 요인 간 관계를 검토할 수 있다. 3. 건강생활실천에 대하여 우선순위를 결정하고, 사회적 관심, 행·재정, 자원 활용 등에 따라 타당성을 검토할 수 있다.
		❷ 건강증진 계획하기	1. 사업장 건강증진 전략에 따라 건강증진 연간 일정 계획을 수립할 수 있다. 2. 사업장 건강증진에 적합한 프로그램을 선정 하거나 개발할 수 있다. 3. 건강증진 평가기준을 마련하고, 목표달성 정도가 반영되는 평가도구를 선정할 수 있다.

실기과목명	주요항목	세부항목	세세항목
			4. 관리담당자와 건강증진 프로그램 운영계획을 논의하고 조정할 수 있다. 5. 사업장 건강증진에 관한 정책과 규정을 논의 하여 제정하고, 홍보를 계획할 수 있다. 6. 노사협의회, 안전보건위원회, 경영팀과 협의 하여 건강증진 예산지원을 구성할 수 있다.
		❸ 건강증진 프로그램운영하기	1. 건강증진 프로그램 연간계획표를 제공하고, 참여자를 확인할 수 있다. 2. 계획한 건강증진 프로그램을 제공하고, 지원할 수 있다. 3. 사업장을 순회하며 건강증진 프로그램 시행을 확인할 수 있다. 4. 프로그램 당사자들과 추후 건강증진에 대해 논의 할 수 있다.
	⓭ 건강관리	❶ 보건교육 요구 사정하기	1. 사업장 보건교육 요구 파악에 필요한 자료를 수집할 수 있다. 2. 수집한 자료를 근거로 사업장의 유해위험 요인과 근로자의 질병위험 요인 간 관계를 검토할 수 있다. 3. 교육 종류(정기, 채용 시, 특별 교육)에 따라 교육대상에 대한 지침이나 기준을 확인할 수 있다. 4. 사업장의 보건교육 우선순위를 결정하고, 사회적 관심, 행·재정, 자원 활용 등에 따라 사업장 보건교육의 타당성을 검토할 수 있다.
		❷ 보건교육 계획하기	1. 교육종류에 따라 보건교육의 연간일정 계획을 수립할 수 있다. 2. 사업장 보건교육의 원리에 따라 보건교육 계획 안을 작성할 수 있다. 3. 보건교육 평가기준을 마련하고, 목표달성 정도가 반영되는 평가도구를 선정할 수 있다. 4. 관리담당자와 보건교육 계획 일정을 논의하고 조정할 수 있다. 5. 노사협의회, 안전보건위원회, 경영팀과 협의하여 보건 교육을 홍보하고 예산지원을 구성할 수 있다.

출제 GUIDE | 출제기준(실기)

실기과목명	주요항목	세부항목	세세항목
		❸ 보건교육 실시하기	1. 보건교육 연간계획표를 제공하고, 보건교육 대상자를 확인할 수 있다. 2. 보건교육 계획에 따라 보건교육실시에 필요한 준비사항을 확인할 수 있다. 3. 보건교육 계획안에 따라 교육을 실시하거나 지원할 수 있다. 4. 안전보건관리책임자, 관리감독자 및 특별교육대상자의 교육이수를 점검할 수 있다.

알기 쉽게 풀어쓴 산업위생관리(산업)기사 실기

제 1 편
작업환경 관리 실무

- 01 작업환경 측정 및 평가
- 02 작업환경관리
- 03 환기 일반
- 04 전체 환기
- 05 국소배기
- 06 산업안전보건법에 따른 관리
- 07 위험성 평가
- 08 근골격계 질환
- 09 보호구 관리하기
- 10 석면관리

CHAPTER 01 작업환경 측정 및 평가

[측정과 관련된 용어의 정의]

㉠ "액체채취방법"이라 함은 시료공기를 액체 중에 통과시키거나 액체의 표면과 접촉시켜 용해·반응·흡수·충돌 등을 일으키게 하여 당해 액체에 측정하고자 하는 물질을 채취하는 방법을 말한다.

㉡ "고체채취방법"이라 함은 시료공기를 고체의 입자층을 통해 흡입, 흡착하여 당해 고체입자에 측정하고자 하는 물질을 채취하는 방법을 말한다.

㉢ "직접채취방법"이라 함은 시료공기를 흡수, 흡착 등의 과정을 거치지 아니하고 직접채취대 또는 진공채취병 등의 채취용기에 물질을 채취하는 방법을 말한다.

㉣ "냉각응축채취방법"이라 함은 시료공기를 냉각된 관 등에 접촉 응축시켜 측정하고자 하는 물질을 채취하는 방법을 말한다.

㉤ "여과채취방법"이란 시료공기를 여과재를 통하여 흡인함으로써 해당 여과재에 측정하려는 물질을 채취하는 방법을 말한다.

㉥ "개인시료채취"란 개인시료채취기를 이용하여 가스·증기·분진·흄(fume)·미스트(mist) 등을 근로자의 호흡위치(호흡기를 중심으로 반경 30㎝인 반구)에서 채취하는 것을 말한다.

㉦ "지역시료채취"란 시료채취기를 이용하여 가스·증기·분진·흄(fume)·미스트(mist) 등을 근로자의 작업행동 범위에서 호흡기 높이에 고정하여 채취하는 것을 말한다.

㉧ "노출기준"이란 「산업안전보건법」(이하 "법"이라 한다) 제39조 제2항에서 정한 작업환경평가기준을 말한다.

㉨ "최고노출근로자"란 「산업안전보건법 시행규칙」(이하 "규칙"이라 한다) 별표 11의5에 따른 작업환경측정대상 유해인자의 발생 및 취급원에서 가장 가까운 위치의 근로자이거나 작업환경측정대상 유해인자에 가장 많이 노출될 것으로 간주되는 근로자를 말한다.

㉩ "단위작업장소"란 작업환경측정대상이 되는 작업장 또는 공정에서 정상적인 작업을 수행하는 동일 노출집단의 근로자가 작업을 하는 장소를 말한다.

㉪ "호흡성분진"이란 호흡기를 통하여 폐포에 축적될 수 있는 크기의 분진을 말한다.

㉫ "흡입성분진"이란 호흡기의 어느 부위에 침착하더라도 독성을 일으키는 분진을 말한다.

㉬ "입자상 물질"이란 화학적인자가 공기중으로 분진·흄(fume)·미스트(mist) 등의 형태로 발생되는 물질을 말한다.

㉭ "가스상 물질"이란 화학적인자가 공기중으로 가스·증기의 형태로 발생되는 물질을 말한다.

㉮ "정도관리"란 작업환경측정·분석치에 대한 정확성과 정밀도를 확보하기 위하여 지정측정기관의 작업환경측정·분석능력을 평가하고, 그 결과에 따라 지도·교육 그 밖에 측정·분석능력 향상을 위하여 행하는 모든 관리적 수단을 말한다.

㉯ "정확도"란 분석치가 참값에 얼마나 접근하였는가 하는 수치상의 표현을 말한다.

㉰ "정밀도"란 일정한 물질에 대해 반복측정·분석을 했을 때 나타나는 자료 분석치의 변동크기가 얼마나 작은가 하는 수치상의 표현을 말한다.

01 입자상 물질의 측정 및 평가

1 분진흡입에 대한 인체의 방어 및 침전기전

(1) 방어기전

① 점액 섬모운동
  ㉠ 가장 기초적인 방어기전이며, 점액 섬모운동에 의한 배출 시스템으로 폐포로 이동하는 과정에서 이물질을 제거하는 역할을 한다.
  ㉡ 기관지에서의 방어기전을 의미한다.
  ㉢ 정화작용을 방해하는 물질 : 카드뮴, 니켈, 황화합물
② 대식세포에 의한 작용
  ㉠ 대식세포가 방출하는 효소에 의해 용해되어 제거된다.
  ㉡ 폐포의 방어기전을 의미한다.
  ㉢ 대식세포에 의해 용해되지 않는 대표적 독성물질 : 유리규산, 석면, 담배연기 등

(2) 침전기전

① 관성충돌 : 입자가 관성력에 의하여 여과됨, $0.5\mu m$ 이상 입자제거
  ㉠ 지름이 크고, 공기흐름이 빠를 때 잘 발생
  ㉡ 불규칙한 호흡기계에서 잘 발생
② 접촉차단(간섭) : 입자가 공기의 흐름에 따라 이동하다가 여과지에 걸림, $0.1~1\mu m$ 입자제거
  • 섬유입자의 주요 제거 기전
③ 확산 : 농도차, 브라운운동에 의해서 이동하다가 여과지에 걸림, $0.5\mu m$ 이하 입자제거
  • 이동속도가 느릴수록 제거기전 활발(침강속도 0.001cm/sec 이하)
④ 중력침강 : 중력에 의해 입자제거, $5\mu m$ 이상 입자제거
  • 먼지의 운동속도가 낮은 미세먼지나 폐포에서 주로 작용하는 기전
  • 중력침강은 입자 모양과는 관계가 없음
⑤ 정전기

  〈입경별 동시 작용 기전〉
  • $0.1~0.5\mu m$ 입자 포집기전 : 확산 + 간섭
  • $0.5~1\mu m$ 입자 포집기전 : 간섭 + 충돌

2 분진의 크기 표시 및 침강속도

① 광학 직경 : 현미경으로 측정한 직경
  ㉠ 마틴경 : 입자의 면적을 이등분하는 직경, 과소평가의 위험성
  ㉡ 헤이후드경(등면적 직경) : 입자와 등면적을 가진 원의 직경(가장 정확)
  ㉢ 페레트경 : 입자의 가장자리를 수직으로 내려 이은 선을 직경으로 함, 과대평가의 위험성

② 역학적 직경
  ㉠ 스토크스경 : 대상입자와 침강속도가 같고 밀도도 같은 구형입자의 직경
  ㉡ 공기역학적경 : 대상입자와 침강속도가 같고 단위밀도를 갖는 구형입자의 직경
  ※ 단위밀도 = $1g/cm^3$(물의 밀도)

③ 입자크기에 따른 폐침착
  ㉠ 흡입성 입자(IPM)
    • 호흡기계 어느 부위에 침착하더라도 유해한 입자상 물질
    • 평균입경 $100\mu m$
  ㉡ 흉곽성 입자(TPM)
    • 기관지계나 가스교환부위인 폐포 어느 곳에 침착하더라도 유해한 입자상 물질
    • 평균입경 $10\mu m$
    • 채취기구 PM10
  ㉢ 호흡성 입자(RPM)
    • 가스교환부위인 폐포에 침착하여 유해성을 줄 수 있는 입자상 물질
    • 평균입경 $4\mu m$
    • 채취기구 10mm nylon cyclone

④ 침강속도
  ㉠ Stokes식

  식 $$V_s = \frac{d_p^2(\rho_p - \rho_g)g}{18\mu}$$

  • d_p : 입자의 직경   • ρ_p : 입자의 밀도   • ρ_g : 가스(공기)의 밀도
  • μ : 가스(공기)의 점도

  ㉡ Lippman식

  식 $$V_s = 0.003 \times S \times d_p^2$$

  • S : 입자의 비중   • d_p : 입자의 직경

3 입자상 물질 채취기구

① 카세트
  ㉠ 총분진의 채취는 PVC막 여과지를 이용하여 채취한다. 시료 채취유량은 약 2L/min으로 한다.
  ㉡ 금속흄의 채취는 MCE막 여과지를 이용하여 채취한다. 시료 채취유량은 약 1.5L/min으로 한다.
  ㉢ 시료채취시 여과지가 과부하되지 않도록 한다.
  ㉣ 개인시료채취 전후에 펌프 유량을 1차 표준기구로 유량을 보정하여야 한다.

② cyclone
  ㉠ 원심력을 이용하여 시료를 채취한다.
  ㉡ 공기 중의 부유되어 있는 먼지 중 호흡성 입자상물질만을 채취하도록 고압된 입자선별기이다.
  ㉢ 시료채취유량 : 1.7L/min(ACGIH 기준), 2.2L/min(HD 사이클론)
  ㉣ 사용이 간편하고 경제적이며, 되튐으로 인한 손실이 없고, 매체의 코팅이 필요없다.

③ cascade impactor
  ㉠ 관성력을 이용하여 공기 중 PM-10(미세먼지), PM-2.5(초미세먼지)를 채취할 때 이용된다.
  ㉡ 입자를 크기별로 분리할 수 있다. (입경분포 산출가능)
  ㉢ 호흡기의 부분별 입자크기자료를 추정할 수 있다. (흡입성, 흉곽성, 호흡성 구분)
  ㉣ 시료채취가 까다롭고, 비용이 많이 들며, 되튐으로 인한 시료의 손실우려가 있다.
  ㉤ 여재준비 및 코팅, 건조과정이 필요하다.

4 여과지의 종류 및 특성

① 막 여과지(membrane filter)
  ㉠ 셀룰로오스에스테르 여과지(MCE)
    • 중금속 채취용이(산에 쉽게 용해, 여과지의 구멍 크기(0.45~0.8㎛)가 작음)
    • 흡습성 있음, 중량분석에 부적당
    • 현미경 분석에 용이
  ㉡ PVC 여과지
    • 흡습성 적음
    • 가벼움
    • 먼지채취·규산·6가크롬 채취 용이
  ㉢ 테플론 여과지(PTFE)
    • 열, 화학물질, 압력에 강함
    • 다핵방향족탄화수소, 농약류, 콜타르피치 채취 용이
  ㉣ 은막 여과지
    • 금속을 소결하여 제조
    • 코크스오븐 배출물질, 할로겐물질 채취 용이
    • 열, 화학물질에 강함
  ㉤ nucleopore 여과지 : 석면 채취 용이

② 섬유상 여과지
　㉠ 유리섬유 여과지
　　• 흡습성 적음　　　　　　　　　• 열에 강함
　　• 포집효율이 높음　　　　　　　• 비쌈
　㉡ 셀룰로오스섬유 여과지
　　• 와트만(Whatman) 여과지가 대표적　• 과부하에서도 채취효율이 높음
　　• 값이 싸고 흡습성이 높음　　　• 물리적 강도가 약함
　　• 실험실 분석에 많이 사용

5 작업종류에 따른 입자상 유해물질

① 주물 제조작업
　㉠ 결정형 실리카　　　　　　　㉡ 금속 먼지
　㉢ 비금속 먼지　　　　　　　　㉣ 흄
② 블라스팅 작업
　㉠ 규사(석영, 크리스토바라이트, 트리디마이트, 트리폴리)
　㉡ 유리규산
③ 절단 및 연삭작업
　㉠ 금속가공유　　　　　　　　　㉡ 오일 미스트
　㉢ 가공공구　　　　　　　　　　㉣ 대상금속
④ 용접작업
　㉠ 용접 흄　　　　　　　　　　㉡ 금속(망간, 크롬, 니켈)
⑤ 고무(타이어) 제조작업
　㉠ 스티렌 부타디엔 고무　　　　㉡ 카본분진
　㉢ 톨루엔
⑥ 유리 제조작업
　㉠ 유리규산　　　　　　　　　　㉡ 납
　㉢ 크롬　　　　　　　　　　　　㉣ 니켈
　㉤ 카드뮴　　　　　　　　　　　㉥ 셀레늄
　㉦ 산화아연
⑦ 요업(도자기공업) 관련 작업
　㉠ 유리규산　　　　　　　　　　㉡ 납
　㉢ 산화아연

6 입자상 물질 측정방법

① **중량분석방법**
  ㉠ 시료채취
   - 근로자 호흡위치에서 시료채취를 한다.
   - 여과지에 입자상 물질이 2mg 이상 채취되지 않도록 주의한다.
   - 시료채취 중 펌프의 상태를 일정한 간격으로 점검한다.
   - 카세트는 위쪽을 향하지 않도록 하고 사이클론은 채취 중 거꾸로 하면 안 된다.
  ㉡ 농도

  > **식** $C = \dfrac{(W_2 - W_1) - (WB_2 - WB_1)}{V}$
  >
  > - W_1 : 시료 채취 전 여과지 무게
  > - WB_1 : 시료 채취 전 공시료 무게
  > - V : 공기 채취량
  > - W_2 : 시료 채취 후 여과지 무게
  > - WB_2 : 시료 채취 후 공시료 무게

② **금속의 분석**
  ㉠ 금속채취
   - 셀룰로오스에스테르 여과지(MCE)로 채취한다.
   - MCE의 규격은 직경이 37mm이고, 공극은 약 $0.8\mu m$ 정도이다.
   - MCE 장점은 산에 의해서 쉽게 용해되어 회화되기가 쉬우며 분석 시 방해물이 거의 없는 것이다.
  ㉡ 전처리 과정(회화과정)
   - 분석하고자 하는 금속만 남겨두고 여과지 및 금속 이외의 불순물을 강산으로 용해하여 제거하는 과정을 말한다.
   - 회화방법
     - 습식 회화방법
     - 건식 회화방법
     - 가압분해 회화방법
     - 마이크로파 회화방법
  ㉢ 검량선 작성 : 원자흡광광도계는 금속마다 분석이 가능한 농도범위가 정해져 있으며, 검량선은 일반적으로 저농도 영역에서 양호한 직선성을 나타낸다.
  ㉣ 정량법
   - 검량선법
   - 표준첨가법
   - 내부표준법
  ㉤ 회수율 : 금속농도 계산 시 회수율로 보정을 한다.

  > **식** 회수율(%) $= \dfrac{\text{분석량}}{\text{첨가량}} \times 100$

③ 흡광광도계(자외선/가시선 분광계)
   ㉠ 원리 : 시료가 흡수하는 특정한 파장의 양으로 농도를 산출한다.

   식 $I_t = I_o \times 10^{-\epsilon CL}$ (※ ϵCL : 흡광도(A))

   $\dfrac{I_t}{I_o} = 10^{-\epsilon CL} = 10^{-A}$ (※ $t = \dfrac{I_t}{I_o}$: 투과도)

   $A = \log \dfrac{1}{t}$

   • I_t : 투사광의 강도   • I_o : 입사광의 강도

   ㉡ 장치 구성 📖 광 파 시 고!

   광원부 – 파장선택부 – 시료부 – 측광부

   • 광원부 📖 가시오가피 연근 탕수육 / 중자 흡입!
     – 가시부와 근적외부 : 텅스텐램프
     – 자외부 : 중수소방전관

   • 파장선택부 📖 단거~프회슬(프레즐)
     – 단색화 장치 : 프리즘, 회절격자 또는 이 두 가지를 조합시킨 것을 사용하며, 단색광을 내기 위하여 슬릿을 부속시킨다.

   • 시료부 📖 일반적으로 탄산음료 먹는데, 급히 알콜 먹어야 한다면, 자주 물 먹자!
     – 흡수셀 : 석영셀(자외부 – 370nm 이하), 유리셀(가시부, 근적외부 – 370nm 이상), 플라스틱셀(근적외부)
     – 셀의 세척 : 일반세척(탄산나트륨 + 음이온계면활성제), 급히 사용(에틸알콜 + 에틸에테르), 자주 사용(증류수)

   • 측광부 📖 석자 광전관 자가 광전지가 유리가근 셀프근
     – 광전관, 광전자증배관 : 자외부, 가시부
     – 광전지 : 가시부
     – 광전도셀 : 근적외부

④ 원자흡광광도계
   ㉠ 원리 : 바닥상태의 전자가 에너지를 받아 들뜬 상태가 되면 각 원자마다 흡수하는 특정한 파장의 양으로 농도를 산출한다.

   식 $I_t = I_o \times 10^{-\epsilon CL}$ (※ ϵCL : 흡광도(A))

   $\dfrac{I_t}{I_o} = 10^{-\epsilon CL} = 10^{-A}$ (※ $t = \dfrac{I_t}{I_o}$: 투과도)

   $A = \log \dfrac{1}{t}$

   • I_t : 투사광의 강도   • I_o : 입사광의 강도

ⓒ 장치 구성 📖 광 원 단 검 기

> 광원부 – 원자화장치 – 단색화장치 – 검출기 – 기록계

- **광원부** 📖 원빈(원자흡광광도법 속빈음극램프)
  - 분석대상원소에 알맞은 파장의 빛을 방출함
  - 속빈음극램프를 주로 사용함
- **원자화장치**
  - 금속을 자유원자상태(바닥상태)로 전환
  - 불꽃에 의한 원자화 : 가장 일반적인 방법

  > [연료조합]
  > - 수소-공기, 아세틸렌-공기 : 대부분의 시료에 적용
  > - 아세틸렌-아산화질소 : 원자화가 어려운 내화물을 형성하는 시료에 적용
  > - 프로판-공기 : 감도가 높은 시료에 적용

  - 흑연로 장치 : 저농도 시료 분석에 사용, 생물학적 모니터링에 이용
  - 증기발생법 : 환원제를 이용하여 휘발성금속화합물을 형성할 수 있을 때 사용
- **단색화장치** : 분석의 감도를 감소시키거나 방해하여 측정하려는 선을 선명하게 분리
- **검출기와 기록계** : 광중배판 검출기(일반적으로 이용), 검출기로 들어온 빛의 세기를 전기적 신호로 전환하여 기록

ⓒ 검량선 작성과 정량법

- **검량선법(검정곡선법)** : 분석기기 및 시스템을 교정하기 위하여 검정곡선을 작성하여야 한다. 이때, 검정곡선 작성용 시료는 시료의 분석 대상 원소의 농도와 매질이 비슷한 수준에서 제작하여야 한다. 특히, 검정곡선 작성시료는 시료와 같은 수준으로 매질을 조정하여 제조하여야 한다. → 적어도 세 종류 이상의 농도의 표준시료용액에 대하여 흡광도를 측정하여 표준물질의 농도를 가로대에, 흡공도를 세로대에 취하여 그래프를 그려서 작성한다.

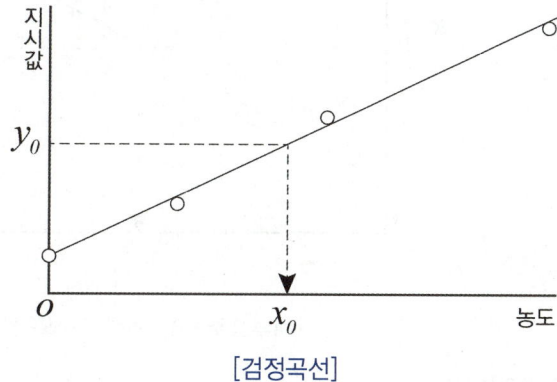

[검정곡선]

- **표준첨가법** : 시료를 분할하고 분석 대상 성분(표준물)을 일정량 첨가하여 분석하는 방법. 매질효과가 큰 시험분석방법에 대하여 분석 대상 시료와 동일한 매질의 표준시료를 확보하지 못하여 정확성을 확인하기 어려운 경우에 매질효과를 보정하며 분석할 수 있는 방법이다. 이 방법은 특별한 경우를 제외하고는 검정

곡선의 직선성이 유지되고, 바탕값을 보정할 수 있는 방법에 적용이 가능하다. → 같은 양의 분석시료를 여러 개로 하여 각각 다른 농도의 표준물질을 첨가하여 용액열을 만들어, 가로대에는 표준물질농도를, 세로대에 흡광도를 취하여 검량선을 작성한다.

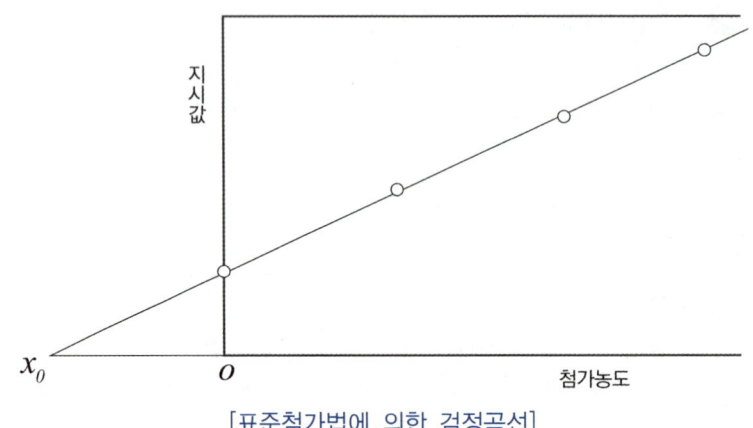

[표준첨가법에 의한 검정곡선]

- 내부표준법 : 시험분석기기 또는 시스템의 변동이 있는 경우 이를 보정하기 위한 방법의 하나이다. 시험분석하려는 성분과 다른 순수 물질 성분 일정량을 내부표준물질로서 분석 대상 시료와 검정곡선 작성용 시료에 각각 첨가한 다음, 각 시료의 성분과 내부표준물질로 첨가한 성분의 지시값을 측정하여 분석한다. 내부표준물질로는 시험분석방법이나 시스템에서의 변동성이 분석 성분과 비슷한 것을 선정한다. 또한 내부표준물질로 시료 중에 이미 일정량 존재하는 성분을 이용할 수도 있다. → 분석하고자 하는 목적원소의 흡광도(R_x)와 시료에 다량으로 함유된 표준원소의 흡광도(R_s)를 동시 측정하여 흡광도비를 취하여 그래프에 작성하여 검량선을 만든다.

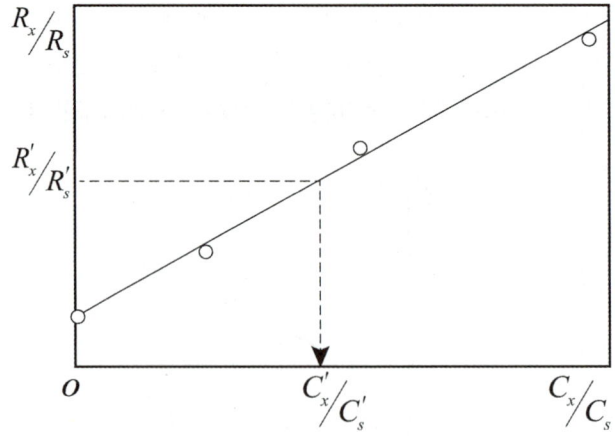

[내부표준법에 의한 검정곡선]

⑤ 유도결합플라스마-원자발광분석기

㉠ 원리 : 원자가 10,000K의 플라스마에 도입되면 원자는 바닥상태에서 들뜬 상태로 전환되고, 들뜬상태의 원자들이 바닥상태로 되돌아 올 때 에너지를 방출할 때 빛의 세기를 측정한다.

ⓛ 장치구성

시료주입장치 – 광원 – 분광장치 – 검출기

- 시료주입장치 : 시료를 에어로졸 상태로 주입한다.(1~2mL/min)
- 광원 : 6,000~10,000K의 고온으로 플라스마를 형성하고 방해물질을 제거한다.
- 분광장치
  - 연속분광장치 : 분석선을 하나씩 연속적으로 분석
  - 동시분광장치 : 동시에 여러 분석선을 측정

7 정도관리

① 정의 : 정밀도와 정확도를 관리하는 것을 말한다.
  ㉠ 정확도 : 분석치가 참값에 얼마나 접근하였는가 하는 수치상의 표현을 말한다.
  ㉡ 정밀도 : 일정한 물질에 대해 반복측정·분석을 했을 때 나타나는 자료 분석치의 변동크기가 얼마나 작은가 하는 수치상의 표현을 말한다.

② 목적
  ㉠ 공인된 시험법에 따라 실험을 수행하였는지 그 부합성을 확인할 수 있다.
  ㉡ 자료의 질 정도를 평가할 수 있다.
  ㉢ 작업환경평가 시 중요한 자료로 사용할 수 있다.
  ㉣ 분석자의 수행능력을 평가할 수 있다.
  ㉤ 자료의 신뢰성이 증가된다.
  ㉥ 내·외부 고객을 만족시킬 수 있다.

8 측정치의 오차

① 개요
  ㉠ 오차 : 측정값과 참값 사이를 말한다.
  ㉡ 오차는 규칙성이 있는 계통오차와 불규칙한 우발오차(확률오차)로 구분한다.
  ㉢ 오차주요원인 : 시료채취, 분석과정
  ㉣ 유효숫자 : 측정 및 분석값의 정밀도를 표시하는 데 필요한 숫자

② 계통오차
  ㉠ 특징
    - 참값과 측정치 간에 일정한 차이가 있음을 나타낸다.
    - 대부분의 경우 변이의 원인을 찾아낼 수 있으며, 크기와 부호를 추정 및 보정할 수 있다.
    - 계통오차가 작을 때는 정확하다고 말한다.

ⓒ 원인
- 표준물질 제조 불량
- 잘못된 검량선
- 분석물질의 낮은 회수율 적용
- 표준시료의 분해
- 기구 보정 불량
- 부적절한 시료채취 여재의 사용

ⓒ 종류
- **외계오차(환경오차)** : 측정 및 분석 시 온도나 습도와 같은 외계의 환경으로 생기는 오차
  〈대책〉 보정값을 구하여 수정함으로써 오차를 제거할 수 있다.
- **기계오차(기기오차)** : 사용하는 측정 및 분석 기기의 부정확성으로 인한 오차
  〈대책〉 기계의 교정에 의하여 오차를 제거할 수 있다.
- **개인오차** : 측정자의 습관이나 선입관에 의한 오차
  〈대책〉 두 사람 이상 측정자의 측정을 비교하여 오차를 제거할 수 있다.

ⓔ 계통오차 확인방법
- 표준시료 분석 후 인증서값과 일치하는지 확인하는 방법
- 기지(splked)된 시료분석 후 이론값과 비교·확인하는 방법
- 독립적 분석방법과 서로 비교·확인하는 방법

③ 우발오차(임의오차, 확률오차, 비계통오차)
  ⓒ 특징
  - 어떤 값보다 큰 오차와 작은 오차가 일어나는 확률이 같을 때 이 값을 확률오차라 한다.
  - 참값의 변이가 기준값과 비교하여 불규칙하게 변하는 경우로, 정밀도로 정의되기도 한다.
  - 오차원인 규명 및 그에 따른 보정도 어렵다.
  - 한 가지 실험측정을 반복할 때 측정값의 변동으로 발생되는 오차이며 보정이 힘들다.
  - 측정횟수를 될 수 있는 대로 많이 하여 오차의 분포를 살펴 가장 확실한 값을 추정할 수 있다.

  ⓒ 원인
  - 전력의 불안정으로 인한 기기반응이 불규칙하게 변하는 경우
  - 기기로 시료주입량의 불일정성이 있는 경우
  - 분석 시 부피 및 질량에 대한 측정의 변이가 발생한 경우

④ 상대오차
  ⓒ 정의 : 측정오차를 참값으로 나눈 값을 의미한다.

  > **식** 상대오차 = $\dfrac{\text{근사값} - \text{참값}}{\text{참값}}$

⑤ 누적오차
  ⓒ 정의 : 여러 가지 요소에 의한 오차의 합을 의미(오차의 절대값이 큰 항부터 개선해야 오차를 최소로 줄일 수 있다.)

  > **식** $E_c = \sqrt{E_1^2 + E_2^2 + E_3^2 + \cdots + E_n^2}$

01. 다음 그림의 (A)~(C)에 알맞은 입자크기별 포집기전을 쓰시오.

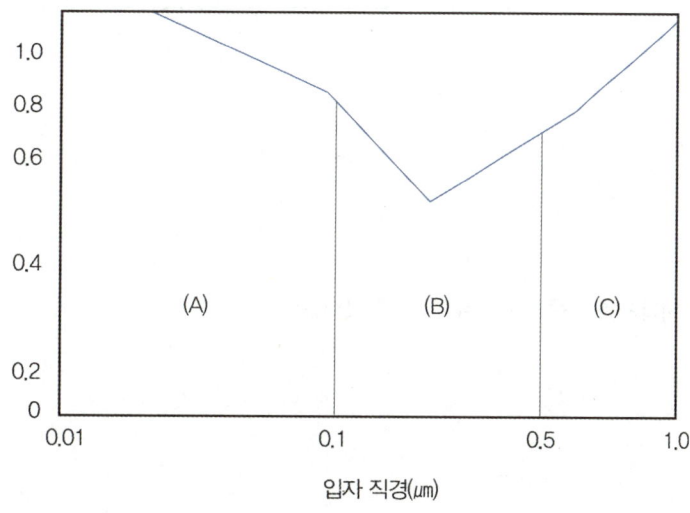

02. 작업장 내에서 발생되는 분진을 유리섬유 여과지로 3회 측정하여 얻은 평균값이 15.05mg이었다. 시료포집 전에 실험실에서 여과지를 3회 측정한 결과 12.37mg이었다면 이 작업장의 분진농도(mg/m³)는 얼마인지 구하시오. (단, 포집유량 1.5L/min, 포집시간 300분)

03. 톨루엔을 분석의뢰하여 분석한 결과 검량선을 구한 식이 아래와 같고, 면적은 1,126,952였다. 이때의 톨루엔 농도(ppm)를 구하시오.

공기 채취량	작업장 온도	톨루엔 분자량
12L	25°C	92.13

식 YCG(GC의 반응 피크면적) = 8,723 × 톨루엔의 양(μg) + 816.2

04. 금속흄 채취 시 MCE막 여과지를 사용하는 이유 2가지를 쓰시오.

05. 원자흡광광도법의 램버트 비어(Lambert-Beer) 법칙을 설명하시오.

06. ACGIH의 입자크기별 기준의 종류 3가지와 각각의 평균입경을 쓰시오.

07. 중금속 중 납 분석 시 채취여과지의 종류와 분석법을 쓰시오.

08. 입자상 물질의 인체 내 호흡기계 침전기전을 5가지 쓰시오.

09. 대상먼지와 침강속도가 같고 밀도가 1g/cm³인 구형인 먼지의 직경으로 환산된 직경이며, 입자의 공기 중 운동이나 호흡기 내의 침착기전을 설명할 때 유용하게 사용되는 직경을 무엇이라고 하는지 쓰시오.

10. 직경이 5㎛, 비중이 2.6인 입자의 침강속도(cm/sec)를 구하시오.

11. 다음 물질의 채취방법 및 분석방법을 쓰시오. (고용노동부 고시)

(1) 석면
- 채취방법 :

- 분석방법 :

(2) 용접흄
- 채취방법 :

- 분석방법 :

(3) 일반 입자상 물질
- 채취방법 :

- 분석방법 :

(4) 호흡성 분진
- 채취방법 :

- 분석방법 :

12. 어떤 작업장에 입자의 직경이 2㎛, 비중이 2.5인 입자상 물질이 있다. 작업장의 높이가 3m일 때 모든 입자가 바닥에 가라앉은 후 청소를 하려고 하면 몇 분 후에 시작하여야 하는지 구하시오.

13. 분진의 입경이 30㎛이고, 밀도가 5g/cm³인 입자의 침강속도(cm/sec)를 구하시오. (단, 공기점성계수 1.78×10^{-4}g/cm·sec, 중력가속도 980cm/sec², 공기밀도 0.001293g/cm³)

14. 직독식 분진측정기기의 공기 중 분진측정원리 3가지를 쓰시오.

기다 - 정답 및 해설

01. 풀이
(A) 0.01~0.1μm : 확산
(B) 0.1~0.5μm : 확산, 직접차단
(C) 0.5~1μm : 관성충돌, 직접차단
※ 가장 낮은 포집효율의 입경은 약 0.3μm이다.

02. 풀이
식) 농도(mg/m³) = $\dfrac{\text{시료채취 후 여과지 무게} - \text{시료채취 전 여과지 무게}}{\text{공기 채취량}}$

$= \dfrac{(15.05-12.37)mg}{1.5L/min \times 300min \times (m^3/1,000L)}$

$= 5.96 mg/m^3$

정답) $5.96 mg/m^3$

03. 풀이
주어진 식에 의해 톨루엔의 양(X)을 구한다.
$1,126,952 = 8,723 \times X + 816.2$

$X = \dfrac{(1,126,952 - 816.2)}{8,723} = 120.0996 \mu g$

$X(mg/m^3) = \dfrac{129.0996 \mu g}{12L} = 10.76 \mu g/L (mg/m^3)$

$\therefore X(mL/m^3) = \dfrac{10.76 \mu g}{L} \times \dfrac{1g}{10^6 \mu g} \times \dfrac{24.45L}{92.13g} \times \dfrac{10^3 mL}{1L} \times \dfrac{10^3 L}{1m^3}$

$= 2.86 ppm$

정답) 2.86ppm

04. 풀이
① 산에 쉽게 용해되고 가수분해되며 쉽게 습식회화되기 때문
② 여과지의 구멍 크기가 0.45μm~0.8μm 정도로 작아서 금속흄 채취가 가능하기 때문

05. 풀이
식) $I_t = I_o \times 10^{-\varepsilon \times C \times L}$

- I_t : 투사광의 강도
- I_o : 입사광의 강도
- C : 농도
- L : 빛의 투사거리
- ε : 흡광계수(비례상수)
- 원리 : 세기 I_o인 빛이 농도 C, 길이 L이 되는 용액층을 통과하면 이 용액에 빛이 흡수되어 입사광의 광도가 감소된다.

입자상 물질의 측정 및 평가

06. 풀이
① 흡입성 입상상 물질
   평균입경 : 100μm
② 흉곽성 입상상 물질
   평균입경 : 10μm
③ 호흡성 입상상 물질
   평균입경 : 4μm

07. 풀이
- 채취여과지 : MCE막 여과지
- 분석법 : 원자흡광광도법(AA: 원자분광법)

08. 풀이
① 관성충돌 ② 중력침강 ③ 차단
④ 확산   ⑤ 정전기

09. 풀이
공기역학적 직경

10. 풀이
식) $V_s(cm/sec) = 0.003 \times S \times d_p^2$

$\therefore V_s = 0.003 \times 2.6 \times 5^2 = 0.195 cm/sec$

정답) 0.195cm/sec

11. 풀이
(1) 석면
- 채취방법 : 여과채취방법(핵막 여과지 이용)
- 분석방법 : 계수법

(2) 용접흄
- 채취방법 : 여과채취방법
- 분석방법 : 중량분석방법, 원자흡수분광광도법, 유도결합플라즈마

(3) 일반 입자상 물질
- 채취방법 : 여과채취방법
- 분석방법 : 중량분석방법

(4) 호흡성 분진
- 채취방법 : cyclone
- 분석방법 : 중량분석방법

12. 풀이

식 $\quad t = \dfrac{\text{작업장 높이}(H)}{\text{침강속도}(V_s)}$

- $H = 3m$
- $V_s = 0.003 \times S \times d_p^2 = 0.003 \times 2.5 \times 2^2 = 0.03 cm/sec$

$\therefore t = 3m \times \dfrac{\sec}{0.03cm} \times \dfrac{1\min}{60\sec} \times \dfrac{100cm}{1m} = 166.67 cm/sec$

정답 166.67cm/sec

13. 풀이

식 $\quad V_s = \dfrac{d_p^2(\rho_p - \rho)g}{18\mu}$

- $d_p = 30\mu m \times \dfrac{1cm}{10^4 \mu m} = 3 \times 10^{-3} cm$
- $\rho_p = 5g/cm^3$
- $\rho = 0.001293 g/cm^3$
- $\mu = 1.78 \times 10^{-4} g/cm \cdot \sec$

$\therefore V_s = \dfrac{(3 \times 10^{-3})^2 \times (5 - 0.001293) \times 980}{18 \times 1.78 \times 10^{-4}} = 13.76 cm/sec$

정답 13.76cm/sec

14. 풀이

① 흡수광량(투과광량)
② 산란광의 강도
③ 진동 주파수(공명된 진동)

02 유해물질의 측정 및 평가

1 가스상 물질의 측정 개요

① 작업환경측정 시 가정사항
  ㉠ 가스의 분자량, 밀도가 공기와 다르더라도 공기와 완전혼합된다고 가정한다.
  ㉡ 압축성을 고려하지 않는다.
  ㉢ 가스는 고농도에서 저농도 방향으로 확산한다.

② 시료채취의 분류

연속시료채취	순간시료채취	
• 능동식 : 펌프동력을 이용하여 채취	• 진공플라스크	• 스테인리스스틸 캐니스터(수동형 캐니스터)
• 수동식 : 기류의 흐름 + 확산으로 채취	• 시료채취 bag(플라스틱 bag)	• 검지관 • 직독식 기기

③ 일반적 시료채취순서

> 시료채취 및 펌프보정 → 흡착관 양끝 절단 → 펌프에 흡착관 연결 → 시료채취 시작 공시료 준비 기록 → 시료채취 후 펌프보정 → 운반·보관 → 탈착 → 분석 → 평가

2 수동식 시료채취기

① **원리** : 수동채취기는 공기채취펌프가 필요하지 않고 공기층을 통한 확산 또는 투과되는 현상을 이용하여 수동적으로 농도구배에 따라 가스나 증기를 포집하는 장치이며, 확산포집방법(확산포집기)이라고도 한다.

② **메커니즘**
  ㉠ Fick의 확산법칙 : 물질의 확산은 농도구배에 비례하여 진행되고, 확산에 의하여 오염물질이 채취기의 표면에 부착되어 제거된다.
  ㉡ 결핍현상
    • 수동식 시료채취기 사용 시 최소한의 기류가 있어야 하는데, 최소 기류가 없어 채취가 표면에서 일단 확산에 의하여 오염물질이 제거되어 농도가 없어지거나 감소하는 현상이다.
    • 수동식 시료채취기의 표면에서 나타나는 결핍현상을 제거하는 데 필요한 가장 중요한 요소는 최소한의 기류 유지(0.05~0.1m/sec)이다.

③ 장단점

장점	단점
• 착용 시 작업에 방해가 되지 않는다. • 펌프의 보정이나 충전에 드는 시간과 노력을 절약할 수 있다. • 취급방법이 편리하다. • 착용 및 채취가 간편하다.	• 능동식 시료채취기에 비해 시료채취속도가 매우 낮기 때문에 저농도 측정 시에는 장시간에 걸쳐 시료채취를 해야 한다. 따라서, 대상오염물질이 일정한 확산계수로 확산되도록 하여야 한다. • 채취오염물질 양이 적어 재현성이 좋지 않다.

3 연속시료채취

① 정의 : 흡착 또는 흡수를 통해서 유해물질을 포집하는 방법
② 분류

능동식 시료채취	수동식 시료채취	
• 펌프를 이용 • 흡착관이용 시 0.2L/min 이하, 흡수액 이용시 1L/min로 한다.	• 펌프를 이용하지 않음 • 간편하고 편리함	• 확산원리를 이용하여 포집 • 일명 뱃지라고 불림

③ 활용
　㉠ 오염물질의 농도가 시간에 따라 변할 때
　㉡ 공기 중 오염물질의 농도가 낮을 때
　㉢ 시간가중 평균치로 구하고자 할 때

4 순간시료채취

① 정의 : 순간적으로 짧은 시간 동안 시료를 채취하는 방법으로 용기에 시료를 채취한다.
② 순간시료채취의 적용범위
　• 긴급상황에서의 개인보호구의 선정
　• 누출원의 결정
　• 밀폐장소로의 입장허가
　• 근로자 노출정도를 평가하기 위한 사전조사
③ 순간시료채취를 사용할 수 없을 때
　㉠ 유해물질의 농도가 시간에 따라 변할 때
　㉡ 공기 중 유해물질의 농도가 낮을 때(검출한계 이하)
　㉢ 시간가중평균치를 산출할 때
④ 활용
　㉠ 미지 가스상 물질의 동정을 알려고 할 때
　㉡ 간헐적 공정에서의 순간농도 변화를 알고자 할 때
　㉢ 오염발생원 확인을 요할 때
⑤ 특징
　㉠ 농도를 즉시 인지 가능하므로 긴급상황 시 개인보호구 착용이 용이
　㉡ 누출원의 결정 및 밀폐장소의 입장 전 확인하는 데 유리함
　㉢ 채취시간이 짧고 피크농도를 알고자 할 경우 유용함
　㉣ 장시간 동안의 농도변화를 알 수 없음
　㉤ 농도가 낮은 경우 분석기기의 센서가 감지를 못하여 정확한 측정이 불가능함
　㉥ 시료손실이 많고 농도가 시간마다 변할 때는 사용이 불가능함

5 흡착의 원리

① **흡착** : 경계면에서 어느 물질의 농도가 증가하는 현상으로 기상, 용액들의 균일상으로부터 기체 혹은 용질 분자가 고체 표면과 액상의 계면에 머물게 되는 현상

② **흡착의 종류**

물리적 흡착	화학적 흡착
• 흡착제와 흡착분자간의 Van der waals Force(반데르 발스 힘, 인력)가 일어난다. • 가역적으로 흡착제의 재생이 가능하다. • 일반적으로 작업환경측정에서 사용된다. • 흡착량은 온도가 높을수록, pH가 높을수록, 분자량이 작을수록 감소된다. • 흡착물질은 임계온도 이상에서는 흡착되지 않는다.	• 흡착제와 흡착된 물질 사이에 화학결합이 생성되는 경우로서 새로운 종류의 표면화합물이 형성된다. • 비가역적, 재생불가 • 온도의 영향은 비교적 적음 • 흡착과정 중 발열량이 많다.(흡착열이 물리적 흡착에 비하여 높다)

③ **파과**
  ㉠ 정의 : 흡착제의 오염물질이 거의 흡착되어 유출농도가 급격히 증가하는 현상, 뒤층의 농도가 앞층의 농도의 10% 이상일 때 파과로 간주한다.
  ㉡ 특징
    • 포집시료의 보관 및 저장 시 흡착물질의 이동현상이 일어날 수 있으며 파과현상과 구별하기가 힘들다.
    • 시료채취 유량이 높으면 파과가 일어나기 쉽고 코팅된 흡착제일수록 그 경향이 강하다.
    • 고온일수록 흡착성질이 감소하여 파과가 일어나기 쉽다.
    • 극성 흡착제를 사용할 경우 습도가 높을수록 파과가 일어나기 쉽다.
    • 공기 중 오염물질의 농도가 높을수록 파과용량은 증가한다.

④ **흡착 영향인자(물리적 흡착 기준)**
  ㉠ 온도 : 온도가 낮을수록 흡착량은 증가한다.
  ㉡ 습도 : 습도가 낮을수록 흡착량은 증가한다.
  ㉢ 시료채취속도 : 시료채취속도가 낮을수록 흡착량은 증가한다.
  ㉣ 유해물질 농도 : 농도가 높으면 파과용량은 증가한다.
  ㉤ 코팅 : 코팅되어 있지 않아야 파과가 일어나기 어렵다.
  ㉥ 혼합물 : 혼합기체의 경우 각 기체의 흡착량은 단독성분이 있을 때보다 적어지게 된다(혼합물 중 흡착제와 강한 결합을 하는 물질에 의하여 치환반응이 일어나기 때문).
  ㉦ 흡착제의 크기(흡착제의 비표면적) : 입자 크기가 작을수록 표면적이 증가, 채취효율이 증가하나 압력강하가 심하다.
  ㉧ 흡착관의 크기(튜브의 내경) : 흡착제의 양이 많아지면 전체 흡착제의 표면적이 증가하여 채취용량이 증가하므로 파과가 쉽게 발생되지 않는다.

⑤ **탈착**
  ㉠ 정의 : 경계면에 흡착된 어느 물질이 떨어져나가 표면농도가 감쇠하는 현상으로 기체분자의 운동에너지와 흡착된 상태에서 안정화된 에너지의 차이에 따라 흡착과 탈착의 변화방향이 결정된다.

ⓒ 탈착효율
- 탈착효율은 분석결과에 따라 보정하여야 한다. 일반적으로 탈착률이 일정하지 않으므로 시험 시마다 회수율을 측정해야 한다.
- 관련 식

$$\text{탈착효율(\%)} = \frac{\text{분석량}}{\text{주입량}} \times 100$$

- 탈착률은 고체흡착관을 이용하여 채취한 유기용제를 분석하는 데 있어서 보정하는 것이다.
- 탈착률 시험을 위한 첨가량은 작업장 예상농도의 일정범위(0.5~2배)에서 결정된다.

ⓒ 탈착방법

용매 탈착	• 비극성 물질의 탈착용매는 이황화탄소(CS2)를 사용하고 극성 물질에는 이황화탄소와 다른 용매를 혼합하여 사용한다. • 활성탄에 흡착된 증기(유기용제-방향족 탄화수소)를 탈착시키는 데 일반적으로 사용되는 용매는 이황화탄소이다. • 용매로 사용되는 이황화탄소의 단점으로는 독성 및 인화성이 크고 작업이 번잡하다는 것이며, 특히 심혈관계와 신경계에 독성이 매우 크고 취급 시 주의를 요하며, 전처리 및 분석하는 장소의 환기에 유의하여야 한다. • 용매로 사용되는 이황화탄소의 장점으로는 탈착효율이 좋고, 가스 크로마토그래피의 불꽃이온화검출기에서 반응성이 낮아 피크의 크기가 작게 나오므로 분석 시 유리하다.
열탈착	• 흡착관에 열을 탈착하는 방법으로 탈착이 자동으로 수행되며 탈착된 분석물질이 가스 크로마토그래피로 직접 주입되도록 되어 있다. • 분자체 탄소, 다공중합체에서 주로 사용한다. • 용매탈착보다 간편하나 활성탄을 이용하여 시료를 채취한 경우 열탈착에 필요한 300℃ 이상에서는 많은 분석물질이 분해되어 사용이 제한된다. • 열탈착은 한 번에 모든 시료가 주입된다.

6 기기분석

① 기체크로마토그래피(Gas chromatography)
ⓐ 원리 : 분석할 기체시료를 운반가스에 의해 분리관 내에서 휘발성을 이용하여 전개시켜 각 성분의 분리속도를 통해 정성 및 정량분석하는 방법
ⓑ 구분
- 기체크로마토그래피(GC) : 이동상을 기체로 함, 분자량 500 이하인 시료에 적용

가스-고체크로마토그래피(GSC)	분리관의 충진물로 고체인 담체를 이용하여 흡착, 탈착기전을 이용하여 분리
가스-액체크로마토그래피(GLC)	분리관의 충진물로 고체 지지체에 얇은 액상물질을 입혀 분배기전에 의해 분리

- 액체크로마토그래피(HPLC, 고성능액체크로마토그래피) : 이동상을 액체로 함, 분자량 500 이상인 시료에 적용

액체-고체크로마토그래피(LSC)	분리관의 충진물로 고체인 담체를 이용하여 흡착, 탈착, 배제, 이온교환기전을 이용하여 분리
액체-액체크로마토그래피(LLC)	분리관의 충진물로 고체 지지체에 얇은 액상물질을 입혀 분배기전에 의해 분리

ⓒ 기체크로마토그래피의 기기적 구성

> 운반기체 - 유량조절계 - 시료주입부 - 분리관(칼럼) - 검출기 - 기록계

- 운반기체
  - 운반기체는 주로 질소, 헬륨, 수소가 사용
  - 운반기체는 불활성, 순수, 건조해야 한다.
  - 운반기체를 기기에 연결시킬 때 누출부위가 없어야 하고, 수분 및 불순물을 제거할 수 있는 트랩을 장치한다.
- 시료주입부
  - 시료를 기화시켜 분리관으로 보내는 역할을 한다.
  - 주입량은 충진용 분리관은 $4 \sim 10\mu L$, 모세분리관은 $2\mu L$ 이하로 한다.
  - 주입기의 형태는 충진분리관용 주입기, 모세분리관용 주입기(분할, 비분할방식), 분리관상 직접 주입기로 구분할 수 있다.
- 분리관(칼럼)
  - 직경에 따라 모세분리관과 충진분리관으로 구분된다.
  - 분배계수값 차이가 클수록 분리관에 머무르는 시간이 길다.
  - 도포물질이 많을수록 분해능이 증가한다.
  - 분리관 충전물질은 증기압이 낮고, 점성이 작아야 하며 화학적으로 안정해야 한다.
  - 분리관 내경이 커질수록 용량은 증가하나 분해는 감소한다.
- 검출기
  - 불꽃이온화검출기(FID) : 대부분의 유기화합물 검출(일반적 사용)
  - 불꽃광도검출기(FPD) : 황화합물, 인화합물, CS_2 검출
  - 전자포획검출기(ECD) : 할로겐류, 유기금속류 검출
  - 광이온화검출기(PID) : 탄화수소류, 알데하이드류, 케톤류, 아민류, 유기금속류 검출
  - 질소인검출기(NPD) : 질소화합물, 인화합물 검출
  - 열전도도검출기(TCD) : 운반기체와 열전도 차이가 있는 화합물, 벤젠 검출

② 기체크로마토그래피 - 질량분석기(GC/MS)
  ㉠ 원리 : 질량분석기를 기체크로마토그래피와 연결시켜 정성·정량한다. 분자 및 분자조각들의 패턴으로부터 분자구조정보를 얻어 정성분석을 함으로써 분리정도나 시간이 거의 비슷한 물질도 구분할 수 있다.
  ㉡ 적용범위
   - 시너
   - 다핵방향족탄화수소(BTEX 등)

③ 고성능액체크로마토그래피(HPLC)
  ㉠ 원리 : 이동상으로 액체를 사용하여 고정상과 이동상 사이에서 분배과정에 의하여 분리된다.(크기배제, 이온교환, 분배)

⓵ 적용범위
- 방향족 유기용제의 뇨 중 대사산물 측정
- 끓는점이 높아 기체크로마토그래피를 적용하기 곤란한 고분자(분자량 500 이상)화합물이나 열에 불안정한 물질
- 다핵방향족 탄화수소, PCB
- 폼알데하이드, 2,4-톨루엔 디이소시아네이트

ⓒ 검출기
- 자외선검출기 : 분리관에서 나오는 성분이 자외선 영역의 특정한 파장을 흡수하는 정도를 측정
- 형광검출기 : 시료에서 발광하는 형광빛의 양으로 시료의 농도를 산출
- 전자화학검출기 : 기준전극과 작동전극 사이에 발생시키는 전위차를 이용하여 물질의 양을 산출

㉠ 특징
- 전단분석, 치환법, 용리법으로 구분된다.
- 시료의 전처리가 거의 필요없다.
- 빠른 분석이 가능하다.
- 시료의 회수가 용이하다.
- 분해물질이 이동상에 녹아야 분석이 가능하다.
- 해상도 및 민감도가 높다.

④ 이온크로마토그래피
㉠ 원리 : 시료를 이온교환수지가 충전된 분리관 내로 통과시켜 검출기로 검출하여 농도를 분석한다.
ⓒ 적용범위 : 이온성 물질(예 산, 염소, 알칼리금속, 알칼리토금속, 아민염)
ⓒ 검출기 : 검출기는 전기전도도검출기를 사용한다.
㉠ 구성장치

| 펌프 – 시료주입장치 – 분리관 – 검출기 – 기록계 |

⑤ 검지관
㉠ 원리 : 공기를 관안에 통과시켜 특정 가스와의 반응으로 생긴 시약의 착색 층 길이로 농도를 구한다.
(주 측정물질 : 톨루엔, 메탄올, 일산화탄소, 1-2디클로로에틸렌)

ⓒ 적용범위
- 예비조사 목적
- 검지관 방식 외에 다른 측정방법이 없는 경우
- 발생하는 가스상 물질이 단일물질인 경우

ⓒ 특징
- 검지제의 변색이 입구에서 점점 안쪽으로 이동하고 이 부분의 길이로 농도를 측정한다.
- 소형이고, 정밀도가 좋다.
- 조작이 간단하고, 빠른 시간 내 분석이 가능하다.
- 휴대 및 운반하기 간편하다.

- 밀폐공간에서 가스에 의한 안전문제 우려 시 사용하기 용이하다.
- 방해물질의 영향을 받기 쉬워 비교적 고농도에 적용된다.(민감도, 특이도 낮음)
- 한 가지 물질에만 반응한다.
- 비전문가도 사용방법만 숙지하면 사용할 수 있다.
- 색변화에 따라 주관적으로 읽을 수 있어 판독자에 따라 변이가 심하다.

ㄹ) 측정위치
- 근로자 호흡기 및 가스상 물질 발생원에 근접한 위치
- 근로자 작업행동범위의 주작업 위치에서 근로자 호흡기 높이

7 흡착관의 종류

① 활성탄관
  ㄱ) 흡착과정 : 오염물질이 흡착제 외부표면으로 이동 → 흡착질이 확산에 의하여 거대공극에서 내부의 미세공극으로 이동 → 흡착질이 미세공극 내부표면과 반데르 발스 힘에 의해서 미세공극에 채워진다.
  ㄴ) 탈착 : 이황화탄소로 탈착한다.
  ㄷ) 흡착대상
  - 비극성류의 유기용제
  - 각종 방향족 유기용제
  - 할로겐화 지방족 유기용제
  - 에스테르류
  - 알코올류

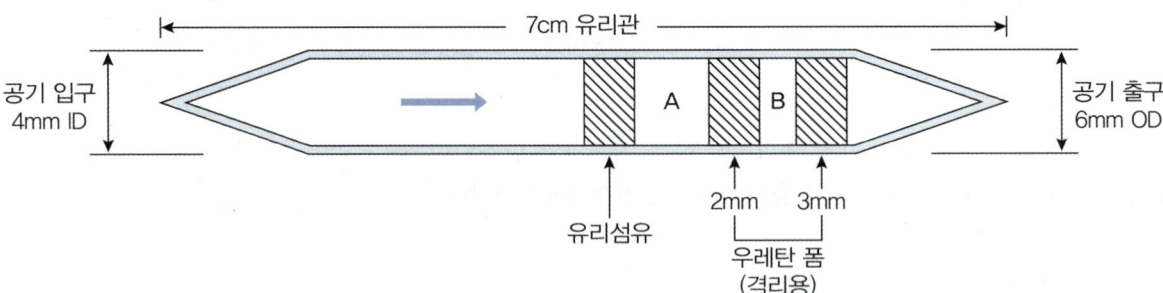

[활성탄관의 구조]

② 실리카겔관
  ㄱ) 흡착과정 : 활성탄관과 동일
  ㄴ) 탈착 : 물, 메탄올 등으로 탈착한다.
  ㄷ) 극성순서(친화력순서) : 물 > 알코올 > 알데하이드 > 케톤 > 에스테르 > 방향족탄화수소 > 올레핀 > 파라핀

ⓔ 흡착대상
- 극성류의 유기용제
- 산(무기산 : 불산, 염산)
- 방향족 아민류
- 지방족 아민류
- 아미노에탄올
- 니트로벤젠류
- 페놀류
- 아미드류(아마이드류)

ⓜ 장단점

장점	단점
• 극성 물질을 채취한 경우 물, 메탄올 등 다양한 용매로 쉽게 탈착한다. • 추출용액(탈착용매)이 화학분석이나 기기분석에 방해물질로 작용하는 경우가 많지 않다. • 활성탄으로 채취가 어려운 아닐린, 오르토-톨루이딘 등의 아민류나 몇몇 무기물질의 채취가 가능하다. • 매우 유독한 이황화탄소를 탈착용매로 사용하지 않는다.	• 친수성이기 때문에 우선적으로 물분자와 결합을 이루어 습도의 증가에 따른 흡착용량의 감소를 초래한다. • 습도가 높은 작업장에서는 다른 오염물질의 파과용량이 작아져 파과를 일으키기 쉽다.

③ 다공성 중합체

㉠ 특징
- 특수한 물질 채취에 유용
- 선택성이 좋음
- 탈착이 용이
- 아민류 및 글리콜류는 탈착불가

㉡ 종류 : Tenax관, XAD, chromosorb, Porapak, amberlite
- 표면코팅흡착제 : 흡착제에 시약을 코팅하여 흡착능력을 좋게 하고, 선택성을 부여한다.
- 분자체 : 활성탄에 비해서 거대공극이 발달되어 있다. 휘발성이 큰 물질의 흡착에 사용된다.
- Tenax관
  - 휘발성 유기화합물(VOC)의 측정 시 많이 사용
  - 375℃까지 고열에 안정하여 열탈착이 가능하여 저농도의 오염물질 채취에 적합하다.
  - 휘발성이며, 비극성인 유기화합물의 채취 및 폭발성 물질 흡착제로 이용한다.
  - 파과현상 판단기준은 튜브 2개를 연속 연결하여 시료를 채취·분석한 후 분석결과에서 뒤의 튜브에 분석 성분이 앞의 튜브보다 5% 이상이면 파과로 판단하며 그 대책으로는 시료채취 유량조절 및 타 흡착제를 사용하는 것이다.

㉢ 냉각트랩(cold trap)
- 물질이 반응성이 크거나 불안정할 때 적용한다.
- 실내오염이나 대기측정시 사용된다.
- 개인시료채취가 어렵다.

② 분자체(molecular sieves)
- 비극성 화합물 및 유기물질을 잘 흡착하는 성질이 있다.
- 거대공극 및 구형의 다공성 구조로 되어 있다.
- 사용 시 가장 큰 제한요인은 습도이며, 휘발성이 큰 비극성 유기화합물의 채취에 흑연체를 많이 사용한다.

8 흡수제

① 흡수액
㉠ 정의 : 가스상 물질 등을 용해 및 화학반응 등을 이용하여 흡수·채취하는 용액
㉡ 사용시 주의사항
- 흡수액을 이용한 작업환경측정은 운반의 불편성과 근로자 부착 시 흡수액이 누수될 우려가 있으며 임핀저 등이 깨질 위험성이 있어 점차 사용이 제한되고 있다.
- 흡수액으로 채취한 시료분석은 일반적으로 비색법을 이용하든지 이온선택성 전극을 이용한다.
- 임핀저나 버블러 튜브를 이용하여 펌프를 연결할 때 입구 쪽과 출구 쪽을 잘 구별하지 않으면 흡수액이 펌프 쪽으로 넘어가 펌프 고장의 원인이 된다.
- 휘발성이 큰 물질을 용매로 사용하는 경우에는 계속해서 손실액을 보충해 주어야 한다.
- 흡수액을 사용한 능동식 시료채취방법의 시료채취 유량기준은 1.0L/min이다.
- 유기용제 등의 휘발성 물질은 흡수액의 온도가 낮을수록 포집효율이 좋아지므로, 흡수액의 온도를 낮게 유지한다.
㉢ 적용범위
- 흡수가 잘 되는 수용성 물질
- 작업장의 습도가 매우 높을 때
- 다른 방법이 가능하지 않을 때

② 흡수효율을 높이기 위한 방법
㉠ 포집액의 온도를 낮추어 오염물질의 휘발성을 제한한다.
㉡ 두 개 이상의 임핀저나 버블러를 연속적(직렬)으로 연결하여 사용하는 것이 좋다.
㉢ 채취속도를 낮춘다.(채취물질이 흡수액을 통과하는 속도를 낮춤)
㉣ 기포의 체류시간을 길게 한다.
㉤ 기포와 액체의 접촉면적을 크게 한다.(가는 구멍이 많은 fritted 버블러 사용)
㉥ 액체의 교반을 강하게 한다.
㉦ 흡수액의 양을 늘려준다.
㉧ 액체에 포집된 오염물질의 휘발성을 제거한다.

③ 채취기구
㉠ 미젯 임핀저
- 가스상 물질을 채취할 때 사용하는 액체를 담는 유리로 된 채취기구로 채취원리는 가스상 물질인 가스, 산, 증기, 미스트 등을 액체용액에 충돌, 반응, 흡수시켜 채취한다.

- 흡수액은 10~20mL(표준형 25mL) 정도로 하고 채취유량은 1L/min이 추천되고 있다.
- 용액이 너무 많으면 펌프 쪽으로 넘어갈 수 있으므로 주의한다. 넘을 경우는 뒤쪽에 흡수액이 없는 임핀저를 연속적으로 달거나 트랩을 장치하여 용액이 넘치지 않도록 한다.
- 입자상 물질을 임핀저로 포집할 경우 주의사항
  - 규정 유량대로 흡인한다.
  - 임핀저 등은 바닥면에 대하여 수직으로 장치하고 경사되지 않게 한다.
  - 임핀저 등의 저면과 노즐면을 평행하게 하고, 그 간격을 5mm로 유지한다.
  - 입도분포가 미세한 입자는 일반적으로 포집효율이 낮으므로 포집정밀도에 주의한다.

ⓒ 프리티드 버블러
- 입구 밑부분에 미세구멍을 많이 만들어 놓은 기구
- 흡수액의 용량이 같을 때 임핀저보다 채취속도를 낮게 하여야 한다.
- 크기가 작을수록 채취효율은 증가, 펌프의 압력도 증가
- 채취유량은 일반적으로 0.5~1L/min

9 유해물질의 측정방법 및 평가

① 정량한계와 검출한계

㉠ 정량한계(LOQ) : 어떤 성분의 정량분석이 가능한 최소한의 농도로써 분석기마다 바탕선량과 구별하여 분석될 수 있는 최소의 양

$$\text{식} \quad LOQ = 표준편차 \times 10 \text{ 또는 } LOQ = 검출한계(LOD) \times 3(또는 3.3)$$

㉡ 검출한계(LOD) : 어떤 성분의 검출할 수 있는 최소량(화학분석을 이용하여 검출할 수 있는 최소량)

$$\text{식} \quad 검출한계(LOD) = 표준편차 \times 3$$

※ 검출한계와 정량한계의 구분과 의의 : 검출한계는 분석될 수 있는 최소치를 의미하고, 정량한계는 대체로 적용되는 모든 시료가 분석되는 분석최소치를 의미하므로, 검출한계의 미흡한 신뢰도를 보충하는데 그 의의가 있다.

② 특이성

㉠ 정의 : 다른 물질의 존재에 관계없이 분석하고자 하는 대상물질을 정확하게 분석할 수 있는 능력을 말한다.
㉡ 정확도와 정밀도를 가진 다른 독립적인 방법과 비교하는 것이 특이성을 결정하는 일반적인 수단이다.

③ 선택성

㉠ 정의 : 혼합물 중에 어느 한 물질을 정성적 또는 정량적으로 분석할 수 있는 능력을 말한다.
㉡ 방해물질의 방해 정도에 영향을 받지 않고 정확도와 정밀도를 가지는 것을 의미한다.

④ 회수율 시험

㉠ 시료채취에 사용하지 않는 동일한 여과지에 첨가된 양과 분석량의 비로 나타내며, 여과지를 이용하여 채취한 금속을 분석하는 데 보정하기 위해 행하는 실험이다.

ⓒ MCE 여과지에 금속농도 수준별로 일정량을 첨가한(spiked) 후 분석하여 검출된(detected) 양의 비(%)를 구하는 실험은 회수율을 알기 위한 것이다.
ⓒ 금속시료의 회화에 사용되는 왕수는 염산과 질산을 3:1의 몰 비로 혼합한 용액이다.
ⓔ 관련 식

> **식** 회수율(%) = $\dfrac{\text{분석량}}{\text{첨가량}} \times 100$

ⓜ 회수율 시험을 위한 첨가량은 작업장 예상농도의 일정(0.5~2배) 범위에서 결정된다.

 기다 – 기출문제로 다지기 > 유해물질의 측정 및 평가

01. 검지관 방식으로 측정하는 경우 측정하여야 하는 위치를 3가지 기술하시오.

02. 톨루엔을 활성탄관을 이용하여 분석하였더니 활성탄관 앞층(100mg 층)에서 22.0mg이 검출되었고, 뒤층(50mg 층)에서 0.225mg이 검출되었다. 앞·뒤층을 구분하는 이유와 공기 중 농도(ppm)를 구하시오. (단, 공기 채취량 850L, 25℃, 1기압 기준)

03. 고체 채취방법(흡착관)에서 일반적으로 파과가 안되기 위한 기준치를 간략히 설명하시오.

04. 수동식 시료채취기(passive sampler)의 장·단점을 1가지씩 쓰시오.

05. 벤젠 농도를 측정하기 위해 8시간 활성탄관으로 공기채취하였다. 공기 채취 속도는 분당 200mL였다. 이를 분석한 결과 2mg의 벤젠이 검출되었다. 공기중 벤젠 농도(ppm)는? (단, 벤젠 분자량 78, 25℃, 1기압 기준)

06. 톨루엔 분석량이 0.8mg, 채취시간이 400min이고, 탈착효율이 95%, 채취유량이 40cm^3/min일 때 농도(mg/m^3)를 구하시오.

07. 작업환경측정 및 정도관리규정에 따라 가스상 물질의 측정 중 검지관을 사용하는 경우를 3가지 쓰시오.

08. 개인 시료채취의 정의 및 호흡위치의 범위를 쓰시오.

(1) 개인 시료채취

(2) 호흡위치의 범위

09. 수동식 확산흡착배지가 시료채취펌프의 역할을 대신 할 수 있는 원리의 명칭을 쓰시오.

10. 검지관 측정방식에 의해 측정가능한 물질을 3가지 쓰시오.

11. 다음의 물음에 답하시오.
  (1) 수동식 시료채취에서 시료채취 시 표면에서 오염물질이 제거되어 농도가 없어지거나 감소하는 현상

  (2) 위의 (1)의 현상을 제거하는 데 필요한 중요 요소

기다 - 정답 및 해설 / 유해물질의 측정 및 평가

01. 풀이
① 해당 작업근로자의 호흡기
② 가스상 물질 발생원에 근접한 위치
③ 근로자 작업행동 범위의 주작업 위치에서 근로자의 호흡기 높이

02. 풀이
(1) 앞, 뒤층을 구분하는 이유
  시료 채취를 정확하게 하고, 또한 파과현상으로 인한 오염물질의 과소평가를 방지하기 위함이다.
(2) 공기 중 농도(ppm)

식 $농도(mg/m^3) = \dfrac{분석량}{부피} = \dfrac{(22.0+0.225)mg}{850L \times m^3/1000L}$
$= 26.15 mg/m^3$

∴ 농도(ppm) $= 26.15 mg/m^3 \times \dfrac{24.45}{92.13} = 6.94 ppm$

정답 6.94ppm

03. 풀이
일반적으로 앞층의 1/10 이상이 뒤층으로 넘어가면 파과가 일어났다고 하고 측정결과로 사용할 수 없다. 즉, 파과가 안되기 위한 기준은 뒤층의 흡착량이 앞층의 흡착량의 10% 이내이어야 한다.

04. 풀이
① 장점 : 취급방법이 편리하고 간편하게 착용·채취할 수 있다.
② 단점 : 채취오염물질의 양이 적어 재현성이 좋지 않다.

05. 풀이

식 $C(ppm) = \dfrac{벤젠(mL)}{채취량(m^3)}$

• 벤젠(mL) $= 2mg \times \dfrac{24.45mL}{78mg} = 0.6269 mL$

• 채취량(m^3) $= \dfrac{200mL}{min} \times 8hr \times \dfrac{60min}{1hr} \times \dfrac{1m^3}{10^6 mL} = 0.096 m^3$

∴ $C(ppm) = \dfrac{0.6269}{0.096} = 6.53 ppm$

정답 6.53ppm

06. 풀이

식 $농도(mg/m^3) = \dfrac{분석량}{채취부피 \times 탈착효율}$
$= \dfrac{0.8mg}{(40cm^3/min \times 400min \times m^3/10^6 cm^3) \times 0.95}$
$= 52.63 mg/m^3$

정답 52.63mg/m³

07. 풀이
① 예비조사 목적인 경우
② 검지관 방식 외에 다른 측정방법이 없는 경우
③ 발생하는 가스상 물질이 단일물질인 경우

08. 풀이
(1) 개인 시료채취 : 개인 시료채취기를 이용하여 가스, 증기, 분진, 흄, 미스트 등을 근로자 호흡위치에서 채취하는 것을 말한다.
(2) 호흡위치의 범위 : 호흡기를 중심으로 반경 30cm인 반구를 말한다.

09. 풀이
Fick's의 확산법칙

10. 풀이
① 톨루엔, ② 메탄올, ③ 일산화탄소

11. 풀이
(1) 결핍현상
(2) 채취장소에서 최소한의 기류 유지
  • 최소한의 기류 : 0.05~0.1m/sec

03 소음 및 진동의 측정 및 평가

1 소음의 인체영향

① 소음공해의 특징
- ㉠ 비축척성이 있음
- ㉡ 국소다발적
- ㉢ 감각적 공해
- ㉣ 민원발생이 많음

② 소음에 대한 감수성 → 민감한 사람이나, 민감한 상황에서 감수성이 높아진다.
- ㉠ 임산부나 노약자가 더 큰 영향
- ㉡ 남성보다 여성, 노인보다 젊은이가 소음에 대해 더 민감
- ㉢ 휴식이나 취침 중일 때 피해가 더 큼

③ 신체적 영향
- ㉠ 혈압상승, 맥박증가, 말초혈관 수축, 심장과 간장의 흥분성 증가
- ㉡ 호흡수 증가, 호흡 깊이 감소
- ㉢ 타액분비량 증가, 위액의 산도저하, 위 수축운동 감소
- ㉣ 피로상승, 주의력 산만

④ 청력손실
- ㉠ 청력손실측정 : 어떤 주파수에 대해 정상 귀의 최소 가청치와 피검자와의 최소 가청치와의 비를 dB로 나타낸 것이다.
- ㉡ 평균청력손실 평가 암기송 : a 2b c~4분법, a 2b 2c d 6분법~

  > 식 평균청력손실 = $\dfrac{a+2b+c}{4}$ (4분법)
  >
  > 식 평균청력손실 = $\dfrac{a+2b+2c+d}{6}$ (6분법)
  >
  > - a : 옥타브밴드 중심주파수 500Hz에서의 청력손실(dB)
  > - b : 옥타브밴드 중심주파수 1,000Hz에서의 청력손실(dB)
  > - c : 옥타브밴드 중심주파수 2,000Hz에서의 청력손실(dB)
  > - d : 옥타브밴드 중심주파수 4,000Hz에서의 청력손실(dB)

- ㉢ 난청 : 500~2,000Hz 범위에서 청력손실이 25dB 이상이 되면 난청이라 한다.
  - 소음성 난청(PTS) : 오랫동안 소음환경하에 있는 사람에게서 발생하는 난청, 4,000Hz의 청력이 저하하고(C_5-dip), 그 후 고음역, 중음역이 침범되는 현상
  - 노인성 난청 : 노화에 의해 자연적으로 발생, 고주파음인 6,000Hz에서부터 난청이 시작
  - 일시적 청력손실(TTS) : 강한 소음에 노출되어 생기는 난청으로 4,000~6,000Hz에서 가장 많이 발생한다.

2 소음의 물리적 특성

(1) 용어의 정의

① **파장** : 위상의 차이가 360°가 되는 거리, 즉 1주기의 거리를 파장이라 한다.

$$\lambda = \frac{c}{f}$$

- λ : 음의 파장
- c : 음속
- f : 주파수

암기법 : 속주!

② **주파수(f)** : 한 고정점을 1초 동안에 통과하는 고압력 부분과 저압력 부분을 포함한 압력변화의 완전한 주기(cycle)수를 말하고 음의 높낮이를 나타낸다.
   ㉠ 단위는 Hz(1/sec)를 사용한다.
   ㉡ 정상청력을 가진 사람의 가청주파수 영역은 20~20,000Hz이다.

③ **주기** : 마루에서 마루나 골에서 골까지 이르는데 소요되는 시간
   ㉠ 단위는 T(sec)를 사용한다.
   ㉡ 주파수와 역수관계이다.

$$T = \frac{1}{f}$$

④ **진폭** : 음원으로부터 주어진 거리만큼 떨어진 위치에서 발생되는 음의 최대변위치를 말한다.

⑤ **파동** : 매질 자체가 이동하는 것이 아니고 음이 전달되는 매질의 변화운동으로 이루어지는 에너지 전달이다.
   ㉠ 종파(소밀파, P파) : 파동의 진행 방향과 매질의 진동 방향이 평행한 파동 (예 음파, 지진파의 P파)
   ㉡ 횡파(S파) : 파동의 진행방향과 매질의 진동 방향이 수직한 파동파이다. (예 물결파, 전자기파, 지진파의 S파)

⑥ **파면** : 파동이 진행할 때 특정 시간에 같은 변위를 가지는 점들을 연결한 선이다.

⑦ **음선** : 음의 진행방향을 나타내는 선으로 파면에 수직한다.

⑧ **음파** : 공기 등의 매질을 통하여 전파하는 소밀파이며, 순음의 경우 정현파적으로 변화한다.

(2) 음의 물리적 현상

음의 전파과정에서 나타나는 물리적 현상은 반사, 흡수, 투과, 회절, 굴절, 간섭 등이다.

① **음의 반사, 흡수, 투과** : 음파가 장애물에 입사되면 일부는 반사되고, 일부는 장애물을 통과하면서 흡수되고 나머지는 장애물을 투과한다.

② **음의 회절**
   ㉠ 장애물 뒤쪽으로 음이 전파되는 현상이다.
   ㉡ 음의 회절은 파장이 길수록, 장애물이 작을수록, 틈 구멍이 작을수록 회절은 잘된다.

③ 음의 굴절
  ㉠ 음이 한 매질에서 다른 매질로 통과할 때 구부러지는 현상이다.
  ㉡ Snell의 법칙 : 광선 또는 전파가 서로 다른 매질의 경계면에 입사하여 통과할 때 입사각과 굴절각과의 관계식을 표현한 법칙을 말한다.

$$\text{굴절률} = \frac{\sin\theta_1}{\sin\theta_2} = \frac{C_1}{C_2} = \frac{n_2}{n_1}$$

- θ_1 : 입사각
- C_1 : 매질1에서의 음속
- n_1 : 매질1에서의 굴절율
- θ_2 : 굴절각
- C_2 : 매질2에서의 음속
- n_2 : 매질2에서의 굴절율

④ 음의 간섭
  ㉠ 서로 다른 파동 사이의 상호작용으로 나타나는 현상이다.
  ㉡ 보강간섭, 소멸간섭, 맥놀이의 간섭이 있으며, 이중 맥놀이(beat)는 주파수가 약간 다른 두 개의 음원으로부터 나오는 음은 보강간섭과 소멸간섭을 교대로 이루어 어느 한 순간에 큰 소리가 들리면 다음 순간에는 조용한 소리로 들리는 현상으로 맥놀이 수는 두 음원의 주파수 차와 같다.

⑤ 음의 지향성
  ㉠ 지향계수(Q) : 특정 방향에 대한 음의 저항도를 나타내며, 특정 방향의 에너지와 평균에너지의 비를 말한다.
  ㉡ 지향지수(DI) : 지향계수를 dB 단위로 나타낸 것으로 지향성이 큰 경우 특정방향 음압레벨과 평균음압레벨과의 차이를 말한다.
  ㉢ 지향계수와 지향지수와의 관계

$$DI = 10\log Q$$

  ㉣ 음원의 위치에 따른 지향성
    • 음원이 자유공간에 있을 때
      - $Q = 1$
      - $DI = 10\log 1 = 0\text{dB}$
    • 음원이 반자유 공간(바닥 위)에 있을 때
      - $Q = 2$
      - $DI = 10\log 2 = 3\text{dB}$
    • 음원이 두 면이 접하는 구석에 있을 때
      - $Q = 4$
      - $DI = 10\log 4 = 6\text{dB}$
    • 음원이 세 면이 접하는 구석에 있을 때
      - $Q = 8$
      - $DI = 10\log 8 = 9\text{dB}$

3 소음의 측정 및 평가

① 소음의 단위

㉠ 데시벨(dB) : "벨" 단위를 보기 쉽게 대수를 사용하여 음의 크기를 나타내는 단위

㉡ 폰(phon) : 음의 크기 수준을 나타내는 단위로서, 순음 1,000Hz의 주파수를 가지는 음을 기준하여 나타낸 음의 크기(dB)를 의미한다.

㉢ 손(sone) : 소음의 감각량을 나타내는 단위로서, 순음 1,000Hz의 **40phon**을 **1sone**으로 나타낸다.

> **식** $S = 2^{\frac{(L_L - 40)}{10}}$ (L_L : 음의 크기 레벨(phon))

㉣ 음장 : 음파가 존재하는 영역

㉤ 공명 : 2개의 진동체의 고유진동수가 같을 때 한쪽을 울리면 다른 쪽도 울리는 현상을 말한다.

㉥ 음압레벨(SPL) : 어떤 음의 음압이 기준음압의 몇 배인가를 대수로서 나타낸 것

> **식** $SPL = 20\log \frac{P}{P_o}$ (P : 현재음압, P_o : 기준음압($2 \times 10^{-5} \text{N/m}^2$))
>
> • 자유공간 기준
>   - $SPL = PWL - 10\log(4\pi r^2)$ (PWL : 음향파워레벨, 자유공간 기준)
>   - $SPL = PWL - 20\log r - 11$ (점음원, 자유공간 기준)
>   - $SPL = PWL - 10\log r - 8$ (선음원, 자유공간 기준)
> • 반자유공간 기준
>   - $SPL = PWL - 10\log(2\pi r^2)$ (PWL : 음향파워레벨, 반자유공간 기준)
>   - $SPL = PWL - 20\log r - 8$ (점음원, 반자유공간 기준)
>   - $SPL = PWL - 10\log r - 5$ (선음원, 반자유공간 기준)

㉦ 음향파워(W) : 1초간에 음원으로부터 방출되는 음에너지를 말한다.

> **식** $W = I \times S$ (I : 음의 세기, S : 표면적)

㉧ 파워레벨(PWL) : 기준 음향파워에 비하여 임의의 음향파워가 몇 배에 상당하는 가를 대수로 나타낸 것

> **식** $PWL = 10 \times \log\left(\frac{W}{W_o}\right)$ (W : 음향파워, W_o : 기준 음향파워 = 10^{-12}W)

㉨ 음의 세기레벨(SIL) : 최소가청음의 세기에 비하여 임의의 대상음의 세기가 몇 배에 상당하는 가를 대수로 나타낸 것

> **식** $SIL = 10\log\left(\frac{I}{I_o}\right)$ (I : 음의 세기(W/m²), I_o : 최소가청음 세기(10^{-12}W/m²))

㉩ 음의 거리감쇠 : 음원에서 방사된 음파가 음원으로부터 거리가 멀어짐에 따라 음의 에너지가 확산하여 파면의 면적에 역비례하여 감소하는 것

> 식 $L_l = 20\log\left(\dfrac{r_2}{r_1}\right)$ (r : 음원과의 거리, 선음원)
>
> ↳ 점음원에서 거리 2배 증가시 6dB 감소
>
> 식 $L_l = 10\log\left(\dfrac{r_2}{r_1}\right)$ (r : 음원과의 거리, 선음원)
>
> ↳ 선음원에서 거리 2배 증가시 3dB 감소

② 소음의 측정
  ㉠ 측정기기
   • 누적소음 노출량 측정기
   • 적분형 소음계
   • 지시소음계 : 개인시료 채취방법이 불가능한 경우

   > [소음계 사용시 주의사항]
   > • 청감보정회로는 A특성으로 할 것
   > • 소음계 지시침의 동작은 느린(Slow) 상태로 할 것
   > • 소음계의 지시치가 변동하지 않는 경우에는 해당 지시치를 그 측정점에서의 소음수준으로 할 것

  ㉡ 기기의 설정(중요) 📖 암기법 : 크9나, 엑5, 테8
   • Criteria 90dB
   • Exchange Rate 5dB
   • Threshold 80dB
  ㉢ 옥타브밴드
   • 1/1 옥타브밴드 분석기
    - 중심주파수(f_c)= $\sqrt{2}\,f_L$
    - 중심주파수(f_c)= $\sqrt{f_L \times f_u}$
    - 밴드폭= $0.707 f_c$
   • 1/3 옥타브밴드 분석기
    - 중심주파수(f_c)= $\sqrt{1.26}\,f_L$
    - 밴드폭= $0.232 f_c$
  ㉣ 등가소음레벨 : 변동이 심한 소음의 평가방법으로 소음을 일정시간 측정하여 그 평균 에너지 소음레벨로 나타낸 값이 등가소음도이다.

   > 식 등가소음도(Leq) = $16.61\log\dfrac{n_1 \times 10^{\frac{L_{A1}}{16.61}} + \cdots + n_n \times 10^{\frac{L_{An}}{16.61}}}{\text{각 소음레벨 측정치의 발생시간 합}}$
   >
   > • L_A : 각 소음레벨의 측정치(dB)   • n : 각 소음레벨 측정치의 발생시간(min)

③ 측정위치 : 단위작업장소에서 소음수준측정은 해당 규정에 따라 측정을 한다. 다만, 소음수준을 측정할 경우에는 측정대상이 되는 근로자의 근접된 위치의 귀 높이에서 실시하여야 한다.

④ 소음계산
  ㉠ 합성소음과 평균소음
    • 합성소음(dB)
    $$L_s(dB) = 10\log(10^{L_1/10} + 10^{L_2/10} + \cdots 10^{L_n/10})$$
    • 평균소음(dB)
    $$L_m(dB) = 10\log\left[\frac{1}{n}(10^{L_1/10} + 10^{L_2/10} + \cdots 10^{L_n/10})\right]$$
  ㉡ 파장 = 속도/주파수
  ㉢ 시간가중평균 소음수준 : 소음의 강도가 불규칙적으로 변동하는 소음 등을 측정 시 시간가중평균 소음수준으로 누적소음측정기를 환산한다.
    $$TWA = 16.61\log\left(\frac{D}{100}\right) + 90$$
    • $D(\%) = EI \times 100$

⑤ 소음 노출지수 : 노출지수가 1 이상이면 초과, 노출지수가 1 미만이면 정상이다.
  $$EI = \frac{C_1}{T_1} + \frac{C_2}{T_2} + \cdots + \frac{C_n}{T_n}$$
  • T_1 : 90dB 노출허용시간(8hr)
  • T_2 : 95dB 노출허용시간(4hr)
  • T_3 : 100dB 노출허용시간(2hr)
  • T_4 : 105dB 노출허용시간(1hr)
  • T_5 : 110dB 노출허용시간(0.5hr)
  • T_6 : 115dB 노출허용시간(0.25hr)

⑥ 실내 소음관리
  ㉠ 평균흡음률($\overline{\alpha}$)
    $$\overline{\alpha} = \frac{\sum S_i \alpha_i}{\sum S_i} = \frac{바닥 \times 흡음률 + 벽 \times 흡음률 + 천장 \times 흡음률}{바닥 + 벽 + 천장}$$
    • S : 면적
    • α : 흡음률
  ㉡ 흡음대책에 따른 실내소음 저감량
    $$NR = SPL_1 - SPL_2 = 10\log\left(\frac{R_2}{R_1}\right) = 10\log\left(\frac{A_2}{A_1}\right)$$
    • R_1 : 실내면에 대한 흡음대책 전의 실정수(m², sabin)
    • R_2 : 실내면에 대한 흡음대책 후의 실정수(m², sabin)
    • A_1 : 실내면에 대한 흡음대책 전의 흡음력(m², sabin)
    • A_2 : 실내면에 대한 흡음대책 후의 흡음력(m², sabin)

ⓒ 잔향시간

$$T = \frac{0.161 \forall}{A} = \frac{0.161 \forall}{S_t \overline{\alpha}}$$

4 진동의 인체영향

① 전신진동

ㄱ) 영향인자
- 진동의 강도
- 진동수
- 진동의 방향
- 진동 폭로시간(노출시간)

ㄴ) 특징
- 대개 30Hz에서 문제가 되고, 60~90Hz에서는 시력장애가 일어난다.
- 외부 진동의 진동수와 고유장기의 진동수가 일치하면 공명현상이 일어날 수 있다.
- 전신진동에 대해 인체는 대략 0.01m/sec² 에서 10m/sec² 까지 진동을 느낄 수 있다.

ㄷ) 인체영향
- 말초혈관의 수축과 혈압 상승 및 맥박수 증가
- 발한, 피부 전기저항의 유발
- 산소소비량 증가와 폐 환기 촉진 및 내분비계, 심장, 평형감각에 영향
- 위장장애, 내장하수증, 척추 이상, 내분비계 장애

ㄹ) 공명 진동수
- 두부와 견부는 20~30Hz 진동에 공명하며, 안구는 60~90Hz 진동에 공명
- 3Hz 이하 : motion sickness
- 6Hz : 가슴, 등에 심한 통증
- 13Hz : 머리, 안면, 볼, 눈꺼풀 진동
- 4~14Hz : 복통, 압박감 및 동통감
- 20~30Hz : 시력 및 청력장애

② 국소진동

ㄱ) 특징
- 심한 진동에 노출될 경우 조직에서 병변이 나타난다.
- 레이노드씨 현상 : 손가락이 희거나 검게 변하는 질환으로, 한랭환경에서 그 증상이 더 악화된다.

ㄴ) 대책
- 작업 시에는 따뜻하게 체온을 유지해 준다.
- 진동공구의 무게는 10kg 이상 초과하지 않도록 한다.
- 진동공구는 가능한 한 공구를 기계적으로 지지하여 준다.

- 작업자는 공구의 손잡이를 너무 세게 잡지 않는다.
- 진동공구의 사용 시에는 장갑을 착용한다.
- 발동기 부착 장비는 전동기로 바꾼다.

5 진동의 구분

① 진동수에 따른 구분
  ㉠ 전신진동 진동수 : 1~80Hz
  ㉡ 국소진동 진동수 : 8~1,500Hz
  ㉢ 인간이 느끼는 최소진동역치 : 55 ± 5dB
② 진동의 크기를 나타내는 단위 : 변위, 속도, 가속도
③ 진동 시스템을 구성하는 3요소 : 질량, 탄성, 댐핑

기다 - 기출문제로 다지기 | 소음 및 진동의 측정 및 평가

01. 중심주파수가 500Hz인 경우 하한주파수(f_L) 및 상한주파수(f_u)를 구하시오. (단, 1/1 옥타브밴드)

　(1) 하한주파수(f_L)

　(2) 상한주파수(f_u)

02. 작업장에서 95dB(A)의 소음이 발생할 경우 다음 대책을 2가지씩 쓰시오.

　(1) 공학적 대책

　(2) 작업관리 대책

　(3) 근로자 건강보호 대책

03. 음의 속도가 340m/sec이고 파장이 10m일 경우 주파수(Hz)를 구하시오.

04. 소음 전파과정에서 나타나는 물리적 현상(특성)을 5가지 쓰시오.

05. 음압수준이 90dB(A)이고, NRR = 19인 경우 귀덮개의 차음효과와 근로자가 노출되는 음압수준을 구하시오. (단, OSHA 방법 이용)

06. 작업장 내의 기계가 각각 소음 94dB, 95dB, 100dB을 발생할 경우 총 음압레벨을 구하시오.

07. 다음은 소음을 측정한 결과이다. 소음의 평균 음압수준을 구하시오.

85dB, 95dB, 100dB, 98dB, 91dB, 87dB

08. 소음 = 90dB이고, NRR = 19일 때, 소음수준을 구하시오.

09. 8시간 노출[휴식(15분×2회), 점심시간(30분) 총 1시간] 소음이 90, 92, 91, 94, 90, 93, 92, 91, 90, 92일 때 TWA 소음강도를 구하고, 노출기준 초과여부를 평가하시오. (단, 노출 허용시간 = $\dfrac{8}{2^{\frac{(L_a - 90)}{5}}}$)

(1) TWA 소음강도

(2) 노출기준 초과여부

10. 점음원에서 5m 떨어진 거리에서 소음이 88dB이었다면 16m 떨어진 지점의 음압수준은? (단, 자유공간)

11. 다음 도표(음압레벨 합산을 위한 도표)를 이용하여 음압레벨에 대한 합을 구하시오.

두 음압레벨의 차	1.7~1.9	4.0~5.0	9.7~10.7	10.8~12.2	12.5~13.5	14.8~19.3	19.4~무한대
두 음압레벨 중 높은 음압레벨에 더하는 음압레벨	2.2	1.5	0.4	0.3	0.2	0.1	0

12. 어떤 작업환경에서 95dB(A)에서 3시간, 90dB(A)에서 3시간, 85dB(A)에서 2시간 발생하고 있을 때 이 작업장의 소음수준을 평가하시오.

13. 어떤 작업장의 음압수준이 75dB(A)이고, 근로자는 차음평가지수(NRR)가 18인 귀덮개를 착용하고 있다. 미국 OSHA의 계산방법을 활용하여 근로자가 노출되는 음압수준(dB)을 구하시오.

   (1) 차음효과

   (2) 노출되는 음압수준

14. 다음 조건에서 음향출력이 0.1watt인 작은 점음원으로부터 50m 떨어진 곳의 음압수준(dB)은 얼마인지 각각 계산하시오.

   (1) 무지향성 자유공간

   (2) 무지향성 반자유공간

15. 작업장에서 90dB(A) 5시간, 95dB(A) 3시간 변동하는 소음발생 시 누적소음 폭로량(%)과 시간가중 평균소음수준[dB(A)]을 구하시오.

16. 누적소음노출량 측정기의 법정 설정기준을 쓰고 청감보정 특성을 쓰시오.

   (1) 법정 설정기준

   (2) 청감보정 특성

17. 청감보정회로에서 A특성, B특성, C특성에 해당하는 phon 값을 쓰시오.

해설 기다 - 정답 및 해설

소음 및 진동을 측정 및 평가

01. 풀이

(1) 하한주파수(f_L)

식 f_c(중심주파수) $= \sqrt{2}\,f_L$

$f_L = \dfrac{f_c}{\sqrt{2}} = \dfrac{500}{\sqrt{2}} = 353.55\text{Hz}$

정답 353.55Hz

(2) 상한주파수(f_u)

식 f_c(중심주파수) $= \sqrt{f_L \times f_u}$

$f_u = \dfrac{(f_c)^2}{f_L} = \dfrac{(500)^2}{353.5} = 707.11\text{Hz}$

정답 707.11Hz

02. 풀이

(1) 공학적 대책 : 흡음, 차음
(2) 작업관리 대책 : 저소음 기계로 교체, 작업방법 변경
(3) 근로자 건강보호 대책 : 귀마개 착용, 귀덮개 착용

03. 풀이

식 $C = f \times \lambda$

$\therefore f = \dfrac{C}{\lambda} = \dfrac{340m}{\sec} \times \dfrac{1}{10m} = 34/\sec(Hz)$

정답 34/sec(Hz)

04. 풀이

- 반사 · 흡수 · 투과 · 회절 · 굴절

05. 풀이

(1) 차음효과 : 차음효과 $= (NRR-7) \times 50\% = (19-7) \times 0.5 = 6\text{dB(A)}$

정답 6dB(A)

(2) 노출되는 음압수준 : 음압수준 $= 90 -$ 차음효과 $= 90 - 6$
$= 84\text{dB(A)}$

정답 84dB(A)

06. 풀이

식 합성소음도(L_p) $= 10\log(10^{\frac{n_1}{10}} + 10^{\frac{n_2}{10}} + 10^{\frac{n_3}{10}})$
$= 10\log(10^{9.4} + 10^{9.5} + 10^{10.0}) = 101.95 dB$

정답 101.95dB

07. 풀이

식 $L_m = 10\log(10^{L_1/10} + 10^{L_2/10} + \cdots + 10^{L_n/10})$

$\therefore L_m = 10\log\left[\dfrac{1}{6}(10^{85/10} + 10^{95/10} + 10^{100/10} + 10^{98/10}\right.$
$\left. + 10^{91/10} + 10^{87/10})\right] = 95.55\text{dB}$

정답 95.55dB

08. 풀이

식 소음수준 $=$ 현재 음압수준 $-$ 차음효과

- 차음효과 $= (NRR-7) \times 0.5 = (19-7) \times 0.5 = 6\text{dB}$

$\therefore$ 소음수준 $= 90 - 6 = 84\text{dB}$

정답 84dB

09. 풀이

(1) TWA 소음강도

식 $TWA = 16.61\log\left[\dfrac{D(\%)}{100}\right] + 90\text{dB}$

- $D = \dfrac{C_1}{T_1} + \dfrac{C_2}{T_2} + \cdots + \dfrac{C_n}{T_n}$

- $T_1(90dB) = \dfrac{8}{2^{\frac{90-90}{5}}} = 8\text{hr}$

- $T_2(91dB) = \dfrac{8}{2^{\frac{91-90}{5}}} = 6.96\text{hr}$

- $T_3(92dB) = \dfrac{8}{2^{\frac{92-90}{5}}} = 6.06\text{hr}$

- $T_4(93dB) = \dfrac{8}{2^{\frac{93-90}{5}}} = 5.28hr$

- $T_5(94dB) = \dfrac{8}{2^{\frac{94-90}{5}}} = 4.6\text{hr}$

- C(노출시간)
  $= 8hr - [0.25 \times 2(휴식) + 0.5(점심)] \div 10 = 0.7hr$
  (각 노출시간은 동일하다고 가정함)

  $D = \dfrac{0.7}{8} \times 3 + \dfrac{0.7}{6.96} \times 2 + \dfrac{0.7}{6.06} \times 3 + \dfrac{0.7}{5.28} + \dfrac{0.7}{4.6} = 1.095$

  $\therefore TWA = 16.61\log\left[\dfrac{109.5}{100 \times \dfrac{7}{8}}\right] + 90 = 91.62dB$

  정답 91.62dB

(2) 노출기준 초과여부 : 노출기준 초과여부 평가(각 소음의 노출시간은 동일하다고 가정함)

   $D = \dfrac{0.7}{8} + \dfrac{0.7}{6.06} + \dfrac{0.7}{6.96} + \dfrac{0.7}{4.6} + \dfrac{0.7}{8} + \dfrac{0.7}{5.28} + \dfrac{0.7}{6.06} + \dfrac{0.7}{6.96} + \dfrac{0.7}{8} + \dfrac{0.7}{6.06}$

   $= 1.095$

   $\therefore$ 기준 "1" 값 보다 크므로 초과 평가

10. 풀이

식 $SPL_1 - SPL_2 = 20\log\left(\dfrac{r_2}{r_1}\right)$

$88 - SPL_2 = 20\log\left(\dfrac{16}{5}\right)$

$\therefore SPL_2 = 77.9dB$

정답 77.9dB

11. 풀이

(1) 먼저 가장 높은 소음과 둘째로 높은 소음을 도표를 이용하여 합산한 후, 합산된 음압수준과 셋째 소음을 합산하고 계속 이와 동일한 방법으로 모든 소음에 대하여 큰 것부터 순서대로 합산한다.

(2) 가장 높은 소음 순서로 배열
100dB, 98.2dB, 97.8dB, 91.7dB, 91.0dB, 86.9dB 85.4dB, 61.9dB, 45.8dB

① 100−98.2 = 1.8dB → 도표(2.2dB): 100+2.2 = 102.2dB
② 102.2−97.8 = 4.4dB → 도표(1.5dB): 102.2+1.5 = 103.7dB
③ 103.7−91.7 = 12dB → 도표(0.3dB): 103.7+0.3 = 104.0dB
④ 104.0−91.0 = 13dB → 도표(0.2dB): 104.0+0.2 = 104.2dB
⑤ 104.2−86.9 = 17.3dB → 도표(0.1dB): 104.2+0.1 = 104.3dB
⑥ 104.3−85.4 = 18.9dB → 도표(0.1dB): 104.3+0.1 = 104.4dB
⑦ 104.4−61.9 = 42.5dB → 도표(0dB): 104.4+0 = 104.4dB
⑧ 104.4−45.8 = 58.6dB → 도표(0dB): 104.4+0 = 104.4dB
∴ 음압레벨의 합산은 104.4dB이다.

정답 104.4dB

12. 풀이

식 $EI = \dfrac{C_1}{T_1} + \dfrac{C_2}{T_2} + \dfrac{C_3}{T_3} = \dfrac{3}{4} + \dfrac{3}{8} + \dfrac{2}{0} = 1.125$

∴ 노출지수가 1을 초과하므로, 노출기준 초과로 판정한다.

13. 풀이

(1) 식 차음효과 $= (NRR - 7) \times 0.5$

∴ 차음효과 $= (NRR - 7) \times 0.5 = (18 - 7) \times 0.5 = 5.5dB$

정답 5.5dB

(2) 식 노출되는 음압수준 = 작업장 음악수준 − 차음효과

∴ 노출되는 음압수준 $= 75 - 5.5 = 69.5dB$

정답 69.5dB

14. 풀이

(1) 무지향성 자유공간

식 $SPL = PWL - 20\log r - 11$

• $PWL = 10\log\dfrac{W}{W_o} = 10\log\dfrac{0.1}{10^{-12}} = 110dB$

∴ $SPL = 110 - 20\log 50 - 11 = 65dB$

정답 65dB

(2) 무지향성 반자유공간

식 $SPL = PWL - 20\log r - 8$

• $PWL = 10\log\dfrac{W}{W_o} = 10\log\dfrac{0.1}{10^{-12}} = 110dB$

∴ $SPL = 110 - 20\log 50 - 8 = 68dB$

정답 68dB

15. 풀이

① 누적소음 폭로량$(D) = \left(\dfrac{C_1}{T_1} + \dfrac{C_2}{T_2} + \cdots + \dfrac{C_n}{T_n}\right) \times 100$

$= \left(\dfrac{5}{8} + \dfrac{3}{4}\right) \times 100 = 137.5\%$

정답 137.5%

② 시간가중 평균소음수준$(TWA) = 16.61\log\left[\dfrac{D(\%)}{100}\right] + 90dB(A)$

$= 16.61\log\left[\dfrac{137.5}{100}\right] + 90 = 92.3dB(A)$

정답 92.3dB(A)

16. 풀이
(1) 법정 설정기준
① criteria : 90dB
② exchange rate : 5dB
③ threshold : 80dB
(2) 청감보정 특성 : A특성[dB(A)]

17. 풀이
① A특성 = 40phon
② B특성 = 70phon
③ C특성 = 100phon

04 고열환경 및 이상기압의 측정 및 평가

1 온열요소와 지적온도

① 기온(온도)
　㉠ 지적온도 : 인간이 활동하기에 가장 좋은 상태인 이상적인 온열조건으로 환경온도를 감각온도로 표시한 것을 지적온도라 하고 주관적, 생리적, 생산적 지적온도의 3가지 관점에서 볼 수 있다.
　　• 주관적 지적온도 : 감각적으로 가장 적정하게 느껴지는 온도
　　• 생리적 지적온도 : 에너지를 최소로 소모하면서 최대의 활동을 할 수 있는 온도
　　• 생산적 지적온도 : 생산능률을 최대로 높일 수 있는 온도
　㉡ 감각온도(실효온도) : 기온, 습도, 기류의 조건에 따라 결정되는 체감온도

② 기습(습도)
　㉠ 절대습도 : 단위부피의 공기 속에 함유된 수증기의 양

$$\text{식 } 절대습도(g/m^3) = \frac{수증기(g)}{공기(m^3)}$$

　㉡ 상대습도(비교습도) : 단위부피의 공기 속에 현재 함유되어 있는 수증기의 양과 그 온도에서 단위부피의 공기 속에 함유할 수 있는 최대의 수증기량(포화수증기량)과의 비를 백분율로 나타낸 것

$$\text{식 } 상대습도 = \frac{절대습도}{포화습도} \times 100$$

　　• 인체의 바람직한 상대습도는 30~70%이다.
　㉢ 포화습도 : 공기 $1m^3$가 포화상태에서 함유할 수 있는 수증기량
　㉣ 습도 측정기기 종류
　　• 아스만 통풍온습도계　　　　　• 회전습도계
　　• 자기모발습도계　　　　　　　• 전기저항습도계

③ 기류(풍속)
　㉠ 불감기류
　　• 정의 : 0.5m/sec 미만의 기류
　　• 특징
　　　- 실내에 항상 존재
　　　- 신진대사 촉진
　　　- 한랭에 대한 저항을 강화시킴
　㉡ 인체에 적당한 기류속도의 범위는 6~7m/min이다.
　㉢ 작업장 관리기준(산업보건기준에 관한 규칙)에는 기온 10℃ 이하일 때는 1m/sec 이상의 기류에 직접 접촉을 금지

2 고열 장해와 생체 영향

① **고열 장해** : 고열환경으로 인해 체온조절 기능에 생리적 변조 도는 장해를 초래하여 자각적으로나 임상적으로 증상을 나타내는 것

② **고열 장해에 미치는 영향 요소**
  ㉠ 작업환경 조건
  ㉡ 환경의 기후 조건
  ㉢ 고온순화의 정도
  ㉣ 건강상태
  ㉤ 작업량

  ※ 고온순화 : 고온환경으로 인한 변화나 신체활동이 반복되어 인체조절기능이 숙련되고 습득된 상태

  [고온순화 과정]
  - 1차적 생리적 반응 : 발한 및 호흡촉진, 교감신경에 의한 피부혈관 확장, 체표면 증가
  - 2차적 생리적 반응 : 심혈관, 위장, 신경계, 신장 장해
  - 체표면의 땀샘수 증가
  - 위액분비 감소, 산도 감소 → **식욕부진, 소화불량**
  - 혈중 염분량 감소
  - 간 기능 저하

③ **고열 장해의 종류**
  ㉠ 열사병(heat stroke) : 고온다습한 환경에 노출되거나 더운 환경에서 과도한 작업을 할 때 신체의 열 발산이 원활히 이루어지지 않아 뇌 온도가 상승하고, 신체 내부의 체온조절 중추에 기능장애를 일으켜서 생기는 위급한 상태를 말한다.

원인	• 열축적으로 인한 체온조절 중추의 기능장애 • 작업부하로 인한 대사열의 증가 ※ 체내의 염분량과는 관계없음	
증상	• 정신착란 및 의식결여 • 혼수상태 • 중추신경계의 장해 • 심화 시 사망	• 경련 • 체온상승 • 직장온도 상승(40℃ 이상의 직장온도)
치료	• 얼음물 이용 • 산소공급	• 찬물과 선풍기 • 사지를 격렬하게 마찰

  ㉡ 열탈진(열피로) : 매우 더운 환경에서 땀을 흘리며 염분이나 수분을 보충하지 않은 채 장시간 운동이나 활동을 할 때에 발생하는 신체이상을 말한다.

원인	• 혈액량과 염분부족 • 대뇌피질의 혈류량이 부족할 때	• 탈수증으로 인한 체액 손실
증상	• 현기증, 두통, 구토, 허탈 • 권태감, 졸도, 과다 발한, 냉습한 피부	• 맥박 상승과 혈압 저하 • 혈당치 감소
치료	• 휴식 후 5% 포도당을 정맥주사	• 염분 보충 및 수분공급

ⓒ 열경련(heat cramp) : 고온환경에서 심한 육체적인 노동시 근육에 경련이 일어나는 현상

원인	• 수분 및 염분 손실 • 땀을 많이 흘리면서 염분이 없는 음료수 과다섭취 시	
증상	• 혈중 염소이온 농도가 현저히 감소 • 일시적 단백뇨 • 혈액의 현저한 농축	• 팔과 다리의 근육경련 • 현기증, 이명, 두통, 구토
치료	• 수분 및 염분 보충 • 생리식염수 정맥주사	• 바람을 쐬며 휴식

ⓔ 열실신 : 고열환경에서 노출로 인해 혈관운동장애가 일어나 정맥혈이 말초혈관에 저류되고 심박출량 부족으로 초래하는 순환부전 특히 대뇌피질의 혈류량 부족이 주원인으로 저혈압, 뇌의 산소부족으로 실신을 초래하는 현상

원인	• 고열에 의한 순환부전 • 갑작스런 자세변화 • 고온순화되지 않은 상태에서 작업수행	• 중근작업 2시간 이상 • 장시간의 기립
증상	• 말초혈관 확장 및 신체말단부 혈액 저류 • 열경련 증상 동반할 수 있음	• 피부가 차고, 얼굴이 창백해짐 • 혈압 저하

3 고열 측정 및 평가

① 고열 측정

ⓐ 온도, 습도 측정 : 일반적으로 온도는 아스만 통풍건습계, 습도는 습도 환산표를 이용하여 구한다.

ⓑ 기류 측정

풍차풍속계	• 1~150m/sec 범위의 풍속 측정 • 옥외용
카타온도계	• 작업환경 내에 기류의 방향이 일정치 않을 경우 기류속도 측정 • 실내 0.2~0.5m/sec 정도의 불감기류 측정 시 기류속도를 측정
열선풍속계	• 기류속도가 아주 낮을 때 사용하여 정확함 • 0~50m/sec 범위의 풍속 측정
가열온도풍속계	작업환경 측정의 표준방법으로 사용

ⓒ 복사열 측정

• 작업환경 측정의 표준방법 사용
• 흑구온도계는 복사온도를 측정함

⇩

〈WBGT 측정〉

• 아스만 통풍건습계를 이용하여 건구 및 자연습구온도를 측정한다.
• WBGT의 고려대상은 기온, 기류, 습도, 복사열이다.

- 태양광선이 내리쬐는 장소

> 식 $WBGT = 0.7 \times 습구온도 + 0.2 \times 흑구온도 + 0.1 \times 건구온도$

- 태양광선이 내리쬐지 않는 장소

> 식 $WBGT = 0.7 \times 습구온도 + 0.3 \times 흑구온도$

② 평가
  ㉠ 온열지수 종류
  - 습구흑구온도지수(WBGT) → 가장 보편적으로 사용
  - 감각온도
  - Kata 냉각력
  - TGE 지수
  - 4시간 발한량 예측치
  - 온열부하지수
  - 습구건구지수
  - 풍냉지수
  ㉡ 고열작업장의 노출기준

[작업강도에 따른 습구흑구온도지수]

작업강도 작업과 휴식시간비	경작업	중등작업	중작업
계속작업	30.0	26.7	25.0
매 시간 75% 작업, 25% 휴식	30.6	28.0	25.9
매 시간 50% 작업, 50% 휴식	31.4	29.4	27.9
매 시간 25% 작업, 75% 휴식	32.2	33.1	30.0

- 경작업 : 시간당 200kcal 열량 소요 작업
- 중등작업 : 시간당 200~350kcal 열량 소요 작업
- 중작업 : 시간당 350~500kcal 열량 소요 작업

㉢ 불쾌지수 : 날씨에 따라서 사람이 불쾌감을 느끼는 정도를 기온과 습도를 이용하여 나타내는 지수

> 식 불쾌지수 = 0.72 [습구온도(℃) + 건구온도(℃)] + 40.6 = 0.72 (18 + 32) + 40.6 = 76.6

4 이상기압의 정의

① **이상기압** : 기압이 매 제곱센티미터당 1킬로그램 보다 높거나 낮은 기압을 말한다.
② **기압** : 단위면적당 작용하는 공기의 무게
　㉠ 단위 : mmHg, mmH$_2$O(1kg/m^2), atm, PSI, mbar, 1kg/cm^2, torr 등
　　• 1atm = 10,332mmH$_2$O = 760mmHg = 760torr = 14.7PSI = 1.0332kg/cm^2 = 101,325Pa = 1013mbar
　㉡ 정상적인 대기 중 해면에서의 산소분압 : 160mmHg(산소 21% 기준)

5 고압환경에서의 생체 영향

① **고압작업** : 대기압보다 높은 압력하에서 작업하는 것을 말한다.
② **특징**
　㉠ 정상대기의 압력은 1기압이다.
　㉡ 절대압은 측정압에서 1기압을 더해서 산출된다.
　㉢ 물속에서의 압력은 10m 깊어질 때 1기압씩 증가한다.

　　예 수심 30m에서의 압력 $= 1\text{atm} + \left(\dfrac{1\text{atm}}{10\text{m}} \times 30\text{m}\right) = 4\text{atm}$

③ **고압환경의 인체작용** : 치통, 고막의 통증, 부비강 개구부 감염, 심한 구토, 두통 등의 증상을 일으킨다.
　㉠ 1차적 가압현상
　　• 기계적 장애라고도 하며 인체와 환경 사이의 기압차이로 인해 일어나는 현상이다.
　　• 1차적으로 부종, 출혈, 조직의 통증 등을 동반한다.
　㉡ 2차적 가압현상 : 고압하의 대기가스의 독성 때문에 나타나는 현상으로 2차성 압력현상이다.
　　• 질소가스의 마취작용
　　　- 4기압 이상에서 마취작용을 일으키며 이를 다행증이라 한다.
　　　- 알코올 중독 증상과 유사하다.
　　　- 수심 90~120m에서 환청, 환시, 조협증, 기억력 감퇴 등이 일어난다.
　　• 산소중독
　　　- 산소의 분압이 2기압이 넘으면 산소중독 증상을 보인다.
　　　- 수압과 같은 압력의 압축 기체를 호흡하여 산소분압 증가로 산소중독이 일어난다.
　　　- 수지나 족지의 작열통, 시력장애, 정신혼란, 근육경련 등의 증상을 보이며 나아가서는 간질 모양의 경련을 나타낸다.
　　　- 고압산소에 대한 폭로가 중지되면 증상은 즉시 멈춘다.
　　• 이산화탄소의 작용
　　　- 이산화탄소 농도의 증가는 산소의 독성과 질소의 마취작용을 증가시키는 역할을 하고 감압증의 발생을 촉진시킨다.
　　　- 이산화탄소 농도가 고압환경에서 대기압으로 환산하여 0.2%를 초과해서는 안된다.
　　　- 동통성 관절장애(bends)도 이산화탄소의 분압 증가에 따라 보다 많이 발생한다.

6 감압환경에서의 생체 영향

① **가스팽창효과** : 고압으로 신체에 유입되어 있는 공기가 감압시에 가스팽창한다.
  ㉠ 팽창된 공기가 폐혈관으로 유입되어 뇌공기전색증을 일으켜 즉시 재가압 조치를 하지 않으면 사망에 이르게 된다.
  ㉡ 감압속도가 너무 빠르면 폐포가 파열되고 흉부조직 내로 유입된 질소가스 때문에 여러 증상(예 종격기종, 기흉, 공기전색)이 나타난다.

② **용해질소의 기포형성효과** : 고압으로 신체에 유입되어있는 공기 중 질소는 고압상태에서 용해되었던 것이 감압시에 기포를 형성하여 인체의 악영향을 준다.
  ㉠ 체액 및 지방조직의 질소기포 증가
  ㉡ 질소의 지방용해도는 물에 대한 용해도보다 5배가 크다.
  ㉢ 감압 시 조직 내 질소 기포형성량에 영향을 주는 요인
    • 조직에 용해된 가스량(체내 지방량, 고기압 노출정도)
    • 혈류변화 정도
    • 감압속도

③ **감압환경의 인체 증상**
  ㉠ 용해성 기포형성 때문으로 동통성 관절장애
  ㉡ 잠함병(케이슨병) : 감압시 질소의 기포형성으로 혈액순환과 주위 조직에 기계적 영향으로 발생한다.

증상	• 뇌 속 기포 : 시력장애, 현기증, 의식불명, 경련 • 척추에 기포 : 반신불수, 마비 • 피부에 기포 : 부풀어 오름, 가려움	• 관절, 근육, 뼈에 기포 : 부위별 통증 • 폐 속에 기포 : 질식, 호흡곤란 • 혈액 속 기포 : 혈액순환장애
치료 및 예방	• 재가압 챔버에서 재가압 후 다시 천천히 감압한다. • 헬륨을 혼합한 공기를 주입한다.	

  ㉢ 비감염성 골괴사 : 혈액응고로 인한 뼈력의 괴사로, 고압환경에 반복 노출시 발생한다.
  ㉣ 마비

7 저압환경에서의 생체 영향

① **저압환경** : 고도의 상승으로 기압이 저하되는 환경
② **고공증상**
  ㉠ 산소부족(고도 5,000m 이상 환경에서 주로 발생)
  ㉡ 항공치통, 항공이염, 항공부비감염
  ㉢ 시력, 협조운동의 가벼운 장애 및 피로(고도 10,000ft = 3,048m)
  ㉣ 21% 산소필요(고도 18,000ft = 5,468m)

③ 고공성 폐수종
- ㉠ 어른보다 순화적응속도가 느린 아이들에게 많이 일어난다.
- ㉡ 고공에 순화된 사람이 해면에 돌아올 때 자주 발생한다.
- ㉢ 진해성 기침과 호흡곤란, 폐동맥의 혈압 상승현상
- ㉣ 21% 산소필요(고도 18,000ft = 5,468m)

④ 저산소증
- ㉠ 조직 내의 산소가 고갈된 상태
- ㉡ 뇌의 1일 산소소비량은 100L 정도이다.
- ㉢ 산소결핍에 가장 민감한 조직은 뇌이다.
- ㉣ 저산소증은 잠수부가 급속하게 감압할 때와 같은 증상을 나타낸다.

 기다 – 기출문제로 다지기 > **고열환경 및 이상기압의 측정 및 평가**

01. 고온순화 메커니즘을 4가지 쓰시오.

02. 자연습구온도가 20℃, 흑구온도가 30℃, 건구온도가 10℃일 때 실내 WBGT(℃)를 구하시오. (단, 온도는 태양광선이 내리쬐지 않는 장소에서 측정하였다.)

03. 볏짚에 분뇨를 혼합하여 퇴비화하려 한다. 초기 C/N비를 27로 유지하기 위한 분뇨의 투입비율(%)을 산정하시오. (단, 질량 기준, 유기물 기준)

| • 건구온도 : 32℃ | • 습구온도 : 18℃ | • 흑구온도 : 20℃ |

04. 실효온도의 정의와 옥내와 옥외작업장에서 습구흑구온도지수 계산식을 쓰시오.

(1) 실효온도

(2) 습구흑구온도(WBGT) 계산식
- 옥내

- 옥외

05. 옥외 작업장의 자연습구온도는 30℃, 건구온도는 21℃, 흑구온도는 25℃일 때 온열지수(WBGT)는?

06. 기류를 냉각시킬 때 사용하는 풍속계의 종류를 2가지 쓰시오.

07. 지적온도(optinum temperature)에 영향을 미치는 인자를 5가지 쓰시오.

08. 다음 조건에서 피부온도를 구하시오.

> [조건]
> - 온도 : 30℃
> - 상대습도 : 60%
> - 바람의 영향 : 고려하지 않음
> - 체감온도(℃) : 기온 $- 0.4($기온$- 10)\left(1 - \dfrac{습도}{100}\right)$

09. 고열환경에 관여하는 온열요소를 4가지 쓰시오.

10. 다음의 자료를 보고 이 작업자의 8시간 평균 WBGT를 구하시오.

> - 35℃ : 4시간
> - 30℃ : 3시간
> - 25℃ : 1시간

11. 주로 고온환경에서 지속적으로 심한 육체적인 노동을 할 때 나타나며, 치료방법은 수액 및 염분 보충인 고열 장애는 무엇인가?

해설 기다 - 정답 및 해설

01. 풀이
① 체표면의 땀샘수 증가 ② 위액분비 감소, 산도 감소
③ 혈중 염분량 감소 ④ 간 기능 저하

02. 풀이
식) $WBGT = 0.7\text{습구온도} + 0.3\text{흑구온도}$
$= 0.7 \times 20 + 0.3 \times 30 = 23℃$
정답) 23℃

03. 풀이
식) 불쾌지수 $= 0.72(\text{습구온도} + \text{건구온도}) + 40.6$
$= 0.72(18 + 32) + 40.6 = 76.6℃$
정답) 76.6℃

04. 풀이
(1) 실효온도 : 기온, 습도, 기류의 조건에 따라 결정되는 체감온도, 감각온도라고도 한다.
(2) 습구흑구온도(WBGT) 계산식
• 옥내 : $WBGT = 0.7\text{습구온도} + 0.3\text{흑구온도}$
• 옥외 : $WBGT = 0.7\text{습구온도} + 0.2\text{흑구온도} + 0.1\text{건구온도}$

05. 풀이
식) $WBGT = 0.7\text{습구온도} + 0.2\text{흑구온도} + 0.1\text{건구온도}$
$WBGT = 0.7 \times 30 + 0.2 \times 25 + 0.1 \times 21 = 28.1℃$
정답) 28.1℃

06. 풀이
① 풍차풍속계 ② 카타온도계 ③ 열선풍속계

07. 풀이
① 작업의 종류 및 작업량 ② 계절 및 의복
③ 연령 및 성별 ④ 주근무 시간대(밤 근무, 낮 근무)
⑤ 민족

고열환경 및 이상기압의 측정 및 평가

08. 풀이
피부온도는 체감온도를 의미하므로, 제시된 체감온도식을 이용하여 답을 산출한다.
식) 체감온도 $= \text{기온} - 0.4(\text{기온} - 10)\left(1 - \dfrac{\text{습도}}{100}\right)$
$\therefore$ 체감온도 $= 30 - \left[0.4 \times (30-10)\left(1 - \dfrac{60}{100}\right)\right] = 26.8℃$
정답) 26.8℃

09. 풀이
① 기온 ② 기류 ③ 습도 ④ 복사열

10. 풀이
식) $WBGT = \dfrac{(C_1 \times T_1) + (C_2 \times T_2) + \cdots + (C_n \times T_n)}{8}$
$\therefore WBGT = \dfrac{(4 \times 35) + (3 \times 30) + (1 \times 25)}{8} = 31.88℃$
정답) 31.88℃

11. 풀이
열경련

CHAPTER 02 작업환경관리

01 작업환경관리

1 기본원칙(공학적 대책)

① 대치 : 유해성을 저감시키는 쪽으로 대체하는 것으로 공정의 변경, 유해성이 적은 물질로 변경, 시설의 변경 등으로 분류된다.

㉠ 공정의 변경
- 분무도장을 담금도장으로 변경
- 리벳팅 공정을 아크용접공정으로 변경
- 아크용접공정을 볼트, 너트 작업공정으로 변경
- 건식작업을 습식작업으로 변경
- 타격작업을 자르는 공정으로 변경
- 고속회전 그라인더를 저속 Oscillating-type sander으로 변경
- 도자기공정에서 건조 후에 실시하던 점토배합을 건조 전에 실시로 변경

㉡ 시설의 변경
- 고소음 송풍기를 저소음 송풍기로 교체
- 가연성 물질 저장 시 유리병을 안전한 철제통으로 교체
- 흄 배출 후드의 창을 안전유리로 교체
- 염화탄화수소 취급장에서 네오프렌 장갑 대신 폴리비닐알코올 장갑을 사용
- 임팩트렌치를 유압식렌치로 교체

㉢ 유해물질의 변경
- 샌드 블라스트를 쇼트 블라스트로
- 메틸브로마이드를 프레온가스로, 프레온가스를 수소염화불화탄소(HCFC)로
- 주물공정에서 실리카 모래를 그린모래로
- 금속제품 도장용 유기용제를 수용성 도료로
- 야광시계 자판의 라듐을 인으로
- 분체의 원료의 작은 입자를 큰 입자로
- 세척용 사염화탄소를 트리클로로에틸렌으로
- 석유나프타를 4클로로에틸렌으로 대치
- 성냥 제조시 황린, 백린을 적린으로
- 유연휘발유를 무연휘발유로

② 격리 : 작업자를 유해인자로부터 물리적, 거리적, 시간적으로 영향을 저감시킬 수 있는 방법이다. 쉽게 적용할 수 있고 효과도 비교적 좋다.
  ㉠ 저장물질의 격리
  ㉡ 시설의 격리
  ㉢ 공정의 격리 : 로봇화
  ㉣ 작업자의 격리 : 근로자용 부스, 차단벽 설치
③ 환기
  ㉠ 가장 현실적인 관리대책
  ㉡ 전체 환기
  ㉢ 국소배기

2 행정적 관리대책

① 유해물질 노출 최소화
② 최적의 작업조건 조성
③ 교육과 훈련

02 입자상 물질을 관리 및 대책 수립하기

1 분진발생 억제

① 작업공정 습식화
  ㉠ 분진의 방진대책 중 가장 효과적인 개선 대책
  ㉡ 착암, 파쇄, 연바, 절단 등이 공정에 적용
  ㉢ 취급물질은 물, 기름, 계면활성제 사용
② 대치
  ㉠ 원재료 및 사용재료의 변경
  ㉡ 생산기술의 변경 및 개량
  ㉢ 작업공정의 변경

2 발생분진 비산방지방법

① 당해 장소를 밀폐 및 포위
② 국소배기
③ 전체 환기

3 작업근로자 보호작업

① 방진마스크를 지급하여 착용하도록 할 것
② 신체를 감싸는 보호의를 착용하도록 할 것
③ 작업시간 조정 및 작업강도의 경감
④ 의학적 관리

03 소음 및 진동을 관리하고 대책 수립하기

1 소음 대책

① 발생원 대책
  ㉠ 원인제거, 운전스케줄의 변경
  ㉡ 강제력 저감
  ㉢ 파동차단
  ㉣ 방사율 저감, 방음박스 설치
② 전파경로 대책
  ㉠ 밀폐, 흡음덕트
  ㉡ 방음벽, 흡음재 설치
  ㉢ 거리감쇠
③ 수음측(수진점) 대책
  ㉠ 건물의 차음성 증대, 2중창 설치
  ㉡ 벽면의 투과손실과 실내 흡음력 증대
  ㉢ 마스킹, 귀마개

2 진동 관리 및 대책

① 발생원 대책
- ㉠ 중량의 경감
- ㉡ 가진력 감쇠
- ㉢ 탄성지지
- ㉣ 불평형력의 균형
- ㉤ 동적 흡진 원인제거

② 전파경로 대책
- ㉠ 진동발생원의 이격
- ㉡ 수진점 근방에 방진구 설치
- ㉢ 방진벽 설치

③ 수음측(수진점) 대책
- ㉠ 수진측의 탄성지지
- ㉡ 수진측의 강성 변경

④ 진동방지장비

㉠ 공기스프링 : 고무로 된 용기(벨로스) 안에 압축공기를 넣어 공기의 탄성을 이용한 스프링이다. 외력의 변화에 따라 스프링상수도 변하고, 용기 안의 공기량이 일정하면 스프링의 길이는 외력과 관계없이 일정하게 유지할 수 있다. 벨로스형과 다이어프램형이다.

- 적용 고유 진동수 : 1~10(Hz)
- 장단점

장점	단점
• 하중의 변화에 따라 고유진동수를 일정하게 유지할 수 있다. • 자동제어가 가능하다. • 부하능력이 광범위하다. • 설계수치를 광범위하게 설정할 수 있다. • 고주파진동에 대한 절연성이 좋다.	• 사용진폭이 적은 것이 많으므로, 별도의 damper를 필요로 하는 경우가 많다. • 구조가 복잡하고 시설비가 많이 든다. • 압축기 등 부대시설이 필요하나. • 공기누출 위험이 있다.

〈출처 : 공기스프링 [air spring, 空氣—] (두산백과)〉

㉡ 금속스프링 : 선형 또는 코일형, 나선형으로 된 금속 스프링으로 탄성을 이용하여 방진펌프나 모터, 팬에 방진에 주로 사용

- 적용 고유 진동수 : 4(Hz) 이하
- 장단점

장점	단점
• 금속패널의 종류가 많다. • 뒤틀리거나 오므라들지 않는다. • 부착이 용이하고, 내구성이 우수하다. • 용이하게 제조할 수 있으며, 가격도 저렴하다. • 저주파 차진에 좋다.(4Hz 이하) • 최대변위가 허용된다. • 환경요소에 대한 저항성이 크다.	• 감쇠가 거의 없다. • 공진시에 전달율이 매우 크다. • 고주파 진동시에 단락된다. • 서징, 락킹을 발생시킬 수 있다. • 극단적으로 낮은 스프링 정수로 할 경우 소형, 경량으로 하기 어렵다. • 고주파 진동의 절연성이 고무에 비해 나쁘다. • 댐퍼를 병용할 필요가 있다.

ⓒ 방진고무 : 고무를 압축 또는 전단방향으로 변형시켜 그 탄력을 스프링 작용으로 이용하여, 진동을 흡수시키는 작용을 말한다.
- 적용 고유 진동수 : 1~10(Hz)
- 장단점

장점	단점
• 내부감쇠저항이 크므로 damper가 불필요하다. • 압축, 전단, 비틀림 등을 조합·사용할 수 있다. • 진동수 비가 1 이상인 방진영역에서도 진동전달율이 거의 증대하지 않는다. • 고주파 차진에 좋으며, 고주파 영역에 있어서 고체음의 절연성능이 있다. • 스프링정수를 넓은 범위에 걸쳐 선정할 수 있다. • 서징이 거의 생기지 않는다.	• 스프링정수를 극히 작게 설계하기 어렵기 때문에 고유진동수의 하한을 4~5Hz으로 설계한다. • 내부마찰에 의한 발열 시 열화가 된다. • 대용량에 적용할 경우 비용이 많이 든다. • 금속스프링에 비하여 고온이나 저온에 대한 저항성이 낮다. • 환경변화에 대한 대응성이 금속 스프링에 비하여 떨어진다. • 기름이나 공기 중 오존에 취약하다.

〈출처 : 기계공학용어사전, 한국사전연구사〉

ⓔ 코르크
- 재질의 균일성이 적어, 정확한 설계가 어렵다.
- 처짐을 크게 할 수 없으며 고유진동수가 10Hz 전후밖에 되지 않아 진동방지라기보다는 강체 간 고체음의 전파방지에 유익한 방진재료이다.

기다 – 기출문제로 다지기　　작업환경관리(관리기초, 입자상물질, 소음진동)

01. 고농도 분진작업 시 작업환경대책을 4가지 쓰시오.

02. 작업환경대책 기본원칙을 4가지 기술하시오.

03. 작업장에서 95dB(A)의 소음이 발생할 경우 다음 대책을 2가지씩 쓰시오.

(1) 공학적 대책

(2) 작업관리 대책

(3) 근로자 건강보호 대책

04. 작업환경 개선의 공학적 대책 중 대치(대체)의 3가지 방법 및 각각의 예를 1가지씩 쓰시오.

05. 작업환경 측정결과를 토대로 보건관리자가 취해야 할 행정적 관리대책 및 공학적 관리대책을 각각 3가지씩 쓰시오.

(1) 행정적 관리대책

(2) 공학적 관리대책

기다 – 정답 및 해설

> 작업환경관리(관리기초, 입자상물질, 소음진동)

01. 풀이
① 환기 및 통풍
② 작업장소의 밀폐 및 포위
③ 작업공정의 습식화
④ 개인보호구 지급 및 착용

02. 풀이
① 대치(대체) ② 격리 ③ 환기 ④ 교육

03. 풀이
(1) 공학적 대책 : 흡음, 차음, 공명, 거리감쇠
(2) 작업관리 대책 : 시설의 변경, 공정의 변경
(3) 근로자 건강보호 대책 : 귀마개 착용, 귀덮개 착용, 방음실(휴식실)

04. 풀이
(1) 유해물질의 변경
 ① 샌드 블라스트를 쇼트 블라스트로 전환
 ② 프레온가스를 수소염화불화탄소(HCFC)로 선환
 ③ 금속제품 도장용 유기용제를 수용성 도료로 전환
(2) 시설의 변경
 ① 고소음 송풍기를 저소음 송풍기로 교체
 ② 가연성 물질 저장 시 유리병을 안전한 철제통으로 교체
 ③ 흄 배출 후드의 창을 안전유리로 교체
(3) 공정의 변경
 ① 분무도장을 담금도장으로 변경
 ② 리벳팅 공정을 아크용접공정으로 변경
 ③ 아크용접공정을 볼트, 너트 작업공정으로 변경
※ 제시된 답안 중 각각 1가지 선택

05. 풀이
(1) 행정적 관리대책
 ① 유해물질 노출 최소화
 ② 최적의 작업조건 조성
 ③ 교육과 훈련
(2) 공학적 관리대책
 ① 대치(대체)
 ② 격리
 ③ 환기

04 산업 심리에 대하여 기술하기

1 직무 스트레스

① 직무 스트레스 정의 : 직무로 인해 체내의 호르몬계를 중심으로 한 특유의 반응이 일어나는 상태, 이로 인해 재해의 기본적 원인이 되는 것을 말한다.

② 직무 스트레스 요인

[NIOSH의 스트레스 요인의 구분]
- 작업요인 : 작업부하, 작업속도, 교대근무
- 환경요인 : 소음, 진동, 고온, 한랭, 환기불량, 부적절한 조명
- 조직요인 : 관리유형, 역할요구, 역할모호성 및 갈등, 경력 및 직무안전성

③ 집단적 차원의 관리(조직적 차원의 관리)
㉠ 개인별 특성 요인을 고려한 작업근로환경
㉡ 작업계획 수립 시 적극적 참여 유도
㉢ 사회적 지위 및 일 재량권 부여
㉣ 근로자 수준별 작업 스케줄 운영
㉤ 적절한 작업과 휴식시간
㉥ 조직구조와 기능의 변화

[집단 간의 갈등이 심한 경우 해결 방법]
- 상위의 공동목표 설정
- 문제의 공동 해결법 토의
- 집단 구성원 간의 직무 순환
- 상위층에서 전제적 명령 및 자원의 확대

[집단 간의 갈등이 너무 낮은 경우 갈등을 촉진시키는 해결방법]
- 경쟁의 자극(성과에 대한 보상)
- 조직구조의 변경
- 의사소통의 증대
- 자원의 축소

2 조직과 집단

① 조직(구성원들의 비자발적 설립, 조직 설립자만 자발적)
㉠ 정의 : 인간의 집합체, 어떠한 작업환경 내에서 각 구성원의 노력으로 공통된 목적을 능률적이며 효과적으로 달성하기 위한 인간적 체계를 말한다.
㉡ 조직의 유형 및 특성
- line형(직계형) : 경영자의 지휘와 명령이 위에서 아래로 하나의 계통으로 잘 전달되며, 소규모 기업에 적합한 방식이다.
- staff형(참모형) : 안전, 보건관리를 담당하는 스태프(참모)를 두고 안전관리에 대한 계획조사, 검토, 권고, 보고 등을 행하는 관리방식으로 중규모(100~1,000명) 작업장에 적합하다.
- line-staff형(혼합형) : line형과 staff형의 절충식, 1,000명 이상의 작업장에 적합하다.

② 집단(구성원들의 자발적 설립)
  ㉠ 정의 : 적정 규모의 구성원이 구성원 상호작용으로 집단역학을 통하여 공통의 목표를 달성하기 위한 집합체를 말한다.
  ㉡ 집단의 기능 : 응집력, 행동의 규범, 집단목표
  ㉢ 집단의 유형 및 특성
    • 공식집단 : 구체적 목적을 달성하기 위해 조직에 의해 의도적으로 형성된 집단
    • 비공식집단 : 구성원들 간의 공동 관심사 또는 인간관계에 의해 자연발생적으로 형성된 집단

3 직업과 적성

① **적성의 정의** : 특정 분야의 업무에 종사할 때에 그 영역에서 효과적으로 수행할 수 있는 가능성을 인간의 적성이라 한다.
② **적성배치**
  ㉠ 그 적성을 가지고 있는가의 여부를 사전에 검사하여 최적의 업무에 배치 즉, 근로자의 생리적, 심리적 특성에 적합한 작업에 배치하는 것을 말한다.
  ㉡ 적성배치는 기업이 필요로 하는 능력을 가진 자의 인적능력을 최대한 발휘할 수 있는 적재적소에 배치하기 위한 노무관리상 필요한 것이다.
③ **적성검사 분류 및 특성**
  ㉠ 신체적 적성검사 : 신체의 계측치로서 직업과의 적성여부를 판정하는 기초자료로 활용된다.
  ㉡ 생리적 적성검사
    • 감각기능검사 : 시력, 색각, 청력 등을 검사한다.
    • 심폐기능검사 : 호흡량, 맥박, 혈압 등을 검사한다.
    • 체력검사 : 악력, 배근력 등을 측정한다.
  ㉢ 심리학적 적성검사
    • 지능검사 : 언어, 기능, 추리, 귀납 등에 대한 검사
    • 지각동작검사 : 수족협조, 운동속도, 형태지각 등에 대한 검사
    • 인성검사 : 성격, 태도, 정신상태에 대한 검사
    • 기능검사 : 직무에 관련된 기본 지식과 숙련도, 사고력 등 직무평가에 관한 항목을 가지고 추리검사
④ **직업성 변이** : 직업에 따라서 신체 형태와 기능에 국소적 변화가 일어나는 것을 말한다.
⑤ **퇴행** : 직장에서 당면 문제를 진지한 태도로 해결하지 않고 현재보다 낮은 단계의 정신상태로 되돌아가려는 행동반응을 나타내는 부적응현상을 말한다.
⑥ **서한도** : 작업환경에 대한 인체의 적응한도, 즉 안전기준
⑦ **지적환경**
  ㉠ 정의 : 일하기 가장 적합한 환경
  ㉡ 평가방법 : 생리적 방법, 정신적 방법, 생산적 방법

05 노동 생리에 대하여 기술하기

1 정의

노동 생리 : 노동 생리는 여러 가지 활동에 필요한 에너지 소비량과 그에 따른 인체의 작업능력 한계를 연구하는 학문이다.

2 노동에 필요한 에너지원

① 혐기성 대사
  ㉠ 정의 : 분자상 산소의 소비를 동반하지 않는 에너지 대사
  ㉡ 혐기성 대사 순서 : ATP(아데노신삼인산) → CP(크레아틴인산) → 글리코겐 or 글루코스
  ㉢ 기타 혐기성 대사
    • ATP + H_2O ⇌ ADP + P + free energy
    • 크레아틴인산 + ADP ⇌ 크레아틴 + ATP
    • 글루코스 + P + ADP → lactate + ATP

② 호기성 대사
  ㉠ 근육에 저장된 에너지 + 신체 타 부위 저장 글리코겐 사용(지방, 간)
  ㉡ 호기성 대사과정 : 포도당, 단백질, 지방 + 산소 → 에너지원

3 식품과 영양소

① 3대 영양소
  ㉠ 탄수화물 : 포도당형태로 에너지 이용, 발생열량 4.1kcal/g
  ㉡ 단백질 : 몸의 구성 성분, 발생열량 4.1kcal
  ㉢ 지방 : 열량공급의 측면에서 가장 유리, 발생열량 9.3kcal/g

② 5대 영양소
  ㉠ 탄수화물 : 포도당형태로 에너지 이용, 발생열량 4.1kcal/g
  ㉡ 단백질 : 몸의 구성 성분, 발생열량 4.1kcal
  ㉢ 지방 : 열량공급의 측면에서 가장 유리, 발생열량 9.3kcal/g
  ㉣ 무기질 : 신체의 생활기능을 조절하는 영양소
  ㉤ 비타민 : 신체의 생활기능을 조절하는 영양소, 체내에서 합성되지 않아서 식물에서 섭취 필요

③ 작업 시 소비열량에 따른 작업강도 분류
  ㉠ 경작업 : 200kcal/hr
  ㉡ 중등도작업 : 200~350kcal/hr
  ㉢ 중작업 : 350~500kcal/hr

06 산업 피로

1 피로의 정의 및 종류

① 피로의 정의
  ㉠ 일반견해 : 피로란 정신과 몸이 지나치게 활동한 결과 신경이나 근육이 쇠약하여 일을 견뎌내기 어려운 상황
  ㉡ 산업위생학적 견해 : 피로란 정신과 육체적으로 고단하다는 것을 주관적으로 느끼며, 작업능률이 떨어지는 생체기능의 변화를 가져오는 현상으로 즉, 활동하는 과정에서 영양소를 분해하여 에너지를 공급하는 과정이 원활하게 평형을 이루지 못하는 경우라 할 수 있다.

② 피로의 종류
  ㉠ 정신피로 : 중추신경계의 피로를 말하는 것으로 아주 정밀한 작업을 하거나 어려운 계산을 하는 등 정신적 긴장을 할 때 일어난다.
  ㉡ 신체피로 : 주로 육체적 노동에 의한 근육의 피로로서 관련되는 부위의 동통이 특징이며 근육운동의 능력이 떨어지고 약해진다.
  ㉢ 국소피로 : 지속적이고, 반복적인 일부 근육의 운동으로 인하여 근육에 주관적 및 객관적 변화가 초래된 상태를 말한다.
  • 국소피로 원인 : 생리학적 요소, 인간공학적 요소, 심리학적 요소
    - 생리학적 요소 : 근육내의 대사산물 축적·에너지원의 고갈
    - 인간공학적 요소 : 건, 인대 등 결합조직의 신장·압박, 기타 신경, 피부 등 다른 조직의 압박
    - 심리학적 요소 : 동기
    〈증상〉 근육의 무력화, 불쾌감, 피로감, 작업수행불능, 통증, 경련, 근전도상의 변화
  ㉣ 전신피로 : 작업종료 후 회복기의 심박수가 이상인 상태를 말한다.
  • 전신피로 원인
    - 장기간 과도한 작업으로 인한 산소 공급부족
    - 혈중 포도당 농도의 저하
    - 근육 내 글리코겐양의 감소
    〈증상〉 속도, 리듬감 상실, 전신적 노곤함, 심박수의 변화
  ㉤ 보통피로 : 하룻밤을 잘 자고 나면 완전히 회복될 정도의 상태
  ㉥ 과로 : 다음날까지도 피로상태가 계속되는 상태, 단기간 휴식으로 회복가능
  ㉦ 곤비 : 과로 상태가 축적되어 단시간에 회복될 수 없는 상태

2 피로의 원인 및 증상

① 피로의 원인

Viteles의 산업피로의 본질 : 생체의 생리적 변화(의학적), 피로감각(심리적), 작업량의 감소(생산적)

㉠ 요인
- 신체적 요인 : 연소자, 고령자, 수면부족, 음주, 임신, 생리현상, 신체적 결함, 건강상태, 영양 등
- 심리적 요인 : 작업의욕의 저하, 흥미상실, 불안감, 구속감, 과중한 책임감, 처우의 불만, 인간관계, 성격 부적응 등
- 작업적 요인 : 작업일정, 불충분한 휴식, 작업강도 과대, 작업조건불량, 작업환경불량 등

② 피로의 발생과정

㉠ 물질대사에 의한 중간대사물질의 축적

※ 중간대사물질 : 젖산, 초성포도당, 암모니아, 크레아틴, 시스틴, 잔여질소

㉡ 활동자원의 소모에 기인 : 산소, 영양소 소모

㉢ 체내의 물리화학적 변조에 기인

㉣ 신체조절 기능의 저하에 기인

③ 피로의 증상

㉠ 순환기능의 변화 : 맥박이 빨라지고 회복되기까지 시간이 걸린다. 초기는 혈압은 높으나 피로가 진행되면 도리어 낮아진다.

㉡ 호흡기능의 변화 : 호흡이 얕고 빠르며 심할 때는 호흡곤란이 발생할 수 있다.

㉢ 신경기능의 변화 : 맛, 냄새, 시각, 촉각 등의 지각기능이 둔화되고, 슬관절의 반사기능이 저하된다.

㉣ 혈액 및 소변의 소견 : 혈당치가 저하, 젖산이나 탄산이 증가, 소변량이 줆, 산혈증, 소변색이 악화

㉤ 체온변화 : 처음에는 체온이 높아지나 피로도가 커지면 오히려 낮아진다.

④ 피로의 측정

㉠ 주관적 측정 : 자각증상항목을 분석하여 평가(졸음과 권태, 주의집중 곤란, 적재된 신체의 이화감)

㉡ 객관적 측정 : 생리적 기능검사, 생화학적 검사, 생리심리적 검사
- 전신피로 측정
  - 작업종료 후 회복기의 심박수가 $HR_{30~60}$ **110 초과**, $HR_{150~180}$과 $HR_{60~90}$의 차이가 **10 미만**이면 심한 전신피로상태로 판단한다.
- 국소피로 측정
  - 평가지표 : 근전도(EMG)

> [평가]
> - 저주파수 힘의 증가
> - 고주파수 힘의 감소
> - 총전압의 증가
> - 평균주파수의 감소

3 에너지 소비량

① 산소소비량
  ㉠ 휴식 중 소비량 : 0.25L/min
  ㉡ 운동 중 소비량 : 5L/min
  ㉢ 산소소비량 : 5kcal/L 📖 암기법 : 산 소 오

② 육체적 작업능력(PWC)
  ㉠ 정의 : 피로를 느끼지 않고 하루에 4분간 계속할 수 있는 작업강도를 말하며, 젊은 남성은 일반적으로 평균 16kcal/min, 여성은 12kcal/min 정도이다.
  ㉡ 하루 평균 작업 기준 : 8시간 작업시에는 PWC의 1/3에 해당된다.
    (남성 : 5.33kcal/min, 여성 : 4kcal/min)
  ㉢ PWC 결정요인 : 개인의 심폐기능으로 PWC가 결정된다.
  ㉣ 육체적 작업능력 영향요소
    • 정신적 요소 : 태도, 동기
    • 육체적 요소 : 성별, 연령, 체격
    • 환경 요소 : 고온, 한랭, 소음, 고도, 고기압
    • 작업 특징 요소 : 강도, 시간, 기술, 위치, 계획

4 작업강도

① 작업강도 개요
  • 국소피로 초래까지의 작업시간은 작업강도에 의해 결정된다.
  • 적정 작업시간은 작업강도와 대수적으로 반비례한다.
  • 작업강도가 10% 미만인 경우 국소피로는 발생하지 않는다.
  • 1kP는 질량 1kg을 중력의 크기로 당기는 힘을 의미한다.
  • 근로자가 가지고 있는 최대 힘 = 약한 손의 힘 × 2

  식 작업강도(%MS) = $\dfrac{\text{작업 시 요구되는 힘}}{\text{근로자가 가지고 있는 최대 힘}} \times 100$

  식 적정 작업시간(sec) = $671{,}120 \times \%MS^{-2.222}$

② 일반적 작업강도
  ㉠ 작업대사율(RMR) : 산소의 소모량으로 에너지의 소모량을 결정

  식 RMR = $\dfrac{\text{작업대사량}}{\text{기초대사량}}$

  • 작업대사량 = 작업 시 소비에너지 - 안정 시 소비에너지

구분	경노동	중등노동	강노동	중노동	격노동
RMR	1 이하	1~2	2~4	4~7	7 이상

※ 여성근로자의 주 작업 근로강도는 RMR 2.0 이하일 것

ⓒ 산소부채 : 운동과정에서 젖산을 산화하는 데 산소량이 부족할 때, 부족한 만큼의 산소량
  • 운동이 끝난 후에도 일정시간동안 거친 호흡을 지속하는 것은 체내 축적된 젖산을 산화처리하기 위해서이다.
  • 최대산소부채 : 축적된 젖산에 견뎌내는 한도
ⓒ 안정시의 소비에너지 : 안정 시의 소비에너지는 의자에 앉아서 호흡하는 동안에 소비한 산소의 소모량을 열량으로 환산하여 나타낸 값이다.

③ 작업강도의 분류
  • 최대심박동률 = 214 - 0.71 × 연령
  • 실동률(%) = 85 - (5 × RMR) ← 사이토, 오시마의 경험식
  ㉠ 경작업 : 200kcal/hr까지 열량이 소요되는 작업 (예 사무, 간단한 기계조작 등)
  ㉡ 중등작업 : 200~350kcal/hr까지 열량이 소요되는 작업 (예 물체를 이동)
  ㉢ 중작업 : 350~500kcal/hr까지 열량이 소요되는 작업 (예 곡괭이질, 삽질 등)

5 작업시간과 휴식

① 피로예방 허용작업시간

> 식 $\log T_{end} = 3.720 - (0.1949 \times 작업대사량)$
> 식 $\log T_{end} = 3.724 - (3.25 \log(RMR))$ ← 사이토, 오시마 식
> • T_{end} : 허용작업시간

② 피로예방 휴식시간(Hertig식)

> 식 휴식시간(%) = $\left[\dfrac{PWC \times \frac{1}{3} - 작업대사량}{휴식대사량 - 작업대사량} \right] \times 100$ (휴식시간 : 60분 기준)
> • PWC : 육체적 작업능력(kcal/min)

6 교대 작업

① 교대근무 : 각각 다른 근무시간대에 서로 다른 사람들이 일을 할 수 있도록 작업조를 2개 조 이상으로 나누어 근무하는 것(일시적 혹은 임의적으로 시행되는 것을 제외한다.) → 산업위생학적으로 볼 때 불가피한 상황을 제외하고는 교대근무는 피하는 것이 옳다.

- 기업체에서 교대근무가 불가피한 상황
  - 의료, 방송 등 공공사업에서 국민생활과 이용자의 편의를 위하여
  - 기계공업, 방직공업 등 시설투자의 상각을 조속히 달성하기 위해 생산설비를 완전 가동하고자 하는 경우
  - 화학공업, 석유정제 등 생산과정이 주야로 연속되지 않으면 안 되는 경우

② 교대근무의 문제점
- 건강에 대한 악영향
- 재해발생률의 증가
- 인적·물적 손실 증가

③ 교대근무제 고려사항
- 근무일수 선정
- 작업시간 선정
- 교대순서 선정
- 휴일 수 선정

※ 일주기성 리듬(circadian rhythm) : 지구상의 모든 생물은 생화학적, 생리학적, 또는 행동학적 흐름이 거의 24시간의 주기를 가지고 있다. 일주기성의 영향을 주는 인자 중 빛은 가장 큰 영향을 주는 것으로 알려져 있다. 일주기성 리듬에 맞게 생활하여야 한다.

④ 교대근무제 관리원칙
- 각 반의 근무시간 : 8시간 교대, 야근은 최소화
- 2교대 3조 이상, 3교대 4조 이상
- 채용 후 정기적 건강관리(체중, 위장증상 체크), 근로자의 체중이 3kg 이상 감소하면 정밀검사를 받아야 한다.
- 평균 주 작업시간 : 40시간 기준(a조 - b조 - c조 순환식)
- 근무시간 간격 : 15~16시간 이상
- 야근의 주기 : 4~5일
- 야근의 연속일수 : 2~3일(3일 이상 연속으로 하지 않는다.)
- 야근 후 다음 반으로 가기 전 최저 48시간 이상의 휴식시간을 갖도록 하여야 한다.
- 야근 교대시간은 상오 0시 이전에 하는 것이 좋다.
- 야근 시 가면은 반드시 필요하다.
  ※ 가면 : 쪽잠을 말하며 최소 1시간 반 이상으로 하여 보통 2~4시간이 적합하다.
- 야근 시 가면은 작업강도에 따라 30분에서 1시간 범위로 하는 것이 좋다.
- 야간작업자의 휴무일은 주간작업자보다 많아야 한다.
- 근로자가 교대일정을 미리 알 수 있도록 해야 한다.
- 일반적으로 오전근무의 개시시간은 오전 9시로 한다.
- 교대방식은 낮근무, 저녁근무, 밤근무 순으로 한다. (정교대 방식)

⑤ 야간근무의 생체부담
- 야간작업 시 새로 만들어지는 바이오리듬의 형성기간은 수개월 걸린다.
- 야근은 오래 계속하더라도 완전히 습관화되지 않는다.
- 낮은 체온상승
- 체중의 감소
- 쉽게 피로해짐
- 활동력의 감소
- 주간수면 시 혈액수분의 증가가 충분하지 않고, 에너지대사량이 저하되지 않음에 따른 수면장애
- 자율신경계의 조절기능저하(교감신경 약화, 부교감신경 강화로 인한 수면장애)

※ Flex-Time제 : 작업상 전 근로자들이 일하지 않으면 안되는 중추시간을 제외한 전수시간을 주 40시간의 작업조건 하에 자유스럽게 근무하는 제도. 이 제도는 개인생활의 편의와 피로의 경감, 출퇴근 시 교통량의 완화 등 정신적인 면에서 좋은 효과를 보이고 있다.

기다 - 기출문제로 다지기 　　　산업 심리, 노동 생리, 산업 피로

01. 다음 ( ) 안에 알맞은 용어를 쓰시오.

(①) → (②) → (③) or (포도당)

02. 산소 부채(Oxygen Debet)에 대해서 쓰시오.

03. 산업피로 중 전신피로의 원인을 3가지 쓰시오.

04. 생체 열용량 변화의 열평형 방정식을 쓰고, 각 요소를 설명하시오.

05. 산업피로의 발생요인을 3가지 쓰시오.

06. 다음 그림의 ( ) 안에 알맞은 용어를 쓰시오.

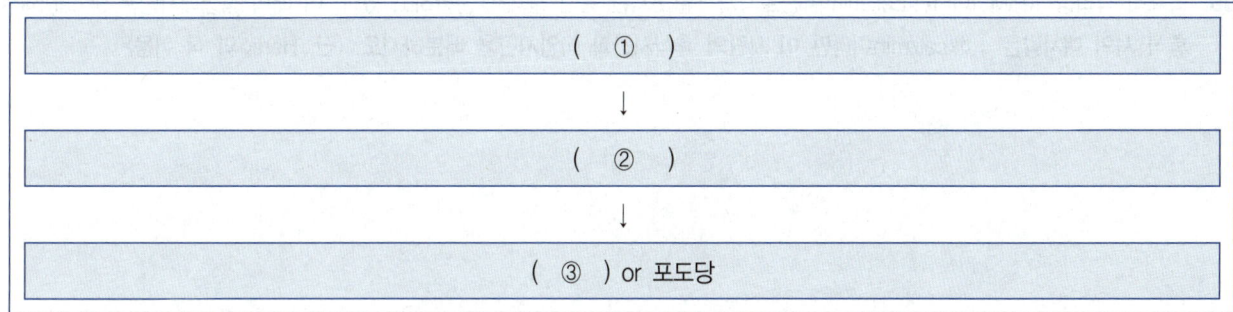

[혐기성 대사 순서]

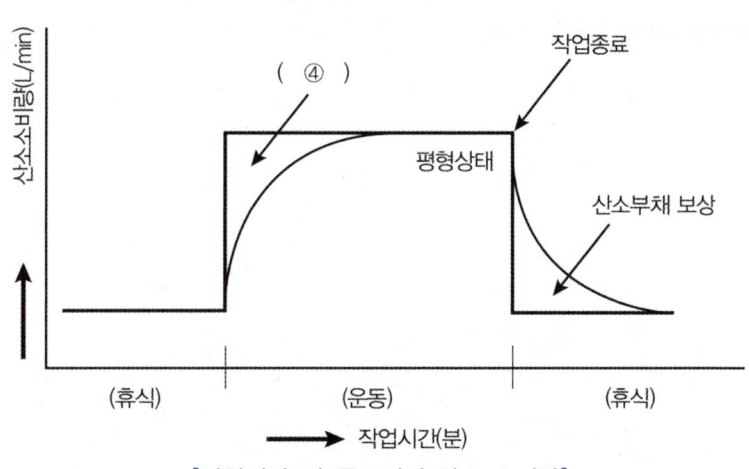

[작업시간 및 종료시의 산소 소비량]

07. 전신피로에 관한 다음 설명의 ( ) 안을 채우시오.

> 심한 전신피로 상태란 작업 종료 후 30~60초 사이의 평균 맥박수가 (①)회 초과하고 150~180초 사이와 60~90초 사이의 차이가 (②) 미만일 때를 말한다.

08. 육체적 작업능력(PWC)이 16kcal/min인 근로자가 1일 8시간 동안 물체를 운반하고 있다. 이 때의 작업대사량은 9kcal/min이고, 휴식 시의 대사량은 1.4kcal/min이라면 이 사람의 휴식시간과 작업시간을 배분하시오. (단, Hertig의 식 이용)

09. 산업피로 증상에서 혈액과 소변의 변화를 쓰시오.

(1) 혈액 :

(2) 소변 :

해설 기다 - 정답 및 해설

01. 풀이
① ATP(아데노신삼인산)
② CP(크레아틴인산)
③ Glycogen(글리코겐)

02. 풀이
운동이 격렬하게 진행될 때에 산소 섭취량이 수요량에 미치지 못하여 일어나는 산소 부족현상으로 산소 부채량은 원래대로 보상되어야 하므로 운동이 끝난 뒤에도 일정시간 산소를 소비(산소 부채 보상)

03. 풀이
① 산소공급 부족 ② 혈중 포도당 농도 저하
③ 혈중 젖산 농도 ④ 근육 내 글리코겐의 감소
⑤ 작업강도의 증가

04. 풀이
식) $\Delta S = M \pm C \pm R - E$
- ΔS : 생체 열용량의 변화
- M : 작업대사량
- C : 대류에 의한 열교환
- R : 복사에 의한 열교환
- E : 증발에 의한 열교환

05. 풀이
① 신체적 요인 ② 심리적 요인 ③ 작업적 요인

06. 풀이
① ATP(아데노신삼인산)
② CP(크레아틴인산)
③ Glycogen(글리코겐)
④ 산소부채

07. 풀이
① 110 ② 10

산업 심리, 노동 생리, 산업 피로

08. 풀이
먼저 Hertig식을 이용하여 휴식시간 비율(%)을 구하면

식) $휴식시간(\%) = \left[\dfrac{PWC \times \dfrac{1}{3} - 작업대사량}{휴식대사량 - 작업대사량}\right] \times 100$

(휴식시간 : 60분 기준)

$\therefore 휴식시간(\%) = \left[\dfrac{16 \times \dfrac{1}{3} - 9}{1.4 - 9}\right] \times 100 = 48.25\%$

∴ 60분 중 48.25%인 29분이 휴식시간, 31분(60-29분)이 작업시간

09. 풀이
(1) 혈액 : 혈당치가 저하, 젖산이나 탄산이 증가, 산혈증
(2) 소변 : 소변량이 줄, 소변색이 악화

CHAPTER 03 환기 일반

01 유체역학에 대하여 기술하기

1 유체의 역학적 원리

① 유체의 흐름
   ㉠ 층류 : 유체의 흐름에서 유체 인접층이 서로 혼합되지 않고 흐르는 상태(잠잠한 흐름)
   ㉡ 난류 : 유체 인접층이 파괴되어 유체분자가 격렬한 운동을 하면서 서로 혼합되어 흐르는 상태(산만한 흐름)
   ㉢ 흐름판별 : 레이놀즈 수(N_{Re})

   > 식 $N_{Re} = \dfrac{관성력}{점성력} = \dfrac{DV\rho}{\mu}$
   >
   > - D : 관 직경
   > - V : 유속
   > - ρ : 유체의 밀도
   > - μ : 유체의 점도

   • 2100 > N_{Re} : 층류, 4000 < N_{Re} : 난류(폐쇄된 상태)

   > [입자레이놀즈 수]
   >
   > 식 $N_{Re} = \dfrac{관성력}{점성력} = \dfrac{D_p V\rho}{\mu}$
   >
   > - D_p : 입자 직경

② 유체역학 방정식
   ㉠ 베르누이 방정식 : 유선에 따라 압력관 위치가 변할 때의 속도는 변한다.
      • 베르누이 방정식의 제한조건
        - 정상유동
        - 비압축성 유동
        - 마찰이 없는 유동
        - 유선에 따라 움직이는 유동
   ㉡ 동압, 정압, 전압
      • 정압(P_s) : 정지하고 있는 유체 중의 임의의 면에 작용하는 압력
        - 흐름에 따라 양(+)압 또는 음(-)압으로 작용한다.
        - 유체흐름에 직각방향으로 작용한다.
        - 물체에 초기속도를 부여하는 힘이다.

- 동압(속도압, P_v) : 유속에 의하여 유체흐름방향으로 미치는 압력
  - 항상 양(+)압으로 작용

$$P_v = \frac{\gamma V^2}{2g}, \quad V = \sqrt{\frac{2gP_v}{\gamma}}, \quad V = 4.043\sqrt{P_v}$$

- 전압(P_t) : 정압과 동압의 합
ⓒ 연속방정식 : 질량보존의 법칙으로 유체는 접촉하는 단면적이 달라져도 그 유량은 같다.

$$A_1V_1 = A_2V_2$$

02 환기 기초

1 산업 환기의 의미와 목적

오염공기를 실외로 보내고, 외부의 청정공기를 작업장 내로 유입시킴으로써 작업환경을 관리하는 공학적 노출방지 대책으로, **유해물질의 농도를 허용기준 이하로 낮추고, 작업장 내 온도·습도를 조절**하여 작업환경을 쾌적하게 하고, **근로자의 능률향상 및 산업재해를 예방**하는데 그 의의가 있다.

2 환기의 기본 원리

① 비중과 밀도

ⓐ 비중(S) = $\dfrac{\text{대상물질의 밀도}}{\text{표준물질의 밀도}}$

$$\text{혼합물질의 비중} = \frac{S_a \times V_a + S_b \times V_b}{V}$$

- S_a : a물질 비중
- V_a : a물질 부피
- S_b : b물질 비중
- V_b : b물질 부피
- V : 총 부피

※ 오염물질의 비중이 커도 작업장 내 차지하는 부피가 작으면, 가라앉지 않고, 혼합되어 공기 중에 떠다닌다. 그러므로, 환기구를 바닥 쪽이 아닌 근로자의 호흡기 위치에 설치하여야 한다.

ⓑ 밀도(ρ) = $\dfrac{\text{질량}}{\text{단위 부피}}$ = $\dfrac{\text{분자량}}{22.4}$

② 점도와 동점성계수
  ㉠ 점도(μ) : 전단응력에 대한 저항의 크기를 나타낸다.(끈끈한 정도)
    • 점도의 단위 : Poise(포이즈, g/cm · sec)
    • 점도와 온도의 관계
      - 온도가 증가하면 점도는 낮아진다.(액체/고체)
      - 온도가 증가하면 점도는 높아진다.(기체)
  ㉡ 동점성계수(ν) : 점도를 밀도로 나눈 값
    • 동점성계수의 단위 : St(스톡, cm^2/sec)

③ 표준공기
  ㉠ 표준상태(STP) : 0℃, 1기압 상태를 말한다.
    • 표준상태에서 공기의 밀도 : 1.293kg/m^3
    • 표준상태에서 기체 1mol 당 부피 : 22.4L
  ㉡ 산업 환기에서 표준상태 : 21℃, 1기압, 상대습도 50%인 상태를 말한다.
    • 산업 환기에서 표준상태 공기의 밀도 : 1.203kg/m^3
    • 표준상태에서 기체 1mol 당 부피 : 24.01L

3 압력손실

① 후드의 압력손실

$$\Delta P_h = F_i \times P_v$$

• F_i : 유입손실계수 $= \dfrac{1 - C_e^{\,2}}{C_e^{\,2}}$ • C_e : 유입계수 • P_v : 속도압 $= \dfrac{\gamma V^2}{2g}$

• 실제 후드 내로 유입되는 유량과 이론상 후드 내로 유입되는 유량의 비를 의미한다.
• 유입계수가 1에 가까울수록 압력손실이 작은 후드이다.

② 후드정압

$$P_s = P_v + \Delta P_h = P_v + (F_i \times P_v) \Rightarrow P_s = P_v(1 + F_i)$$

③ 덕트의 압력손실

$$\text{장방형}(\Delta P) = f \times \dfrac{L}{D_o} \times \dfrac{\gamma V^2}{2g}$$

$$\text{원형}(\Delta P) = 4f \times \dfrac{L}{D} \times \dfrac{\gamma V^2}{2g} = \lambda \times \dfrac{L}{D} \times \dfrac{\gamma V^2}{2g}$$

※ $4f = \lambda$ ※ $D_o = \dfrac{2ab}{a+b}$(환산직경), 장방형관에서 직경에 상당하는 직경

• f : 관 마찰계수   • D : 직경   • L : 길이   • γ : 공기밀도

④ 곡관 압력손실

> 식 곡관 압력손실$(\Delta P) = \left(F \times \dfrac{\theta}{90}\right) \times P_v$

⑤ 합류관 압력손실

> 식 합류관 압력손실 $= \Delta P_1 + \Delta P_2$

⑥ 확대관 압력손실

> 식 확대관 압력손실 $= F \times (P_{v1} - P_{v2})$
> 식 정압회복량$(P_{s2} - P_{s1}) = (P_{v1} - P_{v2}) - \Delta P$
> 식 확대측정압$(P_{s2}) = P_{s1} + R(P_{v1} - P_{v2})$
>
> • $R = 1 - F$

⑦ 축소관 압력손실

> 식 $\Delta P = F \times (P_{v2} - P_{v1})$
> 식 정압감소량$(P_{s2} - P_{s1}) = -(P_{v2} - P_{v1}) - \Delta P = -(1+F)(P_{v2} - P_{v1})$
>
> • P_{v2} : 축소 후의 속도압 • P_{v1} : 축소 전의 속도압
> • P_{s2} : 축소 후의 정압 • P_{s1} : 축소 전의 정압

4 흡기와 배기

① 흡기 : 기류를 흡인하는 것으로 흡입면의 직경 1배인 위치에서는 입구유속의 10%로 된다. 그러므로 흡인시 오염발생원으로부터 최대한 가까운 곳에 설치하여야 한다.
② 배기 : 기류를 배출하는 것으로 출구면의 직경 30배인 위치에서 출구유속의 10%로 된다.

01. 온도 200°C, 압력 710mmHg 상태에서 150m³인 공기의 산업환기 표준공기상태에서의 부피(m³)를 구하시오.

02. 표준공기가 흐르고 있는 덕트의 Reynolds 수가 30,000일 때 덕트 유속(m/sec)을 구하시오. (단, 덕트 직경 100mm, 점성계수 1.607×10^{-4} poise, 비중 1.203)

03. 공기의 온도가 35°C, 압력이 700mmHg일 경우 공기밀도(kg/m³)를 구하시오. (단, 0°C, 1기압에서 공기밀도 1.293kg/m³)

04. 유입계수가 0.65(C_e = 0.65)인 후드가 있다. 후드에 연결된 덕트는 원형이고 지름이 11cm이다. 유량이 22.7m³/min일 때 후드의 정압(mmH₂O)을 구하시오. (단, 공기의 밀도는 1.2kg/m³)

05. 덕트 내의 전압, 정압, 속도압을 피토튜브로 측정하려고 한다. 이 그림에서 전압, 정압, 속도압을 찾고, 해당 압력을 쓰시오.

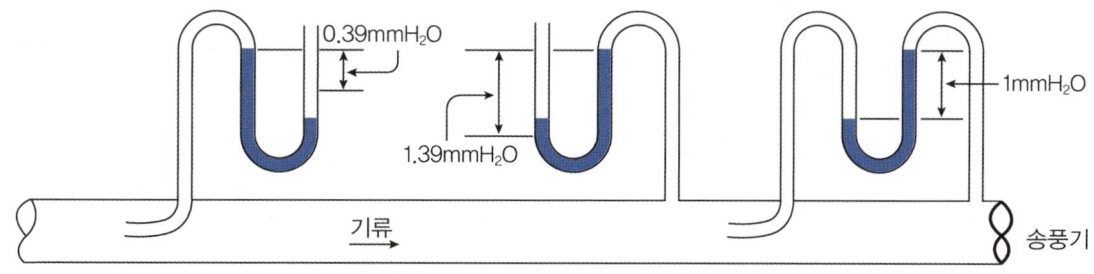

06. 덕트 직경이 1/2로 줄었을 때 압력손실은 몇 배가 되는지 쓰시오.

07. 덕트 직경이 35cm, 공기유속이 11m/sec일 때 레이놀즈 수를 구하고 흐름의 상태를 판단하시오. (단, 21℃에서 공기점성계수 1.8×10^{-5} kg/m·sec, 공기밀도 1.203kg/m³)

08. 다음 조건에서 후드의 유입손실(mmH₂O)을 구하시오.

조건
• 유입계수 : 0.4   • 유량 : 10m³/min   • 후드 직경 : 200mm

09. 25℃ 1기압에서 공기 중 질소가 78.2%, 산소 21%, 수증기 0.5%, 이산화탄소 0.3%일 때 공기밀도(g/L)를 구하시오.

10. 소요풍량이 0.12m³/sec, 덕트 직경이 8.8cm, 후드 유입계수가 0.27일 때 후드 정압을 구하시오. (단, 공기비중 1.293kg/m³)

11. 직경 150mm, 덕트 내 정압이 −63mmH₂O, 전압이 −30mmH₂O일 때 덕트 내 공기유량(m³/sec)을 구하시오. (단, 공기밀도는 1.2kg/m³)

12. 정압과 동압에 대해 설명하시오.

　(1) 정압 :

　(2) 동압 :

13. 정압이 감소하는 이유를 후드와 관련하여 2가지를 서술하시오.

14. 주관에 45°로 분지관이 연결되어 있다. 주관과 분지관의 반송속도는 모두 18m/sec이고, 주관의 압력손실계수는 0.20이며, 분지관의 압력손실계수는 0.28이다. 주관과 분지관의 합류에 의한 압력손실(mmH₂O)은? (단, 공기 밀도는 1.2kg/m³)

15. 덕트 내 공기의 유속을 피토관으로 측정한 결과 속도압 15mmAq, 비중 1.3, 덕트 내 온도 270℃, 피토계수 0.96일 때 유속(m/sec)을 구하시오.

16. 송풍량 300m³/min이 관의 관경 0.2m, 장경 0.6m 내로 흐르고 있다. 이 직관의 길이 10m당 압력손실(mmH₂O)을 구하시오. (단, 유체밀도 1.2kg/m³, 관마찰계수 0.02)

기다 - 정답 및 해설 / 환기 일반

01. 풀이

식: $V_s = V \times \dfrac{273+21}{273+t_a} \times \dfrac{P_a}{760}$

$\therefore V_s = 150 \times \dfrac{273+21}{273+200} \times \dfrac{710}{760} = 87.10 m^3$

정답 87.10m^3

02. 풀이

식: $N_{Re} = \dfrac{D \times V \times \rho}{\mu}$

- $D = 100mm \times \dfrac{1m}{1,000mm} = 0.1m$
- $\mu = \dfrac{1.607 \times 10^{-4}g}{cm \cdot sec} \times \dfrac{1kg}{10^3 g} \times \dfrac{100cm}{m} = 1.607 \times 10^{-5} kg/m \cdot sec$

$30,000 = \dfrac{0.1 \times V \times 1.203}{1.607 \times 10^{-5}}$, $\therefore V = 4.01 m/sec$

정답 4.01m/sec

03. 풀이

식: $\rho = \dfrac{1.293 kg}{m^3} \times \dfrac{273}{273+t_a} \times \dfrac{P_a}{760}$

- P_a : 측정압
- t_a : 측정온도

$\therefore X kg/m^3 = \dfrac{1.293 kg}{m^3} \times \dfrac{273}{273+35} \times \dfrac{700}{760} = 1.06 kg/m^3$

정답 1.06kg/m^3

04. 풀이

식: $P_s = (1+F_i) P_v$

- $P_v = \dfrac{\gamma V^2}{2g}$
- $V = \dfrac{Q}{A} = \dfrac{22.7m^3}{min} \times \dfrac{4}{\pi \times (0.11m)^2} \times \dfrac{1min}{60sec} = 39.8106 m/sec$

$P_v = \dfrac{\gamma V^2}{2g} = \dfrac{1.2 \times 39.8106^2}{2 \times 9.8} = 97.0337 mmH_2O$

- $F_i = \dfrac{1-C_e^2}{C_e^2} = \dfrac{1-0.65^2}{0.65^2} = 1.3668$

$\therefore P_s = (1+1.3668) \times 97.0337 = 229.66 mmH_2O$

정답 229.66mmH_2O

05. 풀이

(1) 전압 : $-0.39 mmH_2O$
(2) 정압 : $-1.39 mmH_2O$
(3) 동압 : $1 mmH_2O$

※ 송풍기의 위치에 따른 압력(+, -)의 변화
① 송풍기가 기류 흐름에 뒤에 위치하고 있으면 기류는 흡인되어지고 있는 형태로 정압은 (-)압으로 된다.
② 송풍기가 기류 흐름에 앞에 위치하고 있으면 기류는 압입되어지고 있는 형태로 정압은 (+)압으로 된다.

06. 풀이

식: $\Delta P = 4f \times \dfrac{L}{D} \times \dfrac{\gamma V^2}{2g}$

직경을 제외한 나머지 조건은 일정하므로, 직경을 제외한 나머지 인자들은 K로 정리하면,

$\Delta P = K \times \dfrac{1}{D} \times \left(\dfrac{Q}{A}\right)^2 = K \times \dfrac{1}{D} \times \left(\dfrac{4}{\pi \times D^2}\right)^2 = K \times \dfrac{1}{D^5}$

$\therefore \dfrac{\Delta P_1}{\Delta P_1} = \dfrac{K \times \dfrac{1}{(0.5D)^5}}{K \times \dfrac{1}{D^5}} = 32$

$\therefore$ 32배 증가한다.

07. 풀이

식: $N_{Re} = \dfrac{D \times V \times \rho}{\mu}$

$\therefore N_{Re} = \dfrac{0.35 \times 11 \times 1.203}{1.8 \times 10^{-5}} = 257308.33$

$\therefore N_{Re}$가 4,000 이상이므로 유체의 흐름은 난류이다.

08. 풀이

식: $\Delta P_h = \dfrac{1-C_e^2}{C_e^2} \times \dfrac{\gamma V^2}{2g}$

- $V = \dfrac{Q}{A} = \dfrac{10m^3}{min} \times \dfrac{1min}{60sec} \times \dfrac{4}{\pi \times (0.2m)^2} = 5.3051 m/sec$

$\Delta P_h = \dfrac{1-0.4^2}{0.4^2} \times \dfrac{1.2 \times 5.3051^2}{2 \times 9.8} = 9.05 mmH_2O$

정답 9.05mmH_2O

09. 풀이

식 $\gamma_a = \dfrac{MW}{24.45L}$

$MW(\text{분자량}) = 28 \times 0.782 + 32 \times 0.21 + 18 \times 0.005 + 44 \times 0.003$
$= 28.838g$

$\therefore \gamma_a = \dfrac{28.838g}{24.45L} = 1.18g/L$

정답 1.18g/L

10. 풀이

식 $P_s = (1 + F_i)P_v$

- $P_v = \dfrac{\gamma V^2}{2g} = \dfrac{1.293 \times (19.7299)^2}{2 \times 9.8} = 25.6798 mmH_2O$

- $V = \dfrac{Q}{A} = \dfrac{0.12 m^3}{\sec} \times \dfrac{4}{\pi \times (0.088m)^2} = 19.7299 m/\sec$

- $F_i = \dfrac{1 - C_e^2}{C_e^2} = \dfrac{1 - 0.27^2}{0.27^2} = 12.7174$

$\therefore P_s = (1 + 12.7174) \times 25.6798 = 352.26 mmH_2O$

정답 352.26mmH₂O

11. 풀이

식 $Q = A \times V$

- $V = \sqrt{\dfrac{2gP_v}{\gamma}} = \sqrt{\dfrac{2 \times 9.8 \times 33}{1.2}} = 23.22 m/\sec$

- $P_v = P_t - P_s = -30 - (-63) = 33 mmH_2O$

$\therefore Q = \dfrac{\pi \times (0.15m)^2}{4} \times \dfrac{23.22m}{\sec} = 0.41 m^3/\sec$

정답 0.41m³/sec

12. 풀이

(1) 정압 : 정지하고 있는 유체 중의 임의의 면에 작용하는 압력으로, 유체흐름에 직각방향으로 작용하며, 물체에 초기속도를 부여하는 힘이다.

(2) 동압 : 유속에 의하여 유체흐름방향으로 미치는 압력으로, 항상 양(+)압이다.

13. 풀이

① 후드 가까이에 장애물 존재
② 후드 형식이 작업조건에 부적합
③ 외기 영향으로 후드 개구면 기류제어 불량

14. 풀이

식 $\Delta P = \Delta P_1 + \Delta P_2$

- $\Delta P = F \times P_v$

- $P_v = \dfrac{\gamma V^2}{2g} = \dfrac{1.2 \times 18^2}{2 \times 9.8} = 19.8367 mmH_2O$

$\therefore \Delta P = (0.2 \times 19.8367) + (0.28 \times 19.8367) = 9.52 mmH_2O$

정답 9.52mmH₂O

15. 풀이

식 $V = C \times \sqrt{\dfrac{2gP_v}{\gamma}}$

$\therefore V = 0.96 \times \sqrt{\dfrac{2 \times 9.8 \times 15}{1.3}} = 14.44 m/\sec$

정답 14.44m/sec

16. 풀이

식 $\Delta P = \lambda \times \dfrac{L}{D} \times \dfrac{rV^2}{2g}$

$D(d_e) = \dfrac{2ab}{a+b} = \dfrac{(2 \times 0.2 \times 0.6)m^2}{(0.2 + 0.6)m} = 0.3m$

$V = \dfrac{Q}{A} = \dfrac{300 m^3/\min \times \min/60\sec}{(0.2 \times 0.6)m^2} = 41.67m$

$\Delta P = 0.02 \times \dfrac{10}{0.3} \times \dfrac{1.2 \times 41.67^2}{2 \times 9.8} = 70.86 mmH_2O$

정답 70.86mmH₂O

CHAPTER 04 전체 환기

1 전체 환기의 개념

① 전체 환기
  ㉠ 외부에서 청정공기를 공급하여 유해물질의 농도를 희석시키는 방법으로 자연환기와 인공환기로 구분된다.
  ㉡ 자연환기 : 작업장 내외의 온도, 압력 차이에 의해 발생하는 기류의 흐름을 자연적으로 이용하는 방식
  ㉢ 강제환기(인공환기) : 환기를 위한 기계적 시설을 이용하는 방식

② 전체 환기의 목적
  ㉠ 유해물질 농도를 희석, 감소시켜 근로자의 건강을 유지한다.
  ㉡ 화재나 폭발을 예방하여 산업재해를 줄인다.
  ㉢ 실내의 온도 및 습도를 조절한다.

2 전체 환기의 종류

① 자연환기
  ㉠ 특징
    - 바람이나 온도, 기압 차이에 의한 대류작용으로 행해지는 환기이다.
    - 실내와 실외의 온도차가 클수록, 건물이 높을수록 환기효율이 증가한다.
    - 급기는 자연상태, 배기는 벤틸레이터를 사용하는 경우에 실내압을 언제나 음압으로 유지가 가능하다.
  ㉡ 장단점

장점	단점
• 설치비 및 유지보수비가 적게 든다. • 효율적인 자연환기는 에너지 비용을 최소화할 수 있어 냉방비 절감효과가 있다. • 소음발생이 적다.	• 외부 기상조건과 내부 조건에 따라 환기량이 일정하지 않아 작업환경 개선용으로 이용하는데 제한적이다. • 계절변화에 불안정하다.(겨울환기효율 〉 여름환기효율) • 정확한 환기량 산정이 어렵다.

② 강제환기(인공환기)
  ㉠ 특징 : 공기정화 시 사용
  ㉡ 장단점

장점	단점
• 외부조건에 관계없이 작업조건을 안정적으로 유지할 수 있다. • 환기량을 기계적으로 결정하므로 정확한 예측이 가능하다.	• 소음발생이 크다. • 운전비용이 증대하고, 설비비 및 유지보수가 많이 든다.

ⓒ 종류

급배기법	• 급·배기를 동력에 의해 운전한다. • 실내압을 양압이나 음압으로 조정 가능하다.	• 가장 효과적인 인공환기방법이다. • 정확한 환기량이 예측 가능하며, 작업환경 관리에 적합하다.
급기법	• 급기는 동력, 배기는 개구부로 자연 배출한다. • 고온 작업장에 많이 사용한다. • 실내압은 양압으로 유지되어 청정산업(전자산업, 식품산업, 의약산업)에 적용한다. • 청정공기가 필요한 작업장은 실내압을 양압(+)으로 유지한다.	
배기법	• 급기는 개구부에서 자연흡기, 배기는 동력으로 한다. • 실내압은 음압으로 유지되어 오염이 높은 작업장에 적용한다. • 오염이 높은 작업장은 실내압을 음압(-)으로 유지해야 한다.	

ⓔ 전체 환기시설 설계 시 목적에 따른 계획방법

환기장치법	작업장 위치와 기상조건, 정화장치의 조건에 따라 환기량을 산출하는 방법이다. → **작업환경에 환기장치설계를 맞춤**
필요환기량법	오염물질의 종류, 배출특성에 따라 그 목적에 맞는 환기량을 결정하는 방법으로 환기량산정의 기본이 되는 방법이다. → **오염물질에 환기장치설계를 맞춤**

3 건강보호를 위한 전체 환기

① 전체 환기 적용 시 조건
  ㉠ 유해물질의 독성이 비교적 낮은 경우, 즉 TLV가 높은 경우(가장 중요한 제한조건)
  ㉡ 동일한 작업장에 다수의 오염원이 분산되어 있는 경우
  ㉢ 소량의 유해물질이 시간에 따라 균일하게 발생될 경우
  ㉣ 유해물질이 증기나 가스일 경우
  ㉤ 국소배기로 불가능한 경우
  ㉥ 배출원이 이동성인 경우
  ㉦ 가연성 가스의 농축으로 폭발의 위험이 있는 경우
  ㉧ 오염원이 근무자가 근무하는 장소로부터 멀리 떨어져 있는 경우

② 전체 환기 시설 설치 기본원칙
  ㉠ 유해물질 사용량을 조사하여 필요환기량을 계산
  ㉡ 배출공기를 보충하기 위하여 청정공기를 공급
  ㉢ 오염물질배출구는 가능한 한 오염원으로부터 가까운 곳에 설치하여 '점환기'의 효과를 얻는다.
  ㉣ 공기배출구와 근로자의 작업위치 사이에 오염원이 위치해야 한다.
  ㉤ 공기가 배출되면서 오염장소를 통과하도록 공기 배출구와 유입구의 위치를 선정한다.
  ㉥ 배출된 공기가 재유입되지 못하게 배출구 높이를 적절히 설계하고 창문이나 문 근처에 위치하지 않도록 한다.
  ㉦ 오염된 공기는 작업자가 호흡하기 전에 충분히 희석되어야 한다.
  ㉧ 오염물질 발생은 가능하면 비교적 일정한 속도로 유출되도록 조정해야 한다.

③ 전체 환기량 관련 식

㉠ 유효환기량

$$Q' = \frac{G}{C}$$

- G : 유해물질 발생률(L/hr)
- C : 유해물질 농도

㉡ 실제환기량

$$Q = Q' \times K$$

- Q' : 유효환기량(m³/min)
- K : 안전계수

㉢ 안전계수(K)
- K=1 : 전체 환기가 제대로 이루어진 경우
- K=2 : 작업장 내의 혼합이 보통인 경우
- K=3 : 작업장 내의 혼합이 불완전한 경우
- K=10 : 사각지대가 생겨서 환기가 제대로 이루어지지 않기 때문에 실제환기량을 유효환기량의 10배 만큼 늘려야 한다.

㉣ 필요환기량

$$Q = \frac{G}{TLV} \times K$$

㉤ 전체 환기량

$$\ln\left(\frac{C_t}{C_o}\right) = -k \cdot t$$

$$ACH = \frac{필요환기량}{용적}, \quad ACH = \frac{\ln(C_o - C_{out}) - \ln(C_t - C_{out})}{t}$$

4 화재 및 폭발방지를 위한 전체 환기

① 필요환기량(Q)

$$Q = \frac{G \times K}{LEL \times B}$$

- G : 인화물질 사용량(m³/min)
- $K(C)$: 안전계수
  - LEL의 25%일 때 → $K = 4$
  - 공기의 재순환이 없거나 환기가 잘 되지 않는 곳은 K값을 10보다 크게 적용한다.

- LEL : 폭발 하한 농도
  - 일반적으로 환기가 계속적으로 가동되고 있는 곳에서는 LEL의 1/4를 유지하는 것이 안전하다.
- B : 온도에 따른 보정상수
  - 120℃ 까지 $B=1.0$
  - 120℃ 이상 $B=0.7$

5 혼합물질 발생 시의 전체 환기

① **상가작용** : 각 유해물질당 환기량을 모두 합하여 필요환기량으로 산출한다.

$$Q = Q_1 + Q_2 + \cdots + Q_n$$

② **독립작용** : 각 유해물질당 환기량을 계산하고, 그 중 가장 큰 값을 필요환기량으로 한다.

6 온열관리와 환기

① **열평형 방정식** : 생체와 작업환경 사이의 열교환 관계를 나타내는 식이다.

$$\Delta S = M \pm C \pm R - E \text{ (중요 ★★★)}$$

- ΔS : 생체열용량의 변화(인체의 열축적 또는 열손실)
- M : 작업대사량(체내열생산량)
- C : 대류에 의한 열교환
- R : 복사에 의한 열교환
- E : 증발에 의한 열손실

㉠ 인체와 작업환경 사이의 열교환은 주로 체내열생산량(작업대사량), 전도, 대류, 복사, 증발 등에 의해 이루어진다.
㉡ 안정된 상태에서 열발산 순서 : 전도 및 대류 > 피부증발 > 호기증발 > 배뇨

② **발열 시 필요환기량(방열 목적의 필요환기량)**

$$Q = \frac{H_s}{0.3 \times \Delta t}$$

- H_s : 작업장 내 열부하량
- Δt : 급배기의 온도차

③ **수증기 발생 시 필요환기량**

$$Q = \frac{W}{1.2 \times \Delta G}$$

- W : 수증기 부하량
- ΔG : 급배기 절대습도 차이

기다 - 기출문제로 다지기 > 전체 환기

01. 작업장 내의 열부하량이 200kcal/min이고, 작업장 온도가 33℃였다. 외기의 온도가 25℃일 때 전체 환기를 위한 필요환기량(m^3/min)을 구하시오.

02. 어떤 공장에서 1시간에 2L의 메틸에틸케톤이 증발되어 공기를 오염시키고 있다. K는 6, 분자량은 72.06, 비중은 0.805이며 허용기준 TLV는 200ppm이라면 이 작업장을 전체 환기시키기 위한 필요환기량(m^3/min)은? (단, 작업장 25℃, 1atm)

03. 온도가 150℃ 작업장에서 크실렌이 시간당 2L로 발생하고 있다. 폭발방지를 위한 환기량(m^3/min)을 구하시오. (단, 크실렌의 LEL = 1%, 비중 0.806, 안전계수 5, 분자량 106)

04. 전체 환기 설치 시 기본원칙을 4가지 쓰시오.

05. 전체 환기시설 설계를 위한 계획의 목적에 따라 환기장치법과 필요환기량법으로 구분된다. 이에 대해 설명하시오.

(1) 환기장치법

(2) 필요환기량법

06. 자연환기는 작업장의 개구부를 통해 바람이나 작업장 내외의 (   )와 (   ) 차이에 의한 (   )으로 행해지는 환기를 말한다.

07. 전체 환기의 적용조건을 4가지 서술하시오.

08. 대기의 CO_2 농도가 0.02%, 실내 CO_2 농도가 0.05%일 때 한 사람의 시간당 CO_2 배출량이 20L인 작업장에서 1시간당 필요환기량(m^3/hr)을 산출하시오. (작업장 공간은 300m^3, 작업자 수는 20명이다.)

09. 작업종료 직후인 오후 6시 30분에 측정한 공기 중 CO_2 농도는 1,500ppm이고, 오후 9시에 측정한 CO_2 농도가 500ppm일 때 시간당 공기교환횟수(ACH)는? (단, 외기의 CO_2 농도는 330ppm이다.)

10. 작업장에서 메틸클로로포름 증기가 $0.05m^3$/min으로 발생하고 있다. 이때 유효환기량은 $50m^3$/min이고 작업장의 용적은 $3,000m^3$일 때, 작업장의 초기농도가 0인 상태에서 150ppm에 도달하는데 걸리는 시간(min)을 구하시오.

11. 전체 환기의 종류와 특징을 서술하시오.

기다 - 정답 및 해설

전체 환기

01. 풀이

식 $Q(m^3/\text{min}) = \dfrac{H_s}{0.3 \Delta t}$

$\therefore Q(m^3/\text{min}) = \dfrac{H_s}{0.3 \Delta t}$

$= \dfrac{200 kcal/\text{min}}{0.3 kcal/m^3 \times (33-25)\,^\circ C} = 83.33 m^3/\text{min}$

정답 $83.33 m^3/\text{min}$

02. 풀이

식 $Q = \dfrac{G}{TLV} \times K$

- G : 오염물질발생량(mL)

$= \dfrac{2L}{hr} \times \dfrac{0.805kg}{1L} \times \dfrac{24.45 m^3}{72.06 kg} \times \dfrac{10^6 mL}{1 m^3} = 546273.9384 mL/hr$

$\therefore Q = \dfrac{546273.9384}{200} \times 6 = 16388.22 m^3/hr \fallingdotseq 273.14 m^3/\text{min}$

정답 $273.14 m^3/\text{min}$

03. 풀이

식 $Q = \dfrac{G \times K}{LEL \times B}$

- $G = \dfrac{2L}{hr} \times \dfrac{0.806kg}{1L} \times \dfrac{1hr}{60\text{min}} \times \dfrac{22.4 m^3}{106 kg} \times \dfrac{273+150}{273}$

$= 8.7969 \times 10^{-3} m^3/hr$

- $K = 5$
- $LEL = 0.01$
- $B = 0.7(120\,^\circ\text{C}\ \text{이상})$

$\therefore Q = \dfrac{(8.7969 \times 10^{-3}) \times 5}{0.01 \times 0.7} = 6.28 m^3/\text{min}$

정답 $6.28 m^3/\text{min}$

04. 풀이

① 유해물질 사용량을 조사하여 필요환기량을 계산
② 배출공기를 보충하기 위하여 청정공기를 공급
③ 오염물질배출구는 가능한 한 오염원으로부터 가까운 곳에 설치하여 '점환기'의 효과 제고
④ 공기배출구와 근로자의 작업위치 사이에 오염원이 위치해야 한다.

05. 풀이

(1) **환기장치법** : 작업장 위치와 기상조건, 정화장치의 조건에 따라 환기량을 산출하는 방법이다.
(2) **필요환기량법** : 오염물질의 종류, 배출특성에 따라 그 목적에 맞는 환기량을 결정하는 방법으로 환기량 산정의 기본이 되는 방법이다.

06. 풀이

온도, 기압, 대류현상

07. 풀이

① 유해물질의 독성이 비교적 낮은 경우
② 동일한 작업장에 오염원이 분산되어 있는 경우
③ 유해물질이 시간에 따라 균일하게 발생될 경우
④ 유해물질의 발생량이 적은 경우

08. 풀이

식 $Q = \dfrac{G}{(C - C_{out})} \times 100$

- $G = \dfrac{20L}{\text{인} \cdot hr} \times 20\text{인} \times \dfrac{1 m^3}{10^3 L} = 0.4 m^3/hr$

$\therefore Q = \dfrac{0.4}{(0.05 - 0.02)} \times 100 = 1333.33 m^3/hr$

정답 $1333.33 m^3/hr$

09. 풀이

식 $ACH = \dfrac{\ln(C_o - C_{out}) - \ln(C_t - C_{out})}{t}$

$\therefore ACH = \dfrac{\ln(1,500 - 330) - \ln(500 - 330)}{2.5 hr} = 0.77\text{회(시간당)}$

정답 0.77회(시간당)

10. 풀이

식 $\ln\left(\dfrac{C_t}{C_0}\right) = -k \times t$

- $C = \dfrac{G}{Q} = \dfrac{0.05 m^3/\text{min}}{50 m^3/\text{min}} \times 10^6 (ppm) = 1,000 ppm$

- $C_t = C_0 - C_s(기준농도) = 1,000 - 150 = 850 ppm$
- $k = \dfrac{Q}{\forall} = \dfrac{50}{3000} = 0.0166/min$

$\ln\left(\dfrac{850}{1000}\right) = -0.0166 \times t, \qquad \therefore t = 9.79 min$

정답 9.79min

11. 풀이

① 급·배기방식 : 동력(기계력)에 의해 운전하며, 가장 효과적이다. 실내압을 양압 또는 음압으로 조정가능하고 작업환경관리에 적합하다.
② 급기방식 : 급기는 동력, 배기는 개구부로 자연배출한다. 실내압에 양압으로 유지되어 청정산업(식품산업, 의약품, 전자산업)에 적용한다.
③ 배기방식 : 급기는 개구부에서 자연흡기, 배기는 동력으로 한다. 실내압을 음압으로 유지하여 오염이 높은 작업장에 적용한다.

CHAPTER 05 국소배기

1 국소배기 시설의 개요

① **국소배기 시설** : 국소배기는 유해물질의 발생원에 되도록 가까운 장소에서 동력에 의하여 발생되는 유해물질을 흡인, 배출하는 장치이다.

② **국소배기 시설의 적용**
  ㉠ 고농도, 독성물질 배출시
  ㉡ 유해물질이 근로자 작업위치에 근접시
  ㉢ 발생원이 고정되며, 연속적으로 배출시
  ㉣ 법적 의무 설치사항인 경우

2 국소배기 시설의 구성

① **구성요소**

후드 – 덕트 – 공기정화장치 – 송풍기 – 배기구

② **흡인방법**
  ㉠ 직접흡인방법
   - 발생시설 본체에서 직접 흡인하는 방법이다.
   - 처리가스량이 적어 소요동력을 적게 할 수 있다.
   - 처리가스량은 발생가스량의 2배 이하이다.
  ㉡ 간접흡인방법
   - 발생원에서 발생된 오염물질을 후드로 포착하여 흡인하는 방법이다.
   - 처리가스량이 많은 것이 문제점이므로 잉여공기의 흡인량을 삭감하여야 한다.
   - 처리가스량은 발생가스량의 10배 이상이다.

3 후드

① **후드** : 작업 중 발생되는 유해물질이 공간으로 비산되는 것을 방지하기 위해 비산범위 내의 오염공기를 발생원에서 직접 포집하기 위한 국소배기장치의 입구부

② **후드의 형식과 종류**

㉠ 포위식 : 발생원을 거의 감싸는 형식으로 유해물질이 밖으로 나가지 않게 하는 형식이다.
  - 종류 : 포위형, 부스형, 장갑부착상자형, 드래프트 챔버형, 커버형
  - 장단점

장점	단점
• 오염물질의 유출이 가장 적어 고농도, 독성물질의 처리에 적합 • 오염물질의 완전한 제어가 가능 • 외부 난기류의 영향을 받지 않음 • 흡인유량이 적게 소요	• 근로자의 작업영역을 방해 • 충분한 제어속도가 유지되지 않으면 외부로 누출가능성이 있음

㉡ 외부식 : 작업을 위해 발생원을 둘러쌓을 수 없을 때 발생원에 접근해서 놓여지는 후드
  - 종류
    - 후드모양 : 루버형, 슬로트형, 그리드형, 푸쉬-풀형
    - 흡인위치 : 측방형, 하방형, 상방형
  - 장단점

장점	단점
• 후드가 오염원 가까이 설치되므로 근로자가 발생원과 환기시설 사이에서 작업하지 않음 • 근로자의 작업영역의 방해가 적음	• 오염원으로부터 충분한 포착속도를 만들기 위해서는 많은 환기량이 필요함 • 작업장 내 기류로 인한 방해를 받음 • 후드의 포착거리를 60cm 이하로 유지해야 포집가능 • 오염물질의 유출우려

㉢ 리시버식 : 열 또는 관성기류을 예측하여 흐름을 막아 설치하는 형식
  - 종류 : 그라인더 커버형, 캐노피형
  - 장단점

장점	단점
• 외부식보다 흡인속도를 느리게 운전이 가능하다. • 근로자의 작업영역의 방해가 적음	• 잉여공기량이 다소 많음 • 유해성이 높은 오염물질의 처리에 부적당

[캐노피형 후드 직경 산출식]

식 $F_3 = E + 0.8H$

- F_3 : 후드의 직경
- E : 열원의 직경
- H : 후드 높이

[장방형의 캐노피형 후드의 경우 필요송풍량]

- H/L ≤ 0.3인 경우

  식 $Q = 1.4 \times P \times H \times V$
  - P : $2(L+W)$ → 캐노피 둘레길이
  - H : 배출원에서 후드 개구면까지의 높이
  - V : 제어속도

- 0.3 < H/L ≤ 0.75인 경우

  식 $Q = 14.5 \times H^{1.8} \times W^{0.2} \times V_c$
  - H : 배출원에서 후드 개구면까지의 높이
  - V : 제어속도
  - W : 캐노피 폭

③ 제어속도

㉠ 제어속도 : 매연이나 오염물질을 후드 내로 도입시키기 위해 필요한 공기의 최소 흡인속도를 말하며, 일명 통제속도, 포착속도라고도 한다.

㉡ 제어속도 적용범위
- 오염물질 방출조건에 따른 후드의 제어속도

오염물질의 방출조건	관련공정	제어속도(포착속도)
• 오염원 : 실질적으로 비산 속도가 없이 발생 • 주변 : 고요한 공기중으로 방출	• 개방조로부터의 증발 • 액면에서 발생하는 가스, 증기, 흄	0.25~0.5m/sec
• 오염원 : 약한 방출속도를 가지는 경우 • 주변 : 약간의 공기움직임이 있는 상태에서 방출	• 분무도장, 저속 컨베이어 이송 • 용접, 도금 공정	0.5~1m/sec
• 오염원 : 비교적 빠른 방출속도를 가지는 경우 • 주변 : 빠른 기류 속으로 방출	• 컨베이어 적재 • 분쇄기, 분무 도장	1~2.5m/sec
• 오염원 : 급속한 방출속도를 가지는 경우 • 주변 : 고속의 기류영역으로 방출	• 그라인딩 • 석재 연마, 회전연마	2.5~10m/sec

④ 흡인유량

㉠ 후드의 흡인유량

식 기본식(자유공간) $Q_c = (10X^2 + A) \times V_c$

식 테이블(바닥) 위에 설치되어 있을 때 $Q_c = 0.5(10X^2 + 2A) \times V_c$

식 플랜지를 부착한 경우 $Q_c = 0.75(10X^2 + A) \times V_c$

식 테이블(바닥) 위에서 플랜지를 부착하여 설치된 경우 $Q_c = 0.5(10X^2 + A) \times V_c$

- X(제어거리) : 후드의 개구면에서 후드의 흡인력이 미치는 발생원까지의 거리
- A : 흡인면적
- V_c : 제어속도

ⓒ 슬로트 후드의 흡인유량

> **식** 기본식 $Q_c = C \times L \times V_c \times X$
>
> - C : 형상계수
>   - 자유공간(전체원주) : 5.0(ACGIH 3.7)   - 3/4 원주 : 4.1
>   - 1/2 원주, 플랜지부착 : 2.8(ACGIH 2.6)   - 1/4 원주 : 1.6
> - L : 슬로트 개구면의 길이(m)
>   - $W/L = 0.2$

⑤ 후드흡인요령

㉠ 국소적 흡인을 취한다.   ㉡ 적절한 제어속도를 선정한다.
㉢ 작업이 방해되지 않도록 설치한다.   ㉣ 가급적 공정을 많이 포위한다.
㉤ 후드 개구면에서 기류가 균일하게 분포되도록 설계한다.
㉥ 공정에서 발생 또는 배출되는 오염물질의 절대량을 감소시킨다.
㉦ 발생원을 후드에 접근시킨다.

⑥ 후드 관련 용어정리

㉠ 플래넘(plenum) : 후드 뒷부분에 위치하며 각 후드의 흡입유속의 강약을 작게 하여 일정하게 만들어 압력과 공기흐름을 균일하게 형성하는 데 필요한 장치이다. 가능한 길게 설치한다.(플래넘의 단면이 유입구 면적의 5배 이상)

㉡ 무효점 : 발생원에서 방출된 오염물질이 운동에너지를 상실하여 비산속도가 0이 되는 평형점으로 일명 비산한계점, 정지점이라고 하며, 무효점 이상 속도부터 유해물질을 흡인할 수 있다.

㉢ 플랜지 : 후드의 흡인구 테두리에 설치되어 후드 뒤 쪽의 공기흡입을 배제하여 흡인공기량을 약 25% 감축시키는 설비이다.(슬로트형의 경우 30% 감소)

> **[플랜지 부착 시 효과]**
> - 후드 뒤쪽의 공기흐름을 방지하여 흡입공기량 감소
> - 제어속도(포착속도) 증가
> - 압력손실 감소

㉣ 잠재중심부 : 분출 중심속도가 분사구 출구속도와 동일한 속도를 유지하는 지점까지의 범위로 배출구 직경의 약 5배 정도까지의 범위이다.

㉤ 천이부 : 분출중심속도가 작아지기 시작하는 점부터 분출중심속도가 50%까지 줄어드는 점까지의 범위

㉥ 테이퍼 : 비행기 날개의 한 형태로 후드와 덕트 연결하는 부분을 말한다. 경사접합부라고도 하며, 시작부에서 끝으로 감에 따라 두께와 익현의 길이가 같이 감소되는 형태가 되어 압력손실을 감소시키며 후드 개구면 속도를 균일하게 분포시키는 장치이다.

㉦ 슬롯 : 슬롯후드는 후드 개방부분의 길이가 길고 높이가 좁은 형태로 H/W의 비가 0.2 이하인 경우를 말하며, 흡인속도를 균일하게 유지시키는 장치이다.

㉧ 베플(baffle) : 금속판으로 주위의 공기 흐름을 후드로 안내하는 설비

4 덕트

① **덕트** : 후드에서 흡인한 유해물질 배기구까지 운반하는 관을 덕트라 한다.
② **반송속도(이송속도)** : 반송속도는 먼지종류별로 속도를 다르게 하여 덕트 내에 퇴적되지 않고 방지시설까지 운반될 수 있도록 설계한다.
　㉠ 먼지종류별 반송속도

오염물	예	반송속도(m/sec)
가스, 증기, 흄 및 극히 가벼운 먼지	각종 가스, 증기, 산화아연, 산화알루미늄의 흄, 목분 및 솜	10
가벼운 건조먼지	원사, 삼베부스러기, 곡분, 베이클라이트(합성수지)분	15
일반공업먼지	털, 나무부스러기, 샌드블라스트 발생먼지, 그라인더 작업발생먼지	20
무거운 먼지	납분, 주조탈사먼지, 선반작업 발생먼지	25
무겁고 비교적 큰 젖은 먼지	젖은 납분, 젖은 주조작업 발생먼지	25 이상

　㉡ 반송속도 저해인자
　　• 분지관의 설치　　　　　　　• 덕트의 축소 및 확대
　　• 덕트의 각도가 높아질수록　　• 분진퇴적

③ **덕트 직경 계산**

$$\text{식}\quad A = \frac{Q}{V},\quad A = \frac{\pi D^2}{4}$$

④ **덕트 설치기준**
　㉠ 가능한 한 길이는 짧게 하고 굴곡부의 수는 적게 할 것
　㉡ 접속부의 내면은 돌출된 부분이 없도록 할 것
　㉢ 청소구를 설치하는 등 청소하기 쉬운 구조로 할 것
　㉣ 덕트 내 오염물질이 쌓이지 아니하도록 이송속도를 유지할 것
　㉤ 연결부위 등은 외부공기가 들어오지 아니하도록 할 것
　㉥ 가능한 후드의 가까운 곳에 설치할 것
　㉦ 송풍기를 연결할 때는 최소 덕트 직경의 6배 정도 직선구간을 확보할 것
　㉧ 직관은 하향구배로 하고 직경이 다른 덕트를 연결할 때에는 경사 30° 이내의 테이퍼를 부착할 것
　㉨ 원형 덕트가 사각형 덕트보다 덕트 내 유속분포가 균일하므로 가급적 원형 덕트를 사용하며, 부득이 사각형 덕트를 사용할 경우에는 가능한 정방형을 사용하고 곡관의 수를 적게 할 것
　㉩ 곡관의 곡률반경은 최소 덕트 직경의 1.5 이상, 주로 2.0을 사용할 것
　㉪ 수분이 응축될 경우 덕트 내로 들어가지 않도록 경사나 배수구를 마련할 것
　㉫ 덕트의 마찰계수는 작게 하고, 분지관을 가급적 적게 할 것

⑤ **유량 및 압력조절**
　㉠ 정압조절평형법(유속조절평형법, 정압균형유지법)
　　• 정의 : 덕트 직경을 변경하여 저항을 조절하여 합류점의 정압이 같아지도록 하는 방법이다.

$$Q_2 = Q_1 \times \sqrt{\frac{P_{s2}}{P_{s1}}}$$

- Q_2 : 조절 후 유량
- Q_1 : 조절 전 유량
- P_{s2} : 압력손실이 큰 관의 정압
- P_{s1} : 압력손실이 작은 관의 정압

- 장단점

장점	단점
• 분진의 퇴적이 잘 일어나지 않는다. • 설계가 정확할 때 효율이 좋다. • 잘못 설계된 분지관, 최대저항경로 선정이 잘못되어도 설계시 쉽게 발견할 수 있다. • 방사성 및 폭발성 분진의 처리에 적합하다.	• 설계 전, 후 유량을 수정하기가 어렵다. • 설계가 복잡하다. • 전체 필요한 최소유량보다 더 초과될 우려가 있다. • 분지관수가 많을 때 적용이 어렵다.

ⓒ 저항조절평형법(Damper 조절평형법, 덕트균형유지법)
- 정의 : 덕트에 Damper(막이판)를 부착하여 압력을 조정, 평형을 유지하는 방법이다.
- 장단점

장점	단점
• 설계 전, 후 유량을 수정하기가 용이하다. • 분지관수가 많을 때 적용이 용이하다. • 압력손실이 클 때 적용이 용이하다. • 설계 계산이 간편하다.	• 분진의 퇴적이 잘 일어난다. • 최대저항경로 선정이 잘못되어도 설계 시 쉽게 발견할 수 없다. • Damper 노출 시 관리자 외의 근로자가 조절할 우려가 있다.

⑥ 덕트의 검사
㉠ 외면의 마모, 부식, 변형 : 덕트의 외면을 관찰하고 이상유무를 조사
㉡ 내면의 분진 축적
- 내면의 상태 관찰
- 테스트 함마 또는 봉을 이용하여 가볍게 타격하여 타성음을 통해 판단
- 초음파 측정기를 이용하여 송풍관의 두께를 측정
㉢ 댐퍼의 작동상태 확인
㉣ 접속부의 이완유무

5 공기정화장치

① 집진의 기초이론
- 큰 분진은 중력, 관성력, 원심력을 이용하여 제거되지만, 미세분진은 세정, 여과, 전기력을 이용하여 제거한다.
- 유속이 빠를수록 관성력, 원심력은 증가
- 유속이 느릴수록 여과, 중력은 증가
- 친수성이 높을수록 세정력은 증가

- 전기저항이 낮을수록 전기력은 증가
- 압력손실이 낮을수록 유지비는 낮음

② 통과율 및 집진효율 계산 등

　㉠ 집진효율(η)

$$\eta = \frac{S_c}{S_i} = \frac{S_i - S_o}{S_i} = \frac{C_i - C_o}{C_i} = \left(1 - \frac{C_o}{C_i}\right)$$

　㉡ 통과율(P)

$$P = \frac{S_o}{S_i} = 1 - \eta$$

　㉢ 부분집진율(η_f)

$$\eta_f = \left(1 - \frac{C_o \times f_o}{C_i \times f_i}\right)$$

　㉣ 총집진율(η_T)

$$\eta_T = 1 - [(1-\eta_1)(1-\eta_2)\cdots(1-\eta_n)]$$

③ 집진방법

　㉠ 직렬 및 병렬연결
- 직렬연결 : 집진기 후단에 집진기를 연결하는 방식, 입경분포 폭이 넓고, 조대한 입자를 응집효과를 증대시킴으로 효율적으로 제거할 수 있다. 후단에 고효율집진장치를 두는 식으로 설치하고, 앞단의 집진기가 전처리역할을 하여 후단의 집진기의 효율향상과 고장 및 운전장해를 방지하여준다.
- 병렬연결 : 집진기를 병렬로 설치하여 유입가스를 분할하여 처리하는 방식, 입경분포 폭이 좁고, 유량이 많으며, 미세한 분진을 압력손실을 일정하게 유지하며 고효율로 집진할 수 있는 방식

　㉡ 건식집진과 습식집진 등
- 건식집진 : 대량가스 처리시 사용된다. 유지관리가 간편하고, 유지비가 적게 들지만, 습식에 비해 대체로 효율이 떨어진다.
- 습식집진 : 중·소량가스 처리시 사용된다. 유지관리가 까다롭고, 유지비가 많이 든다. 효율이 좋고, 집진 및 유해가스처리가 동시에 가능하다.

④ 중력집진장치의 원리 및 특징

　㉠ 메커니즘 : 중력에 의한 침강을 극대화시켜 먼지를 제거한다. 장치의 유입구의 단면적을 크게 설계하여 유속을 줄이고, 높이를 최대한 낮추며, 길이를 길게 하여 최대한 먼지를 침강시킬 수 있는 구조로 설계한다.

　㉡ 효율향상조건
- 장치 길이 길게
- 수평유속 느리게
- 높이 짧게
- 교란 방지

ⓒ 관련공식을 이용하여 답 산출
- 부분집진율(η_f) : 유입되는 입자 중 대상입자의 집진율

$$\text{식} \quad \eta_f = \frac{V_g}{V} \times \frac{L}{H}(\text{층류}), \quad \eta_f = 1 - \exp\left[\frac{V_g}{V} \times \frac{L}{H}\right](\text{난류})$$

- 부분집진율 공식의 변형

$$\text{식} \quad \eta_f = \frac{V_g}{V} \times \frac{L}{H} = \frac{d_p^2(\rho_p - \rho_g)gL}{18\mu VH} = \frac{d_p^2(\rho_p - \rho_g)gBL}{18\mu Q}$$

※ A(단면적) = B(폭) × H(높이)

- 최소제거입경

$$\text{식} \quad d_{pmin}(\mu m) = \sqrt{\left[\frac{18\mu VH}{(\rho_p - \rho_g)gL}\right]}$$

ⓔ 장단점

장점	단점
• 다른 집진장치에 비하여 압력손실이 적음 • 전처리장치로 이용하기 용이 • 구조 간단, 운전비·설치비 적음 • 고온가스 처리용이 • 조대한 입자 선별포집 가능	• 미세한 입자의 포집곤란, 효율 낮음 • 먼지부하 및 유량변동에 적응성이 낮음 • 처리가스량에 비해 설치면적을 많이 소요

⑤ 관성력 집진장치의 원리 및 특징
ⓐ 메커니즘 : 관성력 + 중력을 이용하여 먼지를 제거, 충돌식은 방해판(Baffle)에 충돌하는 속도를 크게 하고, 반전식은 기류의 방향전환을 크게 하여 관성력을 이용하여 제거한 후, 잔여 먼지들은 중력에 의하여 제거한다.
ⓑ 효율향상조건
- 충돌식은 일반적으로 충돌직전의 처리가스 속도가 크고, 처리 후 출구 가스속도는 느릴수록 미립자의 제거가 쉽다.
- 반전식은 기류의 방향 전환시 곡률반경이 작을수록, 방향전환 횟수는 많을수록, 압력손실은 커지나 집진효율은 좋다.
- 호퍼(Dust Box)는 적당한 모양과 크기가 필요하다.
- 출구의 가스속도가 작을수록 집진효율이 좋다.
- 충돌식의 경우 충돌직전의 각속도가 클수록 집진율이 높아진다.
ⓒ 특징
- 충돌식과 반전식이 있으며, 방해판(Baffle)이 있으면 충돌식, 없으면 반전식이다.
- 일반적으로 고온가스의 처리가 가능하므로 굴뚝 또는 배관 내에 적용될 때가 있다.
- 액체입자의 포집에 사용되는 multibaffle형을 1μm 전후의 미립자 제거가 가능하나, 완전하게 처리하기 위해 가스출구에 충전층을 설치하는 것이 좋다.
- 집진가능한 입자는 주로 10μm 이상의 조대입자이며 일반적으로 집진율은 50~70% 정도이다.

⑥ 원심력집진장치의 원리 및 특징
  ㉠ 메커니즘 : 원심력 + 관성력 + 중력을 이용하여 먼지를 제거한다. 유입되는 함진가스의 원심력을 조성하여 장치 내벽에 충돌할 때 생기는 관성력과 중력으로 먼지를 제거한다.
  ㉡ 효율향상조건
    • 장치 높이 높게
    • 유속 빠르게(적정 범위 내에서) → 적정범위 : 접선유입식 7~15m/sec, 축류식 10m/sec 전후
    • 장치 내경 짧게
    • 교란 방지
    • Dust Box와 분리하여 설계
    • 멀티 싸이클론 채용
    • 먼지폐색(dust plaque)효과를 방지하기 위해 축류집진장치를 사용
    • 고농도 분진은 직렬로, 대량가스는 병렬로 처리
  ㉢ 관련공식을 이용하여 답 산출
    • 100% 제거입경

$$d_{p\min} = \sqrt{\frac{9\mu B}{\pi V(\rho_s - \rho)N}} \times 10^6 \, (\mu m)$$

    • 50% 제거입경

$$d_{p\,cut} = \sqrt{\frac{9\mu B}{2\pi V(\rho_s - \rho)N}} \times 10^6 \, (\mu m)$$

    • 부분집진율

$$\eta_f = \frac{d_p^2 \pi V(\rho_s - \rho)N}{9\mu B} \times 100 \, (\%)$$

    • 분리계수(S)

$$S = \frac{원심력의\ 분리속도}{중력의\ 침강속도} = \frac{V^2}{R \times g}$$

    • 사이클론에서 외부선회류의 회전수

$$N = \frac{1}{H_A} \times \left(H_B + \frac{H_c}{2}\right)$$

      • N : 회전수   • H_A : 유입구 높이(m)   • H_B : 원통부 높이(m)   • H_C : 원추부 높이(m)

ⓔ 장단점

장점	단점
• 구조가 간단하고 가동부가 없음 • 전처리장치로 이용하기 용이 • 고온가스 처리 가능 • 먼지입경에 대하여 사용범위 넓음(3~100㎛)	• 미세한 입자의 포집곤란 • 압력손실이 비교적 높음 • 먼지부하, 유량변동에 민감 • 점착성, 조해성, 부식성 가스에 부적합

> **[Blow Down(블로우 다운) 방식]**
> (1) Blow Down의 정의 : 사이클론의 집진효율을 높이는 방법으로 하부의 더스트 박스(Dust Box)에서 처리가스량의 5~10%를 처리하여 사이클론내의 난류현상을 억제시킴으로 먼지의 재비산을 막아주며, 장치내벽 부착으로 일어나는 먼지의 축적도 방지하는 효과이다.
>
> (2) Blow Down의 효과
> • 원추하부에 가교현상을 억제시켜 재비산을 방지한다.
> • 분진내통의 더스트 플러그 및 폐색을 방지한다.
> • 유효원심력을 증가시킨다.
> • 원추하부 또는 출구에 분진이 퇴적되는 것을 방지한다.

⑦ 세정집진기의 원리 및 특징

  ㉠ 메커니즘
   • 관성충돌(1㎛ 이상)
   • 접촉차단(0.1~1㎛)
   • 확산(0.1㎛ 이하)
   • 중력(5㎛ 이상)
   • 증습에 의한 응집효과(세정 특화 메커니즘)

  ㉡ 효율향상조건
   • 관성충돌계수를 크게 하기 위한 특성 및 운전조건
    – 분진입자 크기가 클수록
    – 입자의 밀도가 클수록
    – 유속이 빠를수록
    – 가스의 점도가 작을수록
    – 액적의 직경이 작을수록
   • 액가스비를 크게 하는 요인
    – 처리입자가 난용성일 경우
    – 처리입자가 미세입자일 경우
    – 액적의 직경이 클 경우
    – 가스와 세정액과의 접촉이 좋지 못할 경우

ⓒ 장단점

장점	단점
• 가연성, 폭발성 먼지 처리 가능 • 가스 및 분진 동시 처리 가능 • 소형으로 집진효율 우수 • 고온가스 냉각기능 • 소요설치면적이 대체로 적게 듦 • 설치비용이 저렴함 • 구조가 간단하고 가동부가 적음	• 폐수처리가 필요함 • 압력손실이 크고, 동력소비량이 많음 • 운전비가 많이 듦 • 부식 잠재성이 있음 • 포집분진회수가 어려움 • 소수성 입자 처리효율 낮음 • 한랭기간에 동결방지 필요

⑧ 여과집진기의 원리 및 특징
  ㉠ 메커니즘(세정집진과 같음)
    • 관성충돌
    • 접촉차단
    • 확산
    • 중력
    • 체거름(가교현상) ← 여과집진만 하는 메커니즘
  ㉡ 효율향상조건
    • 분진입자크기와 밀도가 클수록
    • 유속이 느릴수록
    • 적당한 여과포를 설치
  ㉢ 탈진방식
    • 간헐식 : 여과를 중지한 상태에서 탈진이 진행되는 방식(예 진동식, 역기류식, 역기류 진동식)
      - 재비산이 거의 없음
      - 여포 수명이 긺
      - 여과 효율이 좋음
      - 대용량처리에 부적합
    • 연속식 : 여과와 탈진을 동시에 진행하는 방식(예 펄스 제트, 리버스 제트)
      - 재비산이 많음
      - 여포 수명이 짧음
      - 여과 효율이 낮음
      - 대용량처리에 적합

> [펄스 제트(Pulse jet)]
> 외면(표면)여과방식에서 적용되는 방식으로, 여포 아래에서 제트기류를 분사하여 여과기류보다 강력한 기류를 반대방향으로 분사하여 탈진하는 방식, 대용량여과에 적용된다.
>
> [리버스 제트(Reverse jet)]
> 내면여과방식에서 적용되는 방식으로, 여포에 부착된 탈진장치가 여포 위아래로 이동하여 탈진이 진행되는 방식, 소·중용량여과에 적용된다.

ㄹ 관련 공식으로 답 산출

- 여과포 개수 계산 : $n = \dfrac{총 여과면적}{단위 여과포 면적} = \dfrac{A_f}{A_i} = \dfrac{Q_f/V_f}{\pi DL}$

- 분진부하 계산 : $L_d = C_i \times V_f \times \eta \times t$

- 탈진주기 계산 : $t = \dfrac{L_d}{C_i \times V_f \times \eta}$

- 압력손실 계산 : $\Delta P = K_1 V_f + K_2 L_d V_f$

※ 포집분진 $= C_i \times \eta = (C_i - C_o)$

ㅁ 장단점

장점	단점
• 미세입자에 대한 집진효율이 높음	• 소요면적이 많이 듦
• 여러 가지 형태의 분진을 포집할 수 있음	• 폭발성, 점착성 분진제거가 곤란함
• 다양한 용량의 가스를 처리할 수 있음	• 유지비용 많이 듦
• 부하변동에 대한 대응성이 좋음	• 가스의 온도에 제한을 받음
• 유용한 입자 회수가능	• 수분, 여과속도에 적응성이 낮음

[블라인딩 현상(눈막힘 현상)]
점착성 또는 부착성이 강한 분진을 처리할 때 함진배기가스 중에 함유된 수분의 응결로 인하여 여과포에 부착된 분진이 탈리되지 않고 그대로 부착되어 압력손실을 증가시키게 되는 현상을 말한다.

⑨ 전기 집진기(EP)

㉠ 메커니즘 : 방전극에는 음(-)극으로 집진판을 양(+)극으로 하여 강전계를 형성하여 먼지를 음(-)으로 대전시켜 집진판에 부착 후 탈진하여 제거하는 방식이다.

- 정전기적인 인력(쿨롱력)
- 전계경도에 의한 힘(유전력)
- 입자간의 흡입력
- 전기풍에 의한 힘

㉡ 효율향상조건

- 유속을 적정하게 유지
- 전기저항이 큰 먼지입자는 배제하거나, 저항을 낮춤
- 균일한 전계형성
- 수분과 온도를 알맞게 조절

[겉보기 전기저항에 따른 집진성능]
- 전기저항이 높을 때($10^{11}\,\Omega \cdot cm$ 이상) → 역전리 발생
  〈대책〉 SO_3 주입, 황함량이 높은 연료 혼소, 온도 및 습도 조절, 습식 집진, 2단식 채용
- 전기저항이 낮을 때($10^4\,\Omega \cdot cm$ 이하) → 재비산현상(점핑현상)
  〈대책〉 암모니아 주입, 온도 및 습도 조절, 습식 집진, 1단식 채용

ⓒ 장치 종류
  ⓐ 집진판 탈진방식에 따라
    • 습식 : 집진판에 계속적으로 물이 흐르는 형태, 먼지가 부착되는 즉시 탈진된다.
      – 재비산 및 역전리가 발생하지 않음   – 강전계 형성가능, 효율이 높음
      – 처리가스속도를 2배 정도 높게 할 수 있음   – 폐수처리 문제
      – 대용량의 가스처리 부적합
    • 건식 : 집진판에 진동을 주어 탈진하는 형태
      – 재비산 및 역전리가 발생
      – 대용량의 가스처리 적합
      – 구조가 간단하여 유지관리 용이
  ⓑ 하전형식에 따라
    • 1단식 : 집진판 사이에 방전극이 위치하는 형태, 음코로나 사용
      – 재비산발생이 적음
      – 역전리문제
      – 다량의 오존 발생
    • 2단식 : 방전극이 집진판 앞단에 위치하는 형태, 양코로나 사용
      – 역전리발생이 적음
      – 재비산문제
      – 오존 발생이 적음
  ⓒ 집진판(극)의 모양에 따라
    • 평판형 : 대용량, 건식집진에 주로 채용
    • 원통형(관형) : 습식집진에 많이 채용
ⓔ 유지관리
  • 시동시
    – 고전압 회로의 절연저항이 100MΩ 이상되어야 한다.
    – 배출가스 도입 최소 6시간 전에 애관용 히터를 가열하여 애자관 표면에 수분이나 분진의 부착을 방지한다.
    – 집진극과 방전극의 타봉장치는 통기와 동시에 자동운전이 되도록 한다.
    – 집진실 내부가 충분히 건조된 후에 하전한다.
  • 운전시
    – 전극간 거리를 균일하게 유지한다.
    – 2차 전류가 적을 때 조습용 스프레이의 수량을 늘리거나, 겉보기 저항을 낮추어야 한다.
    – 조습용 스프레이 노즐이 막히지 않도록 잘 관리한다.
  • 정지시
    – 접지저항을 연 1회 이상 점검하고, 10Ω 이하로 유지한다.
    – 고압 절연부를 깨끗하게 청소한다.
    – 장치 각부의 부식 정도를 점검한다.

ⓜ 각종 장애현상과 그 대책
- 1차 전압이 낮고 과도한 전류가 흐를 때
  - 원인 : 고압부의 절연상태가 좋지 않을 때
  - 대책 : 고압부의 절연회로를 점검한다.
- 2차 전류가 주기적으로 변하거나 불규칙적으로 흐를 때
  - 원인 : 부착된 분진으로 스파크가 빈발할 때
  - 대책 : 분진을 충분하게 탈진시킨다, 1차 전압을 낮춘다.
  - 원인 : 방전극과 집진극의 간격이 이완됐을 때
  - 대책 : 방전극과 집진극을 점검한다.
- 2차 전류가 현저하게 떨어질 때
  - 원인 : 분진의 농도가 너무 높을 때
  - 대책 : 입구 분진농도를 적절히 조절한다.
  - 원인 : 분진의 비저항이 비정상적으로 높을 때
  - 대책 : 조습용 스프레이 수량을 늘린다, 스파크 횟수를 늘린다.
- 2차 전류가 많이 흐를 때
  - 원인 : 분진의 농도가 너무 낮을 때
  - 대책 : 입구 분진농도를 적절히 조절한다.

ⓑ 관련 공식으로 답 산출
- 효율 계산 : $\eta = 1 - e^{\left(-\frac{A \times We}{Q}\right)}$
- 길이 계산 : $\frac{A}{Q} = \frac{1}{We}$, $\frac{L}{R \times V} = \frac{1}{We}$, $L = \frac{R \times V}{We}$
- 평판형 집진기 개수 산출 : $A_E = 2(n-1)A_i$

ⓢ 장단점

장점	단점
• 미세입자 제거 및 집진효율이 높음	• 소요면적이 많이 듦
• 낮은 압력손실로 대량가스 처리가능	• 설치비가 많이 듦
• 광범위한 온도범위에서 설계가능	• 운전조건의 변화에 따른 대응성이 낮음
• 비교적 운영비가 적게 듦	• 비저항이 큰 분진 제거 어려움

⑩ 유해가스 처리장치

> [헨리의 법칙]
> 기체의 용해도는 그 기체에 미치는 압력에 비례한다. 난용성인 기체에 잘 적용된다.
> 식 $P = H \times C$

㉠ 흡수처리설비
- 액분산형 : 액을 분산시켜 가스와 접촉하여 흡수처리하는 방법(예 충전탑, 분무탑, 벤투리스크러버, 제트스크러버, 사이클론스크러버)
  - 용해도가 큰 가스에 적용
  - 헨리상수가 작은 가스에 적용
- 가스분산형 : 가스를 분산시켜 액과 접촉하여 처리하는 방법(예 다공판탑, 포종탑, 기포탑)
  - 용해도가 작은 가스에 적용
  - 헨리상수가 큰 가스에 적용
- ⓐ 충전탑 : 탑 내에 충전제를 투입하여 흡수액을 충전제에 흘려보내고 가스를 향류접촉시켜 오염가스를 정화하는 공정
  - ※ 충전제 : 탑 내에 충진되어 흡수액을 많은 양 머금음으로서 접촉을 용이하게 하는 물질, 금속 또는 플라스틱재를 이용하여 제조된다.(Berl Sabble, Intalox Saddle, Rasching ring, Pall ring(가장 많이 사용))
  - 충전제의 구비조건
    - 충분한 강도를 가질 것
    - 표면적이 클 것
    - 비싸지 않을 것
    - 화학적으로 불활성일 것
    - 압력손실이 작을 것
  - 흡수제의 구비조건
    - 용해도가 클 것
    - 부식성이 적을 것
    - 점도가 낮을 것
    - 빙점은 낮고, 비점은 높을 것
    - 휘발성이 적을 것
    - 가격이 저렴하고 사용이 용이할 것
    - 무독성이며, 화학적으로 안정일 것
  - 충전탑의 용량
    - 홀드업(Hold-up) : 탑 내의 액보유량
    - 부하점(Loading Point) : 홀드업이 급격히 증가하기 시작하는 지점
    - 범람점(Flooding point) : 흡수액이 탑 밖으로 흘러넘치는 지점
      → 운전유속은 범람점 유속에 40~70%로 유지하여야 한다.
  - 충전탑의 높이

  식 $h = H_{OG} \times N_{OG} = H_{OG} \times \ln\left(\dfrac{1}{1-E}\right)$
  - H_{OG} : 기상총괄이동단위높이
  - N_{OG} : 기상총괄이동단위수
  - E : 효율

- ⓑ 분무탑 : 탑 내에 분무노즐을 이용하여 액을 분무하고, 분무액속을 유해가스가 통과하면서 오염물질이 제거되는 공정이다.
  - 압력손실이 적음(50~100mmH$_2$O)
  - 효율이 낮음
  - 용해도가 큰 가스에 적합
  - 비말동반의 우려가 있음
  - ※ 비말동반 : 흡수액이 물방울이 되어 가스와 함께 날아가는 현상

ⓒ 벤투리스크러버, 사이클론스크러버, 제트스크러버 : 집진 + 유해가스처리 동시 가능 설비, 가압수를 이용하여 정화하는 공정
- 벤투리스크러버
  - 압력손실이 매우 큼(300~800mmH$_2$O)
  - 처리유속이 매우 빠름
  - 처리효율 우수(99% 이상)
- 사이클론스크러버
  - 스크러버와 사이클론이 결합된 공정
  - 처리효율 우수(99% 이상)
  - 가동부가 많아 유지보수 어려움
- 제트스크러버
  - 승압효과 있음(0~-50mmH$_2$O)
  - 대용량 처리 부적합
  - 많은 양의 세정수 사용(10~50L/m^3)

ⓓ 단탑(다공판탑, 포종탑) : 유해가스와 흡수제가 충전상 전체를 통하여 접촉하는 형태의 처리공정
- 액분산형에 비해 압력손실이 크다.
- 고형물형성에 대한 대응성이 좋다.
- 직경이 2ft 이상인 경우 충전탑보다 비용이 더 든다.
- 홀드업이 크다.
- 편류현상이 적다.
- 온도변화에 대한 대응성이 좋다.

ⓔ 기포탑
- 압력손실이 크다.
- 대량가스처리에 부적합하다.
- 고압, 고체의 석출 반응 조작에 대응성이 좋다.

ⓛ 흡착 처리설비

ⓐ 흡착제의 종류
- 활성탄 : 용제회수, 악취제거, 가스정화
- 알루미나 : 가스, 공기 및 액체의 건조
- 보크사이트 : 석유 중의 유분 제거, 가스 및 용액의 건조
- 마그네시아 : 휘발유 및 용제정제
- 실리카겔 : NaOH 용액 중 불순물 제거, 수분 제거

ⓑ 흡착제의 구비조건
- 표면적이 클 것
- 압력손실이 작을 것
- 강도가 있을 것
- 내식성, 내열성이 좋을 것

ⓒ 물리적 흡착과 화학적 흡착

흡착형태	물리적 흡착	화학적 흡착
계	개방계	폐쇄계
흡착제의 재생여부	재생가능	재생불가
흡착형태	다분자층	단분자층
선택성	비선택적	선택적
흡착온도	낮을수록	높을수록
발열량	낮음	높음

ⓒ 연소처리 : 유해가스를 연소를 통해 산화분해하는 방식
- 직접연소 : 600~800℃ 온도의 연소로에 유해가스를 직접 투입하여 연소하는 방법으로 고농도, 대량의 가스처리에 적합하다. 처리방식이 산화방식이어서 질소산화물, 황산화물 등 2차오염의 발생우려가 있다.
- 가열연소 : 500~700℃ 온도의 가열로에 유해가스를 투입하여 가열로를 가열시켜 연소하는 방식으로 무산소상태로 열분해가 진행되어 유해가스 발생이 적고, 연료가 생산된다. 가열에 보조연료가 필요하므로 비용이 비싸다.
- 촉매연소 : 250~400℃ 온도로 촉매존재하에 연소함으로 연소온도를 낮출 수 있다. 저농도, 소량가스처리에 적합하다. 촉매독 유발물질이 유입될 경우 촉매의 성능이 급격히 저하된다.

ⓔ 생물학적 처리 : 유해가스를 미생물을 이용하여 처리하는 방식으로 2차오염이 없다. 처리효율에 비해 많은 처리면적을 요구하며, 기후의 영향을 많이 받고, 초기안정화시간이 많이 걸린다.

6 송풍기

① **송풍기** : 오염공기를 후드에서부터 배기구까지 이동시키는 동력을 만들어내는 장치이다.

② **분류**

㉠ 팬(Fan)
- 토출압력과 흡입압력비가 1.1 미만인 것을 말한다.
- 압력상승의 한계가 1,000mmH$_2$O 미만인 것을 말한다.

㉡ 블로어(blower)
- 토출압력과 흡입압력비가 1.1 이상 2 미만인 것을 말한다.
- 압력상승의 한계가 1,000~10,000mmH$_2$O인 것을 말한다.

③ 종류
  ㉠ 원심력 송풍기 : 흘러들어온 공기가 90° 방향으로 토출되는 형태
   • **다익형(전향날개형)** : 다람쥐 쳇바퀴 모양으로 저압, 대풍량 및 소동력의 환기장치 및 공기조화용, 소형보일러의 국소통풍 등에 사용된다.
     〈특징〉 효율이 낮고, 청소가 곤란하고, 설계가 간단하며, 저가로 제작이 가능하다. 고속회전이 불가능하여 분지관의 송풍에 적합하다.

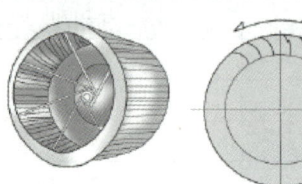

[다익형 송풍기]

   • **방사형(레이디얼팬, 평판형)** : 습식 집진장치, 냉동기용 압축기, 가스터어빈용 과급기용, 마모성 분진이송용으로 사용된다.
     〈특징〉 강도가 높고, 분진의 자체 정화가 가능하다. 가격이 비싸다.

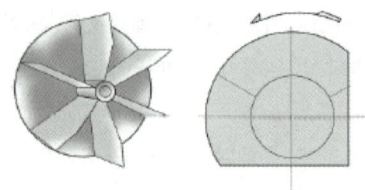

[평판형 송풍기]

   • **터보형(후향날개형)** : 환기장치용, 공기조화용 및 열관리용으로 많이 이용된다.
     〈특징〉 송풍량이 증가해도 동력이 증가하지 않고, 장소의 제약을 받지 않는다. 효율이 좋으나 날개가 구부러져 분진퇴적이 쉽다.

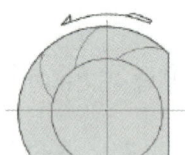

[터보형 송풍기]

   • **익형(비행기날개형)** : 중심축에서 날개가 두껍고, 가장자리에 얇은 형태로 되어있다.
     〈특징〉 효율이 좋고, 소음이 적으며, 고속회전이 가능하나, 부식에 약하고 입자상 물질이 퇴적하기 쉽다.

   [원심력 송풍기의 효율순서] 암기법 : 비행기 터보 발사 다!
   비행기날개형 > 터보형 > 방사형 > 다익형

ⓒ 축류 송풍기 : 흘러들어온 공기가 직선방향으로 토출되는 형태
- 프로펠러형 : 송풍관이 없는 가장 간단한 구조로써, 저풍압 및 대풍량의 전체 환기용으로 사용된다.
- 튜브형 : 프로펠러 송풍기를 덕트에 삽입할 수 있도록 개조한 것으로 회전날개와 케이싱의 간격을 좁게 하여 효율이 상승된다. 건조로, 공기조화용 열관리에 사용된다.
- 베인형 : 축류팬의 전후에 가이드 베인을 설치한 것으로 터널환기용, 국소통풍용으로 사용된다.
  ⟨특징⟩
  - 풍압이 낮아서 압력손실이 높을 때 서징문제 발생
  - 소음이 큼
  - 가열공기 또는 오염공기의 취급에 부적합

ⓒ 특수송풍기
- 사류팬 : 원심력송풍기와 축류송풍기의 절충형으로 공기가 축방향으로 흘러들어와서 경사방향으로 흘러나가는 형태로, 효율저하와 동력변화가 적다. 국소통풍용으로 이용된다.
- 횡류팬 : 회전차 폭이 직경에 비해 너무 커 공기가 회전차의 반경방향으로 흡인되어 반경방향으로 배출되는 형태를 나타낸다. 실내공기 순환용, 에어컨용, 공기조화용으로 사용된다.
- 송풍관이 붙은 원심팬 : 풍압이 낮고 풍량이 낮으며 효율이 낮아 공기순환용 및 환기통풍용으로 사용된다.

④ 송풍기 관련 공식
ⓐ 송풍기 소요동력

$$P(kW) = \frac{\Delta P \times Q}{102 \times \eta} \times \alpha \text{ (MKS 단위)}$$

- ΔP : 압력손실(mmH$_2$O)
- Q : 유량(m^3/sec)
- η : 효율
- α : 여유율

ⓑ 송풍기 압력
- 송풍기 유효전압

$$P_{tf} = P_{to} - P_{ti} = (P_{so} + P_{vo}) - (P_{si} + P_{vi})$$

- P_{tf} : 유효전압
- P_{to} : 출구전압
- P_{so} : 출구정압
- P_{si} : 입구정압
- P_{vo} : 출구동압
- P_{vi} : 입구동압

- 송풍기 유효정압

$$\begin{aligned} P_{sf} &= P_{tf} - P_{vo} \\ &= (P_{so} - P_{si}) + (P_{vo} - P_{vi}) - P_{vo} \\ &= (P_{so} - P_{si}) - P_{vi} \\ &= P_{so} - P_{ti} \end{aligned}$$

ⓒ 송풍기 상사법칙
- 송풍기 크기가 같고, 공기의 비중이 일정할 때
  - 유량은 회전수에 비례한다.

  $$\text{식}\ Q_2 = Q_1 \times \left(\frac{N_2}{N_1}\right)$$

  - 풍압은 회전수의 제곱에 비례한다.

  $$\text{식}\ P_{s2} = P_{s1} \times \left(\frac{N_2}{N_1}\right)^2$$

  - 동력은 회전수의 세제곱에 비례한다.

  $$\text{식}\ P_2 = P_1 \times \left(\frac{N_2}{N_1}\right)^3$$

- 송풍기 회전수, 공기의 비중이 일정할 때
  - 유량은 송풍기의 직경의 세제곱에 비례한다.

  $$\text{식}\ Q_2 = Q_1 \times \left(\frac{D_2}{D_1}\right)^3$$

  - 풍압은 송풍기의 직경의 제곱에 비례한다.

  $$\text{식}\ P_{s2} = P_{s1} \times \left(\frac{D_2}{D_1}\right)^2$$

  - 동력은 송풍기의 직경의 오제곱에 비례한다.

  $$\text{식}\ P_2 = P_1 \times \left(\frac{D_2}{D_1}\right)^5$$

- 송풍기 회전수와 송풍기 직경이 일정할 때
  - 유량은 공기의 비중의 변화에 무관하다.

  $$\text{식}\ Q_2 = Q_1$$

  - 풍압은 공기의 비중에 비례한다.

  $$\text{식}\ P_{s2} = P_{s1} \times \left(\frac{\rho_2}{\rho_1}\right)$$

- 동력은 공기의 비중에 비례한다.

$$\text{식} \quad P_2 = P_1 \times \left(\frac{\rho_2}{\rho_1}\right)$$

⑤ 송풍기 풍량 조절
  ㉠ 회전수 조절법
  ㉡ 안내익 조절법
  ㉢ 댐퍼 부착법
⑥ 송풍기 분진부착 및 날개 마모 대책
  ㉠ 날개를 라이닝한다.(코팅)
  ㉡ 날개의 교환을 용이하게 한다.
  ㉢ 평판형 송풍기를 주로 사용한다.
⑦ 송풍기 정압 증가 요인
  ㉠ 덕트 내 분진퇴적
  ㉡ 공기정화장치의 분진퇴적
  ㉢ 후드 댐퍼 닫힘
  ㉣ 공기정화장치의 분진 취출구 열림

7 배기구

① 배기구 : 오염된 공기를 포집하여 외부로 배출되는 통로로, 가능한 높은 곳에서 배출시켜 대기확산효율을 높이고 재유입되지 않도록 하여야 한다.
② 배기구의 압력손실
  ㉠ 압력손실 : $\Delta P = F \times P_v$
  ㉡ 정압 : $P_s = (F-1) \times P_v$

> [배기구의 설치규정]
> • 옥외의 설치하는 배기구의 높이는 지붕으로부터 1.5m 이상이거나 공장건물 높이의 0.3~1.0배 정도의 높이가 되도록 하여 배출된 유해 물질이 당해 작업장으로 재 유입되거나 인근의 다른 작업장으로 확산되어 영향을 미치지 않는 구조로 하여야 한다.
> • 배기구는 내부식성, 내마모성이 있는 재질로 하되, 빗물의 유입을 방지하기 위하여 덮개를 설치하고, 배기구의 하단에 배수밸브를 설치하여야 한다.

8 환기시스템 설계 및 유지관리

① 설계개요 및 과정
  ㉠ 설계순서
   • 후드의 선정 : 작업형태 및 공정에 적합한 후드를 선택
   • 제어풍속 결정 : 발생원에서 오염물질 발생방향, 거리 및 후드형식을 고려하여 적정한 제어풍속 결정
   • 설계 환기량 계산 : 제어풍속과 후드의 개구면으로 설계환기량 계산
   • 반송속도 결정 : 오염물질의 종류에 따라 덕트 내 분진 등이 퇴적되지 않도록 덕트 내 반송속도를 산정
   • 덕트 직경 산출 : 설계환기량을 이송속도로 나누어 덕트 직경 이론치를 산출, 덕트 직경은 이론치보다 작은 것 선택
   • 덕트의 배치와 설치장소 선정 : 덕트 배치도를 작성하고 그에 따른 설치장소를 현장여건을 감안하여 적정 선정
   • 공기정화장치의 선정 : 유해물질 제거효율이 양호한 공기정화장치를 선정한 후 압력손실을 계산
   • 총 압력손실 계산 : 후드 정압과 덕트 및 공기정화장치 등 총압력손실의 합계를 산출
   • 송풍기 선정 : 총압력손실과 총배기량을 기초로 소요동력 산정 후 적정 송풍기 선정

② 전체 환기시설 설계를 위한 계획의 목적에 따른 구분
  ㉠ 환기장치법 : 작업장 위치와 기상조건, 정화장치의 조건에 따라 환기량을 산출하는 방법이다.
    → 작업환경에 환기장치설계를 맞춤
  ㉡ 필요환기량법 : 오염물질의 종류, 배출특성에 따라 그 목적에 맞는 환기량을 결정하는 방법으로 환기량 산정의 기본이 되는 방법이다. → 오염물질에 환기장치설계를 맞춤
  ㉢ 원칙적인 환기설계 기획법
   • 제1종 환기 : 가장 완전한 환기, 작업장 외 공간에서 기류의 출입이 없는 형태
   • 제2종 환기 : 실내를 깨끗이 유지하는 환기, 실내압력을 정압으로 유지한다.
   • 제3종 환기 : 실내공기가 외부로 누출되지 않는 환기, 실내압력을 부압으로 유지한다.
   • 제4종 환기 : 외풍과 건물 안 밖의 온도차에 의한 자연력을 이용한 자연환기법, 운영비가 적다.

③ 국소배기 시설의 설계
  ㉠ 후드 설계
   • 배출원을 중심으로
    – 오염물질의 배출농도와 배출허용기준농도 파악
    – 배출원의 온도와 작업장의 온도
    – 오염물질의 비산속도와 횡단기류속도
    – 작업방법과 공간활용범위 등 주위상태
    – 오염물질 mist, fume, vapor 상태로 배출되어 냉각·응축되는지 등의 특성
   • 후드를 중심으로
    – 최소의 배기량으로 최대의 흡인효과를 발휘할 것
    – 발생원에 가깝게, 개구부위를 적게 할 것
    – 후드 개구면에서의 면속도분포를 일정하게 할 것

- 외형을 보기 좋게, 압력손실을 적게 할 것
        - 작업자의 호흡영역은 보호할 것
    ⓒ 덕트 설계
        - 배기후드를 설계하고, 설계유량을 결정
        - 최소덕트 속도 결정
        - 설계유량을 최소덕트 속도로 나누어 분지덕트의 크기를 결정한다.
        - 계통도를 사용하여 필요한 덕트의 각 부분과 피팅류 및 엘보류에 대한 설계길이를 결정한다.
        - 배기시스템에 대한 압력손실을 계산한다.
    ⓒ 송풍기 설계
        - 송풍량과 압력을 정확히 설정하여, 예상되는 풍량의 변동범위 내에서 운전하도록 한다.
        - 송풍관의 중량을 송풍기에 가중시키지 않는다.
        - 송풍배기의 입자농도와 그 마모성을 참작하여 송풍기의 형식과 내마모구조를 고려한다.
        - 송풍기와 덕트 간에 Flexible bypass를 설치하여 진동을 감소시킨다.
    ② 배기구 설계
        - 15-3-15 규칙
            - 15 : 배출구와 공기를 유입하는 흡입구는 서로 15m 이상 떨어져야 함
            - 3 : 배출구의 높이는 지붕 꼭대기나 공기 유입구보다 위로 3m 이상 높게 하여야 함
            - 15 : 배출되는 공기는 재유입되지 않도록 배출가스 속도를 15m/sec 이상 유지함

④ 공기공급 시스템(make-up air)
    ⓐ 정의 : 환기시설에 의해 작업장 내에서 배기된 만큼의 공기를 작업장 내로 재공급하는 시스템을 말한다.
    ⓑ 보충용 공기 : 국소배기장치를 통해 배출되는 것만큼 투입되는 외부공기
    ⓒ 공기공급 시스템이 필요한 이유
        - 국소배기장치의 원활한 작동을 위함
        - 국소배기장치의 효율 유지를 위함
        - 안전사고를 예방하기 위함
        - 에너지(연료)를 절약하기 위함
        - 작업장 내의 방해 기류가 생기는 것을 방지하기 위함
        - 외부 공기가 정화되지 않은 채로 건물 내로 유입되는 것을 막기 위함

⑤ 점검의 목적과 형태
    ⓐ 국소배기 시설의 초기 성능과 설계의 비교 검토를 위함
    ⓑ 국소배기 시설의 일정기간 운영 후 자체검사(성능검사) 및 유지관리를 위한 자료의 확보를 위함
    ⓒ 불량 개소 및 고장 부분의 발견과 응급처리 및 보수 여부의 판단을 위함
    ② 미래의 시설확충 가능성에 대비하기 위함(송풍량 점검)
    ⓔ 행정적 검토를 하기 위함
    ⓕ 미래의 동일 특성의 국소배기 시설 설계 및 개선에 필요한 자료를 확보하기 위함
    ⓖ 국소배기 시설 성능 및 운전상태에 대한 정상 여부를 판단하기 위함

⑥ 검사 장비
  ㉠ 필수장비
    - 발연관(연기발생기)
    - 청음기 또는 청음봉
    - 절연저항계
    - 표면온도계 및 초자온도계
    - 줄자

    [발연관(연기발생기)]
    - 오염물질의 확산이동을 관찰
    - 후드로부터 오염물질의 이탈 요인 규명
    - 후드 성능에 미치는 난기류의 영향에 대한 평가
    - 공기의 누출입 및 기류의 유입유무를 판단

  ㉡ 후드의 흡입기류 방향검사
    - 테스트 함마
    - 나무봉 또는 대나무봉
    - 초음파 두께 측정기
    - (수주)마노미터
    - 열선풍속계
    - 정압 프로브 부착 열선풍속계
    - 스크레이퍼
    - 회전계
    - 피토관
    - 공기 중 유해물질 측정기
    - 스톱위치 또는 시계

기다 - 기출문제로 다지기 > 국소배기

01. 송풍기의 풍량조절 방법을 3가지 쓰시오.

02. 2개의 집진장치를 직렬로 연결하였다. 집진효율 70%인 사이클론을 전처리장치로 사용하고 전기집진장치를 후처리로 사용한다. 총 집진효율이 99%일 때 전기집진장치의 집진효율(%)을 구하시오.

03. 초기 송풍기의 송풍량은 300m³/min, 정압은 100mmH₂O, 동력은 10HP이다. 초기의 임펠러 회전수가 600rpm에서 일정기간 후 500rpm으로 변경되었을 경우 변경된 송풍량 및 정압을 구하고, 정압의 감소 이유를 2가지 쓰시오.

04. Flange 부착 Slot 후드가 있다. Slot의 길이 2.5m, 폭 0.5m, 오염원과의 거리 1m, 제어속도 0.6m/sec일 때 송풍량(m³/min)을 구하시오.

형식	전 원주	3/4 원주	1/2 원주	1/4 원주
C	5.0	4.1	2.8	1.6

05. 국소배기장치 성능시험 시 필수장비를 5가지 쓰시오.

06. 다음을 작업공정의 제어속도 범위가 빠른 순서대로 나열하시오.

① 탱크에서 증발, 탈지시설
② 연마작업, 블라스트작업
③ 컨베이어 적재, 분쇄기
④ 용접, 도금작업

07. 배기구의 설치는 15-3-15 규칙을 참조하여 설치한다. 여기서 15-3-15의 의미를 쓰시오.

08. 원심력식 송풍기를 날개각도 기준으로 3가지로 분류하시오.

09. 여과집진장치의 여과포 눈막힘 현상의 대책을 2가지 쓰시오.

10. 유해물질 처리 시 포위식 후드의 장점을 3가지 쓰시오.

11. 초기 설치비용이 많이 들고 설치 시 넓은 공간을 필요로 하지만, 유지비용이 저렴하고 집진효율이 좋은 집진장치는?

12. 후드 입구에서 유속을 고르게 분포시키는 장치의 이름을 쓰시오.

13. 길이가 2.5m, 폭 0.5m, 오염원과의 거리 1m, 제어속도가 0.6m/sec인 슬롯후드가 있다. 각 송풍량(m^3/min)을 산출하시오.

(1) 플랜지가 부착된 경우 송풍량

(2) 플랜지가 없는 경우 송풍량

14. 1,500℃ 작업장에 열처리로 캐노피형 후드를 설치하고자 할 때 후드 직경 구하는 공식을 쓰시오.

15. 다음 용어를 설명하시오.

  (1) 플래넘 :

  (2) 제어속도 :

  (3) 플랜지 :

16. 국소배기장치의 원활한 작동을 위해 작업장 내에서 배기된 만큼의 공기를 다시 작업장 내로 재순환하는 공기는 무엇인가?

17. 후드 중 오염원이 후드 외부에 있고 송풍기의 흡인력을 이용하며 유해물질의 발생원에서 유해물질을 후드 내로 흡인하는 후드의 형식과 종류를 3가지 쓰시오.

  (1) 형식 :

  (2) 종류 :

18. 직경이 20cm인 원형 덕트가 있다. 다음 물음에 답하시오.

   (1) 플랜지의 최소 폭(cm)을 구하시오.

   (2) 플랜지가 있는 경우에는 플랜지가 없는 경우에 비해 송풍량이 몇 % 감소되는지 쓰시오.

19. 기류 흐름방향에 따른 송풍기 종류를 2가지 쓰시오.

20. 리시버식 후드에서 개구부에 흡인량을 확인할 수 있는 기구는?

21. 공기공급시스템(make-up-air)의 정의에 대해 설명하시오.

22. Hemeon의 "null point 이론"의 정의에 대해 설명하시오.

23. 후드에 관한 주어진 보기 중 잘못된 것을 골라 옳게 정정하시오.

    (1) 마모성분진의 경우 후드는 가능한 얇은 재료를 사용해야 한다.

    (2) 후드의 개구면적을 크게 하여 흡인 개구부의 포집속도를 높인다.

    (3) 필요유량은 최대가 되도록 설계한다.

24. 국소배기가 전체 환기와 비교 시 갖는 장점을 3가지 쓰시오.

25. 원심력 집진장치에서 채택하는 Blow down(블로우 다운)의 정의 및 효과를 쓰시오.

    (1) 정의 :

    (2) 효과 :

26. 송풍기에 의한 기류의 흡기와 배기 시 흡기는 흡입면의 직경 1배인 위치에서 입구유속의 10%로 된다. 배기 시 출구유속의 10%로 되는 거리를 직경으로 나타내시오.

27. 벤투리 스크러버(Venturi Scrubber)의 원리를 설명하시오.

28. 세정집진장치의 집진원리를 4가지 쓰시오.

29. 휘발성유기화합물(VOC) 처리방식인 불꽃연소법과 촉매산화법의 특징을 2가지씩 쓰시오.

    (1) 불꽃연소법

    (2) 촉매산화법

30. 저항조절평형법의 장단점을 2가지씩 쓰시오.

    (1) 장점 :

    (2) 단점 :

31. 후드의 분출기류 분류에서 잠재중심부에 대해 서술하시오.

32. VOC 가스가 발생하는 분무공정의 작업대에 장방형 후드를 설치하고자 한다. 개구면적이 $0.5m^2$, 제어속도가 $0.5m/sec$, 송풍량이 $45m^3/min$이라면, 발생원으로부터 어느 정도 떨어진 위치(m)에 후드를 설치해야 하는가? (단, 후드는 플랜지 부착형)

33. flange 부착 slot 후드가 있다. slot의 길이가 40cm이고, 제어풍속이 1m/sec, 제어풍속이 미치는 거리가 20cm인 경우 필요환기량(m^3/min)은?

해설 기다 - 정답 및 해설   국소배기

01. 풀이
① 회전수 조절법(회전수 변환법)
② 안내익 조절법(vane control법)
③ 댐퍼 부착법(damper 조절법)

02. 풀이
직렬 총 집진효율(η_T)
$\eta_T = \eta_1 + \eta_2(1-\eta_1)$
$0.99 = 0.7 + \eta_2(1-0.7)$
$\therefore \eta_2 = \dfrac{0.99-0.7}{1-0.7} = 0.9667 \times 100 = 96.67\%$

정답 96.67%

03. 풀이
① 송풍량(회전수비에 비례한다.)

식 $\dfrac{Q_2}{Q_1} = \dfrac{rpm_2}{rpm_1}$

$\therefore Q_2 = Q_1 \times (\dfrac{rpm_2}{rpm_1}) = 300 \times (\dfrac{500}{600}) = 250 m^3/min$

② 정압(회전수비의 제곱에 비례한다.)

식 $\dfrac{P_{s_2}}{P_{s_1}} = (\dfrac{rpm_2}{rpm_1})^2$

$\therefore P_{s_2} = P_{s_1} \times (\dfrac{rpm_2}{rpm_1}) = 100 \times (\dfrac{500}{600})^2 = 69.44 mmH_2O$

③ 정압의 감소 이유
  ㉠ 송풍기 벨트의 늘어짐
  ㉡ 송풍기 날개(임펠러)의 변형 및 분진 부착으로 인한 성능저하

04. 풀이

식 $Q_c = C \times L \times V_c \times X$

• Flange 부착(1/2 원주) 형상계수(C) = 2.8
$\therefore Q = 60 \cdot C \cdot L \cdot V_c \cdot X = 60 \times 2.8 \times 2.5 \times 0.6 \times 1.0 = 225 m^3/min$

정답 225m³/min

05. 풀이
① 발연관   ② 청음기 또는 청음봉
③ 절연저항계   ④ 표면온도계 및 초자온도계
⑤ 줄자

06. 풀이
② → ③ → ④ → ①

〈공정별 제어속도의 범위〉

관련공정	제어속도(포착속도)
• 개방조로부터의 증발 • 액면에서 발생하는 가스, 증기, 흄	0.25~0.5m/sec
• 분무도장, 저속 컨베이어 이송 • 용접, 도금 공정	0.5~1m/sec
• 컨베이어 적재 • 분쇄기, 분무 도장	1~2.5m/sec
• 그라인딩 • 석재 연마, 회전연마	2.5~10m/sec

07. 풀이
• 15 : 배출구와 공기를 유입하는 흡입구는 서로 15m 이상 떨어져야 함
• 3 : 배출구의 높이는 지붕 꼭대기나 공기 유입구보다 위로 3m 이상 높게 하여야 함
• 15 : 배출되는 공기는 재유입되지 않도록 배출가스 속도를 15m/sec 이상 유지함

08. 풀이
① 전향날개형 송풍기(다익형)
② 방사날개형 송풍기(평판형)
③ 후향날개형 송풍기(터보형)

09. 풀이
① 여과집진장치 내 각 부의 온도를 산노점 이상으로 유지
② 여과집진장치 정지 후 탈진 실시

10. 풀이
• 유해물질의 확산을 통제할 수 있다.
• 유해물질의 완벽한 흡입이 가능하다.
• 작업장 내 방해기류의 영향을 거의 받지 않는다.

11. 풀이
전기집진장치

12. 풀이
① 테이퍼   ② 분리날개   ③ 슬롯
④ 차폐막   ⑤ 충만실

위의 장치 모두 후드입구에서 유속을 고르게 만드는 장치입니다. 여러 개를 물었을 경우 문제가 요구하는 개수만큼 기술합니다.

13. 풀이

(1) 플랜지가 부착된 경우 송풍량

식 $Q_c = 0.7(10X^2 + A) \times V_c$

$\therefore Q_c = 0.7 \times [10 \times 1^2 + (2.5 \times 0.5)] \times 0.6 \times 60$
$= 283.5\, m^3/min$

정답 283.5 m³/min

(2) 플랜지가 없는 경우 송풍량

식 $Q_c = (10X^2 + A) \times V_c$

$\therefore Q_c = [10 \times 1^2 + (2.5 \times 0.5)] \times 0.6 \times 60 = 405\, m^3/min$

정답 405 m³/min

슬롯후드 식인 $Q_c = C \times L \times X \times V_c$ 로 적용하셔도 무방합니다. 해가 두 개입니다. 실제 문제에서는 명확한 가정조건이 제시될 것으로 사료됩니다.

14. 풀이

식 $F_3 = E + 0.8H$

• F_3 : 후드의 직경   • E : 열원의 직경
• H : 후드 높이

15. 풀이

(1) 플래넘 : 후드 뒷부분에 위치하며 각 후드의 흡입유속의 강약을 작게 하여 일정하게 만들어 압력과 공기흐름을 균일하게 형성하는 데 필요한 장치이다. 가능한 길게 설치한다.(플래넘의 단면이 유입구 면적의 5배 이상)

(2) 제어속도 : 오염물질을 후드내로 도입시키기 위해 필요한 공기의 최소 흡인속도

(3) 플랜지 : 후드의 흡인구 테두리에 설치되어 후드 뒤 쪽의 공기 흡입을 배제하여 흡인공기량을 약 25% 감축시키는 설비이다. (슬롯형의 경우 30% 감소)

16. 풀이

보충용 공기

17. 풀이

(1) 형식 : 외부식 후드
(2) 종류 : ① 슬로트형   ② 루버형   ③ 그리드형

18. 풀이

(1) 식 $W = \sqrt{A}$

$\therefore W = \sqrt{\dfrac{\pi \times 20^2}{4}} = 17.72\, cm$

정답 17.72 cm

(2) 정답 25%

19. 풀이

① 원심력 송풍기   ② 축류 송풍기

20. 풀이

발연관(연기발생기)

21. 풀이

보충용 공기는 국소배기장치를 통해 배출되는 것과 같은 양의 공기가 외부로 보충되는 것을 말하며 공급시스템은 환기시설에 의해 작업장 내에서 배기된 만큼의 공기를 작업장 내로 재공급하는 시스템을 말한다.

22. 풀이

무효점이란 발생원에서 배출된 유해물질이 초기 운동에너지를 상실하여 운동속도가 0이 되는 비산한계점을 의미한다. 따라서 무효점이론이란 유해물질 제어 시 무효점을 초과하는 제어속도로 설계해야 유해물질의 통제가 가능하다는 이론이다.

23. 풀이

(1) 두꺼운 (2) 작게 (3) 최소

24. 풀이

① 오염물질의 확실한 농도저감 및 제거가 가능하다.
② 흡인유량이 적어 경제적이다.
③ 작업장 내의 기류의 영향을 적게 받는다.
④ 비중이 큰 침강성 입자상물질도 제거가 가능하다.
※ 제시된 답안 중 3가지 선택

25. 풀이
(1) 정의 : 집진된 먼지를 담아두는 Dust box에서 처리가스의 5~10%를 흡인하여 처리하는 방식을 말한다.

(2) 효과
- 유효원심력 증대
- 집진효율 증대
- 내통의 폐색방지
- 분진의 재비산 방지

26. 풀이
배기 직경의 30배 거리에서 유속은 1/10로 감소한다.

27. 풀이
장치의 목부를 좁게 하여 빠른 속도로 함진가스가 목부를 통과할 때 목부 주변의 노즐로부터 세정액을 분사하여 분진을 세정액과 접촉시켜 제거한다. 목부에서 처리유속이 굉장히 빠르기 때문에 접촉효율이 좋아 비교적 적은 양의 세정액으로 많은 양의 가스를 처리할 수 있다.

28. 풀이
① 접촉차단   ② 증습에 의한 입자의 응집
③ 확산   ④ 관성충돌

29. 풀이
(1) 불꽃연소법
- 고농도 물질 처리에 적합
- 보조연료의 사용이 적음
- NOx 및 SOx가 생성

(2) 촉매산화법
- 저농도 물질 처리에 적합
- NOx 및 SOx의 생성이 없음
- 촉매독물질 유입 시 촉매의 수명이 저하되는 문제가 있음

※ 제시된 답안 중 각각 2가지 선택

30. 풀이
(1) 장점
- 시설 설치 후 변경에 유연한 대처가 가능하다.
- 설계 계산이 간편하다.
- 설치 후 송풍량의 조절이 용이하다.

(2) 단점
- 댐퍼침식 및 분진의 퇴적 문제가 있다.
- Damper 노출 시 관리자 외의 근로자가 조절할 우려가 있다.
- 최대저항경로 선정이 잘못되어도 설계 시 쉽게 발견할 수 없다.

※ 제시된 답안 중 각각 2가지 선택

31. 풀이
분출 중심속도가 분사구 출구속도와 동일한 속도를 유지하는 지점까지의 범위이다. 배출구 직경의 약 5배정도 거리까지이다.

32. 풀이
식 $Q_c = 0.5 \times (10X^2 + A) \times V_c$

$45/60 = 0.5 \times (10 \times X^2 + 0.5) \times 0.5, \quad \therefore X = 0.5m$

정답 0.5m

33. 풀이
식 $Q_c = C \times L \times V_c \times X$

- $C = 2.8$ (flange 부착 slot 후드이므로 1/2 원주에 해당하는 형상계수 2.8 적용)

$\therefore Q_c = 2.8 \times 0.4 \times 1 \times 0.2 \times 60 = 13.44 m^3/min$

정답 13.44m³/min

CHAPTER 06 산업안전보건법에 따른 관리

01 산업안전보건법

① 제132조(건강진단에 관한 사업주의 의무)
  ㉠ 사업주는 일반건강진단, 특수건강진단, 배치전 건강진단, 임시건강진단 등 규정에 따른 건강진단을 실시하는 경우 근로자대표가 요구하면 근로자대표를 참석시켜야 한다.
  ㉡ 사업주는 산업안전보건위원회 또는 근로자대표가 요구할 때에는 직접 또는 건강진단을 한 건강진단기관에 건강진단 결과에 대하여 설명하도록 하여야 한다. 다만, 개별 근로자의 건강진단 결과는 본인의 동의 없이 공개해서는 아니 된다.
  ㉢ 사업주는 건강진단의 결과를 근로자의 건강 보호 및 유지 외의 목적으로 사용해서는 아니 된다.
  ㉣ 사업주는 건강진단의 결과 근로자의 건강을 유지하기 위하여 필요하다고 인정할 때에는 작업장소 변경, 작업 전환, 근로시간 단축, 야간근로(오후 10시부터 다음 날 오전 6시까지 사이의 근로를 말한다)의 제한, 작업환경측정 또는 시설·설비의 설치·개선 등 고용노동부령으로 정하는 바에 따라 적절한 조치를 하여야 한다.
  ㉤ 제4항에 따라 적절한 조치를 하여야 하는 사업주로서 고용노동부령으로 정하는 사업주는 그 조치 결과를 고용노동부령으로 정하는 바에 따라 고용노동부장관에게 제출하여야 한다.

02 산업안전보건법 시행규칙

① 제2조(정의)
  ㉠ "중대재해(고용노동부령으로 정하는 재해)"란 다음 각 호의 어느 하나에 해당하는 재해를 말한다.
    • 사망자가 1명 이상 발생한 재해
    • 3개월 이상의 요양이 필요한 부상자가 동시에 2명 이상 발생한 재해
    • 부상자 또는 직업성 질병자가 동시에 10명 이상 발생한 재해
  ㉡ "안전·보건표지"란 근로자의 안전 및 보건을 확보하기 위하여 위험장소 또는 위험물질에 대한 경고, 비상시에 대처하기 위한 지시 또는 안내, 그 밖에 근로자의 안전·보건의식을 고취하기 위한 사항 등을 그림·기호 및 글자 등으로 표시하여 근로자의 판단이나 행동의 착오로 인하여 산업재해를 일으킬 우려가 있는 작업장의 특정 장소, 시설 또는 물체에 설치하거나 부착하는 표지를 말한다.

[안전보건표지의 종류와 형태]

분류						
금지표지	101 출입금지	102 보행금지	103 차량통행금지	104 사용금지	105 탑승금지	106 금연
	107 화기금지	108 물체이동금지	경고표지	201 인화성물질경고	202 산화성물질경고	203 폭발성물질경고	204 급성독성물질경고
	205 부식성물질경고	206 방사성물질경고	207 고압전기경고	208 매달린물체경고	209 낙하물경고	210 고온경고	210-1 저온경고
	211 몸균형상실경고	212 레이저광선경고	213 발암성·변이원성·생식독성·전신독성·호흡기과민성 물질경고	214 위험장소경고	지시표지	301 보안경착용	302 방독마스크착용
	303 방진마스크착용	304 보안면착용	305 안전모착용	306 귀마개착용	307 안전화착용	308 안전장갑착용	309 안전복착용
안내표지	401 녹십자표지	402 응급구호표지	402-1 들것	402-2 세안장치	403 비상구	403-1,2 좌측(우측)비상구

CHAPTER 06 | 산업안전보건법에 따른 관리

② 제92조의6(물질안전보건자료에 관한 교육의 시기·내용·방법 등)
　㉠ 사업주는 다음 각 호의 어느 하나에 해당하는 경우에는 작업장에서 취급하는 대상화학물질의 물질안전보건자료에서 별표 8의2에 해당되는 내용을 근로자에게 교육하여야 한다. 이 경우 교육받은 근로자에 대해서는 해당 교육 시간만큼 안전·보건교육을 실시한 것으로 본다.
　　• 대상화학물질을 제조·사용·운반 또는 저장하는 작업에 근로자를 배치하게 된 경우
　　• 새로운 대상화학물질이 도입된 경우
　　• 유해성·위험성 정보가 변경된 경우
　㉡ 사업주는 교육을 하는 경우에 유해성·위험성이 유사한 대상화학물질을 그룹별로 분류하여 교육할 수 있다.
　㉢ 사업주는 교육을 실시하였을 때에는 교육시간 및 내용 등을 기록하여 보존하여야 한다.

③ 제93조의3(작업환경측정방법) 사업주는 작업환경측정을 할 때에는 다음 각 호의 사항을 지켜야 한다.
　㉠ 작업환경측정을 하기 전에 예비조사를 할 것
　㉡ 작업이 정상적으로 이루어져 작업시간과 유해인자에 대한 근로자의 노출 정도를 정확히 평가할 수 있을 때 실시할 것
　㉢ 모든 측정은 개인시료채취방법으로 하되, 개인시료채취방법이 곤란한 경우에는 지역시료채취방법으로 실시(이 경우 그 사유를 별지 제21호 서식의 작업환경측정 결과표에 분명하게 밝혀야 한다)할 것

03 산업안전보건법에 관한 규칙

① 제512조(정의 : 강렬한 소음작업)
　㉠ "소음작업"이란 1일 8시간 작업을 기준으로 85데시벨 이상의 소음이 발생하는 작업을 말한다.
　㉡ "강렬한 소음작업"이란 다음 각목의 어느 하나에 해당하는 작업을 말한다.
　　가. 90데시벨 이상의 소음이 1일 8시간 이상 발생하는 작업
　　나. 95데시벨 이상의 소음이 1일 4시간 이상 발생하는 작업
　　다. 100데시벨 이상의 소음이 1일 2시간 이상 발생하는 작업
　　라. 105데시벨 이상의 소음이 1일 1시간 이상 발생하는 작업
　　마. 110데시벨 이상의 소음이 1일 30분 이상 발생하는 작업
　　바. 115데시벨 이상의 소음이 1일 15분 이상 발생하는 작업
　㉢ "충격소음작업"이란 소음이 1초 이상의 간격으로 발생하는 작업으로서 다음 각 목의 어느 하나에 해당하는 작업을 말한다.
　　가. 120데시벨을 초과하는 소음이 1일 1만회 이상 발생하는 작업
　　나. 130데시벨을 초과하는 소음이 1일 1천회 이상 발생하는 작업
　　다. 140데시벨을 초과하는 소음이 1일 1백회 이상 발생하는 작업

ⓔ "진동작업"이란 다음 각 목의 어느 하나에 해당하는 기계·기구를 사용하는 작업을 말한다.
  가. 착암기(鑿巖機)
  나. 동력을 이용한 해머
  다. 체인톱
  라. 엔진 커터(engine cutter)
  마. 동력을 이용한 연삭기
  바. 임팩트 렌치(impact wrench)
  사. 그 밖에 진동으로 인하여 건강장해를 유발할 수 있는 기계·기구
ⓜ "청력보존 프로그램"이란 소음노출 평가, 소음노출 기준 초과에 따른 공학적 대책, 청력보호구의 지급과 착용, 소음의 유해성과 예방에 관한 교육, 정기적 청력검사, 기록·관리 사항 등이 포함된 소음성 난청을 예방·관리하기 위한 종합적인 계획을 말한다.

② 곤충 및 동물매개 감염 노출 위험작업 시 조치기준
  ㉠ 제603조(예방 조치) 사업주는 근로자가 곤충 및 동물매개 감염병 고위험작업을 하는 경우에 다음 각 호의 조치를 하여야 한다.
    1. 긴 소매의 옷과 긴 바지의 작업복을 착용하도록 할 것
    2. 곤충 및 동물매개 감염병 발생 우려가 있는 장소에서는 음식물 섭취 등을 제한할 것
    3. 작업 장소와 인접한 곳에 오염원과 격리된 식사 및 휴식 장소를 제공할 것
    4. 작업 후 목욕을 하도록 지도할 것
    5. 곤충이나 동물에 물렸는지를 확인하고 이상증상 발생 시 의사의 진료를 받도록 할 것
  ㉡ 제604조(노출 후 관리) 사업주는 곤충 및 동물매개 감염병 고위험작업을 수행한 근로자에게 다음 각 호의 증상이 발생하였을 경우에 즉시 의사의 진료를 받도록 하여야 한다.
    1. 고열·오한·두통
    2. 피부발진·피부궤양·부스럼 및 딱지 등
    3. 출혈성 병변(病變)

③ 제618조(정의 : 밀폐공간)
  ㉠ "밀폐공간"이란 산소결핍, 유해가스로 인한 질식·화재·폭발 등의 위험이 있는 장소
  ㉡ "유해가스"란 탄산가스·일산화탄소·황화수소 등의 기체로서 인체에 유해한 영향을 미치는 물질을 말한다.
  ㉢ "적정공기"란 산소농도의 범위가 18퍼센트 이상 23.5퍼센트 미만, 탄산가스의 농도가 1.5퍼센트 미만, 일산화탄소의 농도가 30피피엠 미만, 황화수소의 농도가 10피피엠 미만인 수준의 공기를 말한다.
  ㉣ "산소결핍"이란 공기 중의 산소농도가 18퍼센트 미만인 상태를 말한다.
  ㉤ "산소결핍증"이란 산소가 결핍된 공기를 들이마심으로써 생기는 증상을 말한다.

④ 제619조(밀폐공간 작업 프로그램의 수립·시행)
  ㉠ 사업주는 밀폐공간에서 근로자에게 작업을 하도록 하는 경우 다음 각 호의 내용이 포함된 밀폐공간 작업 프로그램을 수립하여 시행하여야 한다.
    1. 사업장 내 밀폐공간의 위치 파악 및 관리 방안

2. 밀폐공간 내 질식·중독 등을 일으킬 수 있는 유해·위험 요인의 파악 및 관리 방안
3. 제2항에 따라 밀폐공간 작업 시 사전 확인이 필요한 사항에 대한 확인 절차
4. 안전보건교육 및 훈련
5. 그 밖에 밀폐공간 작업 근로자의 건강장해 예방에 관한 사항

⑤ 제657조(유해요인 조사)

사업주는 근로자가 근골격계부담작업을 하는 경우에 3년마다 다음 각 호의 사항에 대한 유해요인조사를 하여야 한다. 다만, 신설되는 사업장의 경우에는 신설일부터 1년 이내에 최초의 유해요인 조사를 하여야 한다.
1. 설비·작업공정·작업량·작업속도 등 작업장 상황
2. 작업시간·작업자세·작업방법 등 작업조건
3. 작업과 관련된 근골격계 질환 징후와 증상 유무 등

⑥ 제661조(유해성 등의 주지)

사업주는 근로자가 근골격계부담작업을 하는 경우에 다음 각 호의 사항을 근로자에게 알려야 한다.
1. 근골격계부담작업의 유해요인
2. 근골격계질환의 징후와 증상
3. 근골격계질환 발생 시의 대처요령
4. 올바른 작업자세와 작업도구, 작업시설의 올바른 사용방법
5. 그 밖에 근골격계질환 예방에 필요한 사항

04 산업위생 관련 고시에 관한 사항(고용노동부 고시)

1 화학물질 및 물리적 인자의 노출기준

① 제2조(정의)
  ㉠ "노출기준"이란 근로자가 유해인자에 노출되는 경우 노출기준 이하 수준에서는 거의 모든 근로자에게 건강상 나쁜 영향을 미치지 아니하는 기준을 말하며, 1일 작업시간동안의 시간가중평균노출기준(Time Weighted Average, TWA), 단시간노출기준(Short Term Exposure Limit, STEL) 또는 최고노출기준(Ceiling, C)으로 표시한다.
  ㉡ "시간가중평균노출기준(TWA)"이란 1일 8시간 작업을 기준으로 하여 유해인자의 측정치에 발생시간을 곱하여 8시간으로 나눈 값을 말하며, 다음 식에 따라 산출한다.

$$\text{식 TWA 환산값} = \frac{C_1 \cdot T_1 + C_2 \cdot T_2 + \cdots\cdots + C_n \cdot T_n}{8}$$

주) C : 유해인자의 측정치(단위 : ppm, mg/m³ 또는 개/cm³)
T : 유해인자의 발생시간(단위 : 시간)

ⓒ "단시간노출기준(STEL)"이란 15분간의 시간가중평균노출값으로서 노출농도가 시간가중평균노출기준(TWA)을 초과하고 단시간노출기준(STEL) 이하인 경우에는 1회 노출 지속시간이 15분 미만이어야 하고, 이러한 상태가 1일 4회 이하로 발생하여야 하며, 각 노출의 간격은 60분 이상이어야 한다.

ⓔ "최고노출기준(C)"이란 근로자가 1일 작업시간동안 잠시라도 노출되어서는 아니 되는 기준을 말하며, 노출기준 앞에 "C"를 붙여 표시한다.

2 실내오염 관리기준

① 사무실 공기관리 지침

ⓐ 제1조(목적)

이 고시는 「산업안전보건법」 제27조 제1항에 따라 사무실 공기의 오염물질별 관리기준, 공기질 측정·분석 방법 등 사무실 공기를 쾌적하게 유지·관리하기 위하여 사업주에게 지도·권고할 기술상의 지침 또는 작업환경의 표준을 정함을 목적으로 한다.

ⓑ 제2조(오염물질 관리기준)

사업주는 쾌적한 사무실 공기를 유지하기 위해 사무실 오염물질을 다음 기준에 따라 관리한다.

오염물질	관리기준
미세먼지(PM10)	100μg/m³
초미세먼지(PM2.5)	50μg/m³
이산화탄소(CO_2)	1,000ppm
일산화탄소(CO)	10ppm
이산화질소(NO_2)	0.1ppm
포름알데히드(HCHO)	100μg/m³
총휘발성유기화합물(TVOC)	500μg/m³
라돈(radon)	148Bq/m³
총부유세균	800CFU/m³
곰팡이	500CFU/m³

• 관리기준 : 8시간 시간가중평균농도 기준
• CFU/m³ : Colony Forming Unit. 1m³ 중에 존재하고 있는 집락형성 세균 개체 수

ⓒ 제3조(사무실의 환기기준)

공기정화시설을 갖춘 사무실에서 근로자 1인당 필요한 최소 외기량은 분당 0.57세제곱미터 이상이며, 환기 횟수는 시간당 4회 이상으로 한다.

ⓒ 제4조(사무실 공기관리 상태평가)

사업주는 근로자가 건강장해를 호소하는 경우에는 다음 각 호의 방법에 따라 해당 사무실의 공기관리상태를 평가하고, 그 결과에 따라 건강장해 예방을 위한 조치를 취한다.
- 근로자가 호소하는 증상(호흡기, 눈·피부 자극 등) 조사
- 공기정화설비의 환기량이 적정한지 여부조사
- 외부의 오염물질 유입경로 조사
- 사무실내 오염원 조사 등

ⓜ 제5조(사무실 공기질의 측정 등)

사무실 공기의 측정시기·횟수 및 시료채취시간은 다음 기준에 따른다.

오염물질	측정횟수(측정시기)	시료채취시간
미세먼지(PM10)	연 1회 이상	업무시간 동안(6시간 이상 연속 측정)
초미세먼지(PM2.5)	연 1회 이상	업무시간 동안(6시간 이상 연속 측정)
이산화탄소(CO_2)	연 1회 이상	업무시작 후 2시간 전후 및 종료 전 2시간 전후 (각각 10분간 측정)
일산화탄소(CO)	연 1회 이상	업무시작 후 1시간 전후 및 종료 전 1시간 전후 (각각 10분간 측정)
이산화질소(NO_2)	연 1회 이상	업무시작 후 1시간~종료 1시간 전 (1시간 측정)
포름알데히드(HCHO)	연 1회 및 신축(대수선 포함) 건물 입주 전	업무시작 후 1시간~종료 전 1시간 전후 (30분간 2회 측정)
총휘발성유기화합물 (TVOC)	연 1회 및 신축(대수선 포함) 건물 입주 전	업무시작 후 1시간~종료 전 1시간 전후 (30분간 2회 측정)
라돈	연 1회 이상	3일 이상~3개월 이내 연속 측정
총부유세균	연 1회 이상	업무시작 후 1시간~종료 1시간 전 (최고 실내온도에서 1회 측정)
곰팡이	연 1회 이상	업무시작 후 1시간~종료 1시간 전 (최고 실내온도에서 1회 측정)

ⓑ 제6조(시료채취 및 분석방법)
- 사무실 공기의 시료채취 및 분석은 다음의 방법으로 한다.

오염물질	시료채취방법	분석방법
미세먼지 (PM10)	PM10 샘플러(sampler)를 장착한 고용량 시료채취기에 의한 채취	중량분석(천칭의 해독도: 10μg 이상)
초미세먼지 (PM2.5)	PM2.5 샘플러(sampler)를 장착한 고용량 시료채취기에 의한 채취	중량분석(천칭의 해독도: 10μg 이상)
이산화탄소 (CO_2)	비분산적외선검출기에 의한 채취	검출식의 연속 측정에 의한 직독식 분석
일산화탄소 (CO)	비분산적외선검출기 또는 전기화학검출기에 의한 채취	검출기의 연속 측정에 의한 직독식 분석
이산화질소(NO_2)	고체흡착관에 의한 시료채취	분광광도계로 분석
포름알데히드 (HCHO)	2,4-DNPH(2,4-Dinitrophenylhydrazine)가 코팅된 실리카겔관(silicagel tube)이 장착된 시료채취기에 의한 채취	2,4-DNPH-포름알데히드 유도체를 HPLC UVD(High Perfomance Liquid Chromato graphy-Ultraviolet Detector) 또는 GC-NPD(Gas Chromato graphy-Detector)로 분석
총휘발성유기화합물 (TVOC)	1. 고체흡착관 또는 2. 캐니스터(canister)로 채취	1. 고체흡착열탈착법 또는 고체흡착용매추출법을 이용한 GC로 분석 2. 캐니스터를 이용한 GC 분석
라돈	라돈연속검출기(자동형), 알파트랙(수동형), 충전막 전리함(수동형)측정 등	3일 이상 3개월 이내 연속 측정 후 방사능감지를 통한 분석
총부유세균	충돌법을 이용한 부유세균채취기 (bioair sampler)로 채취	채취·배양된 균주를 새어 공기 체적당 균주 수로 산출
곰팡이	충돌법을 이용한 부유진균채취기 (bioair sampler)로 채취	채취·배양된 균주를 새어 공기 체적당 균주 수로 산출

- 사무실 공기의 시료채취 및 분석은 제1항의 기기와 같은 수준 이상의 성능을 가진 기기를 이용하여 실시할 수 있다.

ⓐ 제7조(시료채취 및 측정지점)

공기의 측정시료는 사무실 안에서 공기질이 가장 나쁠 것으로 예상되는 2곳 이상에서 채취하고, 측정은 사무실 바닥면으로부터 0.9미터 이상 1.5미터 이하의 높이에서 한다. 다만, 사무실 면적이 500제곱미터를 초과하는 경우에는 500제곱미터마다 1곳씩 추가하여 채취한다.

ⓞ 제8조(측정결과의 평가)

사무실 공기질의 측정결과는 측정치 전체에 대한 평균값을 제2조의 오염물질별 관리기준과 비교하여 평가한다. 다만, 이산화탄소는 각 지점에서 측정한 측정치 중 최고값을 기준으로 비교·평가한다.

ⓩ 제9조(사무실 건축자재의 오염물질 방출기준)

사무실을 신축(기존 시설의 개수 및 보수를 포함한다)할 때에는 「실내공기질 관리법」에 따른 오염물질 방출기준에 적합한 건축자재를 사용한다.

CHAPTER 07 위험성 평가

01 위험성 평가 체계 구축하기

① **위험성 평가** : 유사노출그룹(SEG)이나 유해인자를 대상으로 위험의 정도를 평가하여 모니터링하고 관리해야 할 유해인자와 SEG의 우선순위를 정하는 것을 말한다. 정해진 우선순위에 따라 모니터링하고 관리를 시행한다.

② 예비조사
  ㉠ 작업공정 조사   ㉡ 작업장 특성 조사
  ㉢ 근로자 수 조사   ㉣ 유해인자 특성 조사
  → 유사노출그룹설정

③ 유해·위험성 평가 단계(4단계)

㉠ 사전준비(문제설정 및 계획수립)
↓
㉡ 유해위험요인파악
↓
㉢ 위험성 추정
↓
㉣ 위험성 결정

④ 유해인자 우선순위 결정(위해도 평가)

범주	위해성 지수	노출지수
0	가역적인 건강상의 영향이 알려지지 않았거나 조금 있는 경우, 건강상의 영향이 의심되는 경우	노출이 없음
1	가역적인 건강상의 영향이 있는 경우	낮은 농도나 강도에서 가끔 노출
2	심각한 가역적인 건강상의 영향이 있는 경우(자극물질 등)	낮은 농도나 강도에서 자주 노출 또는 높은 농도나 강도에서 가끔 노출
3	비가역적인 건강상의 영향이 있는 경우(부식성 물질 등)	높은 농도나 강도에서 자주 노출
4	생명을 위협하거나 치명적인 상해나 질병에 대한 영향이 있는 경우(발암물질 등)	매우 높은 농도나 강도에서 자주 노출

⑤ 허용기준
  ㉠ 주요 산업보건관련 기관과 허용기준 이름

기관	full name	허용기준
ACGIH	American Conference of Governmental Industrial Hygienists	TLV(Threshold Limit Values) BEI(Biological Exposure Indices)
OSHA	US Occupational Safety and Health Administration	PEL(Permissible Exposure Limits)
NIOSH	National Institute for Occupational Safety and Health	REL(Recommended Exposure Limits or Criteria)
AIHA	American Industrial Hygiene Association	WEEL(Workplace Environmental Exposure Level)
HSC	UK Health and Safety Commision's Advisory Committee on the Toxic Substances	OES(Occupational Exposure Sandard) MEL(Maximum Exposure Limits)
독일		MAK
한국	고용노동부	노출기준

  ㉡ TLV
    • 정의 : 거의 모든 근로자가 매일 반복 노출되어도 역건강효과가 없다고 믿어지는 공기 중 물질의 농도 또는 조건
      - 작업장 권장농도
      - 모든 근로자가 보호받는 것은 아님
      - 대부분의 근로자가 장시간 견딜 수 있는 농도
    • 종류
      - TLV-TWA : 8시간 노출기준(8시간 평균치)
      - TLV-STEL : 단기간 노출기준(15분까지 노출될 수 있는 농도)
      - TLV-C : 천정값(잠시라도 노출되면 안되는 농도)
    • Excursion Limit(단시간 상한치) : TWA가 설정된 물질 중에 독성자료가 부족하여 STEL이 설정되지 않은 물질의 경우에 적용된다. 상한선과 노출시간 권고사항은 아래와 같다.
      - TLV-TWA 3배 이상 : 30분 이하 노출 권고
      - TLV-TWA 5배 이상 : 잠시도 노출 금지
  ㉢ 비정상 작업시간에 대한 허용기준 보정방법
    • Brief Scala Model : 1일 8시간 작업시간 기준으로, 작업시간 초과와 작업시간 초과에 따른 휴식시간 감소로 인한 건강악화 고려

$$RF(보정계수) = \frac{8}{H} \times \frac{24-H}{16}$$

$$보정된\ 허용농도 = TLV \times RF$$

    • 허용기준 보정이 필요없을 경우 : 급성영향 또는 영향측정이 어려운 경우
      - 천장값으로 되어 있는 허용농도
      - 만성중독을 일으키지 않고, 가벼운 자극성 물질의 허용농도
      - 기술적으로 타당성이 없는 농도

⑥ **노출평가** : 노출평가는 모니터링 및 분석을 통해 알아낸 노출농도(혹은 강도)자료를 분석하여 노출의 타당성을 평가하는 과정이다. 개개인의 근로자노출농도나 SEG(유사노출그룹)의 노출농도를 노출기준과 비교하여 초과 여부를 평가한다. 전자는 노출농도를 노출기준과 비교하여 초과 여부를 결정하고, 후자는 SEG 내 근로자노출농도의 평균과 변이를 구하여 신뢰구간을 노출기준과 비교하여 노출기준 초과 여부를 판단한다.

㉠ 상가작용할 때의 평가

> **식** 노출지수(EI) = $\dfrac{C_1}{TLV_1} + \dfrac{C_2}{TLV_2} + \cdots + \dfrac{C_n}{TLV_n}$
>
> 노출지수가 1을 초과하면 노출기준 초과, 1 미만이면 노출기준 미만으로 평가
>
> **식** 보정된 허용농도 = $\dfrac{C_1 + C_2 + \cdots + C_n}{EI}$

㉡ 독립작용할 때의 평가 : 작업장 내 오염물질들이 서로 독립작용을 할 때에는 오염물질 중 가장 농도가 높거나 독성이 강한(허용기준이 낮은) 오염물질을 찾고, 그 물질을 제어할 수 있는지 여부를 통해 평가한다.

⑦ **생물학적 모니터링**

㉠ 정의 : 생물학적 모니터링은 내재용량을 생물학적 검체로 측정하는 것으로, 근로자의 유해물질에 대한 노출정도를 소변, 호기, 혈액 중에서 그 물질이나 대사산물을 측정함으로써 노출정도를 추정하는 방법을 말한다.

㉡ 생물학적 모니터링의 주요 방법 : 소변, 혈액, 호기

- 호기 : 근로자의 호흡을 측정 및 분석하여 모니터링한다. 혈액에 대한 용해도와 대사율이 낮은 휘발성 물질에 적용이 가능하다.
    - 시료채취시간에 따라 농도차가 존재한다.
    - 반감기가 짧아 노출직후 채취하여야 한다.
    - 수증기에 의한 수분 응축으로 측정치의 변동이 있다.
- 소변 : 근로자의 소변을 측정 및 분석하여 모니터링한다.
    - 많은 양의 시료채취가 가능
    - 채취시 근로자에게 미치는 부담이 적다.
    - 배설량 변화에 따른 농도보정이 필요하다.
    - 시료채취과정에서 오염될 가능성이 있다.
- 혈액 : 근로자의 혈액을 측정 및 분석하여 모니터링한다.
    - 호기, 소변에 비해 개인간 차이가 적다.
    - 시료채취시 오염되는 경우가 적다.
    - 채취시 근로자에게 부담을 준다.
    - 보관 및 처치에 주의를 요한다.

> **[화학물질의 영향에 대한 생물학적 모니터링 대상]**
> - 납 : 적혈구에서 ZPP
> - 카드뮴 : 요에서 저분자량 단백질
> - 일산화탄소 : 혈액에서 카르복시헤모글로빈
> - 니트로벤젠 : 혈액에서 메타헤모글로빈

ⓒ 생물학적 모니터링의 장단점

장점	단점
• 공기 중의 농도를 측정하는 것보다 건강상의 위험을 보다 직접적으로 평가할 수 있다. • 모든 노출 경로(소화기, 호흡기, 피부 등)에 의한 종합적인 노출을 평가할 수 있다. • 개인시료보다 건강상의 악영향을 보다 직접적으로 평가할 수 있다. • 건강상의 위험에 대하여 보다 정확한 평가를 할 수 있다. • 인체 내 흡수된 내재용량이나 중요한 조직부위에 영향을 미치는 양을 모니터링할 수 있다.	• 적용할 수 있는 물질이 소수이다. • 시료채취가 어렵다. • 유기시료의 특이성이 존재하고 복잡하다. • 각 근로자의 생물학적 차이가 나타날 수 있다. • 분석의 어려움 및 분석 시 오염에 노출될 수 있다. • 단지 생물학적 변수로만 추정을 하기 때문에 허용기준을 검증하거나 직업성 질환을 진단하는 수단으로 이용할 수 없다. • 대사가 빠른 물질에만 비교적 적용이 용이하다.

ⓔ 안전흡수량(SHD) : 인간에게 안전하다고 여겨지는 양

식 $SHD \times 체중 = C \times T \times V \times R$

- SHD(mg/kg) : 안전흡수량
- C : 유해물질 농도
- T : 노출시간
- V : 폐환기율(호흡률)
- R : 체내잔류율

02 위험성 평가 과정 관리하기

① 노출추정과정

㉠ 예비조사

↓

㉡ 위해도 평가에 의한 측정전략수립

↓

㉢ 측정기구의 보정

↓

㉣ 현장에서의 측정

↓

㉤ 측정 후 측정기구의 보정

↓

```
┌─────────────────────────────────┐
│         ⓗ 시료의 운반              │
└─────────────────────────────────┘
                ↓
┌─────────────────────────────────┐
│         ⓢ 분석실에서 분석           │
└─────────────────────────────────┘
                ↓
┌─────────────────────────────────┐
│         ⓞ 자료의 평가              │
└─────────────────────────────────┘
```

※ 간단 정리 : 예비조사 – 측정전략수립 – 시료채취 – 노출평가(보통 물리적 인자의 경우 시료의 운반 및 실험실 제출과정이 생략된다.)

03 위험성 평가 결과 적용하기

① **역학적 측정 방법**
   ㉠ 유병률 : 어떤 특정시간에 전체 인구 중에서 질병을 가지고 있는 분율을 나타낸다.

   > **식** 유병률 = 이환된 환자의 수 ÷ 인구의 크기

   ㉡ 발생률 : 특정기간 동안에 일정 인구집단에서 새롭게 질병이 발생하는 수를 나타낸다. 누적발생률과 발생밀도로 나누어지고, 누적발생률은 일정기간 동안에 질병에 걸리는 사람들의 분율이고, 발생밀도는 어떤 인구집단 내에서 질병의 순간발생률을 말한다.

   > **식** 누적발생률 = 특정기간 내 발생한 환자수 ÷ 관찰 기간 내 인구수
   > **식** 발생밀도 = 특정기간 내 질병이 발생한 환자수 ÷ 관찰 기간

   ㉢ 유병률과 발생률의 관계

   > **식** 유병률 = 발생률 × 평균이환기간

   ㉣ 위험도
   - 상대위험도(상대위험비) : 비노출군에 비해 노출군에서 얼마나 질병에 걸릴 위험도가 큰 가를 나타낸다.

   > **식** 상대위험도 = $\dfrac{\text{노출군에서 질병발생률}}{\text{비노출군에서 질병발생률}}$

     - 상대위험도 = 1인 경우 노출과 질병 사이의 연관성 없음을 의미
     - 상대위험도 > 1인 경우 위험의 증가를 의미
     - 상대위험도 < 1인 경우 질병에 대한 방어효과가 있음을 의미

- 기여위험도(귀속위험도) : 어떤 유해요인에 노출될 때 얼마만큼의 환자수가 증가되는지를 설명해주는 위험도이다.

  > **식** 기여위험도 = 노출군에서의 질병발생률 − 비노출군에서의 질병발생률
  >
  > **식** 기여분율 = $\dfrac{\text{노출군에서 질병발생률} - \text{비노출군에서 질병발생률}}{\text{노출군에서 질병발생률}}$

- 교차비 : 특성을 지닌 사람들의 수와 특성을 지니지 않은 사람들의 수와의 비를 말한다.

  > **식** 교차비 = $\dfrac{\text{환자군에서의 노출 대응비}}{\text{대조군에서의 노출 대응비}}$

  - 교차비 = 1인 경우 요인과 질병 사이의 관계가 없음을 의미
  - 교차비 > 1인 경우 요인에의 노출이 질병발생의 증가를 의미
  - 교차비 < 1인 경우 요인에의 노출이 질병발생의 방어를 의미

ⓜ 표준사망비(SMR) : 어떠한 작업인원의 사망률을 일반집단의 사망률과 산업의학적으로 비교하는 비

  > **식** $SMR = \dfrac{\text{작업장에서의 사망률}}{\text{일반인구의 사망률}}$

기다 - 기출문제로 다지기 　　　　　법규 및 위험성 평가

01. 상대위험비를 구하고 그 의미를 설명하시오.

- 노출군에서의 질병발생률 : 3
- 비노출군에서의 질병발생률 : 1

02. 어떤 물질의 독성에 관한 인체실험 결과 안전흡수량이 체중 kg당 0.06mg이었다. 체중 70kg인 사람이 1일 8시간 작업 시 이 물질의 체내흡수를 안전흡수량 이하로 유지하려면 이 물질의 공기 중 농도를 얼마 이하로 규제하여야 하는가? (단, 작업 시 폐환기율 0.98m³/hr, 체내잔류율 1.0)

03. 비정상작업을 위한 허용농도 보정에는 2가지 방법을 주로 사용하고 있다. 이중 OSHA 기준, 허용농도에 대한 보정이 필요 없을 때의 제시 내용을 3가지 쓰시오.

04. 작업장에서 테트라클로로에틸렌(폐 흡수율 75%, TLV-TWA 25ppm, M.W 165.80)을 사용하고 있다. 체중 70kg인 근로자가 중노동(호흡률 1.47m³/hr)을 2시간, 경노동(호흡률 0.98m³/hr)을 6시간 작업하였다. 작업장에 폭로된 농도는 22.5ppm이었다면 이 근로자의 하루 폭로량(mg/kg)을 구하시오. (단, 작업장 온도는 25℃)

05. 유해성·위험성 평가 실시순서(4단계)를 쓰시오.

06. 다음 〈보기〉를 보고 예비조사 실시 순서를 쓰시오.

보기			
• 채취 전 보정	• 채취 후 보정	• 예비조사 계획수립	• 채취전략
• 분석 및 처리	• 평가		

07. 톨루엔(TLV=200ppm)을 사용하는 유기용제 작업장의 작업시간이 1일 10시간일 경우 허용농도를 보정하면 얼마나 되는지 구하시오. (단, Brief와 Scala의 보정방법 적용)

08. 헥산을 1일 8시간 취급하는 작업장에서 실제작업시간은 오전 3시간, 오후 4시간이며 노출량은 오전 60ppm, 오후 45ppm이었다. TWA를 구하고 허용기준초과여부를 판정하시오. (단, 헥산의 TLV는 50ppm이다.)

09. 공기 중 혼합물로 A물질 5ppm(TLV = 10ppm), B물질 9ppm(TLV = 20ppm), C물질 5ppm(TLV = 50ppm) 존재 시 혼합물의 노출지수를 평가하고 보정된 허용농도(ppm)을 구하시오.

10. TWA가 설정되어 있는 유해물질 중 STEL이 설정되어 있지 않은 물질인 경우 TWA 외에 단시간 허용농도 상한치를 설정한다. 노출의 단시간 허용농도 상한선과 노출시간 권고사항을 2가지 쓰시오.

11. 다음 표는 산업안전보건법상 사무실 오염물질에 대한 관리기준이다. 빈칸에 알맞은 내용을 쓰시오.

물질	관리기준
이산화탄소(CO_2)	1,000ppm 이하
일산화탄소(CO)	(①)
라돈	(②)
총부유세균	(③)

12. 다음 빈칸에 알맞은 말을 쓰시오.

(1) 공기정화시설을 갖춘 사무실에서의 환기횟수는 시간당 (   )회 이상으로 한다.

(2) 공기의 측정시료는 사무실 내에서 공기질이 가장 나쁠 것으로 예상되는 (   )곳 이상에서 채취한다.

(3) 일산화탄소(CO)는 연 1회 이상, 업무 시작 후 1시간 이내 및 업무 종료 후 1시간 이내에 각각 (   )분간 측정을 실시한다.

13. ACGIH, NIOSH, TLV의 영문을 쓰고 한글로 번역하시오.

14. 산업안전보건기준에 관한 규칙 중 '적정한 공기'의 3가지를 쓰시오.

15. 생물학적 노출지수 평가 시 호기를 잘 사용하지 않은 이유를 쓰시오.

16. 다음의 〈보기〉에 맞는 그림을 바르게 연결하시오.

보기

① 급성 독성 물질 경고 ② 부식성 물질 경고
③ 호흡기 과민성 물질 경고 ④ 위험장소 경고

(A)　　　　　(B)　　　　　(C)　　　　　(D)

기다 - 정답 및 해설

법규 및 위험성 평가

01. 풀이

상대위험도(상대위험비) : 비노출군에 비해 노출군에서 얼마나 질병에 걸릴 위험도가 큰 가를 나타낸다.

식 상대위험도 $= \dfrac{\text{노출군에서 질병발생률}}{\text{비노출군에서 질병발생률}} = \dfrac{3}{1} = 3.0$

02. 풀이

식 $SHD = C \times T \times V \times R$

$\dfrac{0.06mg}{kg} \times 70kg = C \times 8hr \times \dfrac{0.98m^3}{hr} \times 1.0 \quad \therefore C = 0.54mg/m^3$

정답 $0.54mg/m^3$

03. 풀이

① 천장값으로 되어 있는 허용농도
② 만성중독을 일으키지 않고, 가벼운 자극성 물질의 허용농도
③ 기술적으로 타당성이 없는 농도

04. 풀이

식 폭로량 × 체중 $= C \times T \times V \times R$

- $C = 22.5 mL/m^3 (ppm)$
- $T_1 = 2hr$, $T_2 = 6hr$
- $V_1 = 1.47 m^3/hr$, $V_2 = 0.98 m^3/hr$
- $R = 0.75$

$\therefore$ 폭로량 $= \dfrac{22.5mL}{m^3} \times \left(2hr \times \dfrac{1.47m^3}{hr} + 6hr \times \dfrac{0.98m^3}{hr}\right) \times 0.75$

$\times \dfrac{1}{70kg} \times \dfrac{165.8mg}{24.45mL} = 14.42 mg/kg$

정답 $14.42 mg/kg$

05. 풀이

㉠ 사전준비(문제설정 및 계획수립) → ㉡ 유해위험요인파악 →
㉢ 위험성 추정 → ㉣ 위험성 결정

06. 풀이

예비조사 계획수립 → 채취전략 → 채취 전 보정 → 채취 후 보정
→ 분석 및 처리 → 평가

07. 풀이

식 보정된 허용농도 $= TLV \times RF$

- $RF = \dfrac{8}{H} \times \dfrac{24 - H}{16} = \dfrac{8}{10} \times \dfrac{24 - 10}{16} = 0.7$

$\therefore$ 보정된 허용농도 $= 200 \times 0.7 = 140 ppm$

08. 풀이

식 $TWA = \dfrac{C_1 T_1 + C_2 T_2 + \cdots + C_n T_n}{8}$

$\therefore TWA = \dfrac{60 \times 3 + 45 \times 4}{8} = 45 ppm$

$\therefore$ 헥산의 TLV는 50ppm이므로 허용기준을 초과하지 않는다.

09. 풀이

(1) 노출지수 평가

식 $EI = \dfrac{C_1}{TLV_1} + \dfrac{C_2}{TLV_2} + \cdots + \dfrac{C_n}{TLV_n}$

$\therefore EI = \dfrac{5}{10} + \dfrac{9}{20} + \dfrac{5}{50} = 1.05$

$\therefore$ 노출지수가 1을 초과하므로, 노출기준 초과

(2) 보정된 허용농도

식 보정된 허용농도 $= \dfrac{C_1 + C_2 + \cdots + C_n}{EI}$

$\therefore$ 보정된 허용농도 $= \dfrac{5 + 9 + 5}{1.05} = 18.10 ppm$

10. 풀이

① TLV-TWA 3배 이상 : 30분 이하 노출 권고
② TLV-TWA 5배 이상 : 잠시도 노출 금지

11. 풀이

① 10ppm 이하
② $148 Bq/m^3$
③ $800 CFU/m^3$

12. 풀이
(1) 공기정화시설을 갖춘 사무실에서의 환기횟수는 시간당 (4)회 이상으로 한다.
(2) 공기의 측정시료는 사무실 내에서 공기질이 가장 나쁠 것으로 예상되는 (2)곳 이상에서 채취한다.
(3) 일산화탄소(CO)는 연 1회 이상, 업무 시작 후 1시간 이내 및 업무 종료 후 1시간 이내에 각각 (10)분간 측정을 실시한다.

13. 풀이
(1) **ACGIH** : American Conference of Governmental Industrial Hygienists(미국정부산업위생전문가협의회)
(2) **NIOSH** : National Institute for Occupational Safety and Health (미국국립산업보건연구원)
(3) **TLV** : Threshold Limit Value(허용기준)

14. 풀이
① 산소농도의 범위가 18% 이상 23.5% 미만인 수준의 공기
② 탄산가스의 농도가 1.5% 미만인 수준의 공기
③ 황화수소의 농도가 10ppm 미만인 수준의 공기

15. 풀이
호기시료는 근로자의 호기상태와 채취시간, 그리고 수증기에 의한 수분응축 때문에 측정치의 변동이 심하기 때문이다.

16. 풀이
① – (A), ② – (C), ③ – (B), ④ – (D)

CHAPTER 08 근골격계 질환

1 관련 법규로 알아보는 근골격계 질환 관리

① **정의(산업안전보건기준 제656조)**
  ㉠ "근골격계부담작업"이란 작업량·작업속도·작업강도 및 작업장 구조 등에 따라 고용노동부장관이 정하여 고시하는 작업을 말한다.
  ㉡ "근골격계 질환"이란 반복적인 동작, 부적절한 작업자세, 무리한 힘의 사용, 날카로운 면과의 신체접촉, 진동 및 온도 등의 요인에 의하여 발생하는 건강장해로서 목, 어깨, 허리, 팔·다리의 신경·근육 및 그 주변 신체조직 등에 나타나는 질환을 말한다.
    • 근골격계 질환의 위험요소
      – 반복적인 동작
      – 부적절한 작업자세
      – 무리한 힘의 사용
      – 날카로운 면과의 신체접촉
      – 진동 및 온도
  ㉢ "근골격계 질환 예방관리 프로그램"이란 유해요인 조사, 작업환경 개선, 의학적 관리, 교육·훈련, 평가에 관한 사항 등이 포함된 근골격계 질환을 예방관리하기 위한 종합적인 계획을 말한다. → 근골격계 질환은 다른 질환처럼 원인 – 효과의 관계가 있는 것이 아닌, 작업요인/개인요인/사회 심리적 요인과 같은 여러 요인이 복합적으로 작용하는 질환으로 인식되고 있다.

② **근골격계 질환 예방관리 프로그램 시행(산업안전보건기준 제662조)**
  ㉠ 사업주는 다음 각 호의 어느 하나에 해당하는 경우에 근골격계 질환 예방관리 프로그램을 수립하여 시행하여야 한다.
    • 근골격계 질환으로 업무상 질병으로 인정받은 근로자가 연간 10명 이상 발생한 사업장 또는 5명 이상 발생한 사업장으로서 발생 비율이 그 사업장 근로자 수의 10퍼센트 이상인 경우
    • 근골격계 질환 예방과 관련하여 노사 간 이견(異見)이 지속되는 사업장으로서 고용노동부장관이 필요하다고 인정하여 근골격계 질환 예방관리 프로그램을 수립하여 시행할 것을 명령한 경우
  ㉡ 사업주는 근골격계 질환 예방관리 프로그램을 작성·시행할 경우에 노사협의를 거쳐야 한다.
  ㉢ 사업주는 근골격계 질환 예방관리 프로그램을 작성·시행할 경우에 인간공학·산업의학·산업위생·산업간호 등 분야별 전문가로부터 필요한 지도·조언을 받을 수 있다.

③ **작업자세(산업안전보건기준 제666조)** 사업주는 중량물을 들어올리는 작업에 근로자를 종사하도록 하는 때에는 무게중심을 낮추거나 대상물에 몸을 밀착하도록 하는 등 신체에 부담을 감소시킬 수 있는 자세에 대하여 널리 알려야 한다.

④ **중량물의 표시(산업안전보건기준 제667조)** 사업주는 5kg 이상의 중량물을 들어올리는 작업에 근로자를 종사하도록 하는 때에는 다음의 조치를 하여야 한다.
- 주로 취급하는 물품에 대하여 근로자가 쉽게 알 수 있도록 물품의 중량과 무게중심에 대하여 작업장 주변에 안내표시를 할 것
- 취급하기 곤란한 물품에 대하여 손잡이를 붙이거나 갈고리, 진공빨판 등 적절한 보조도구를 활용할 것

⑤ **중량물 취급에 대한 기준(NIOSH) 적용 범위**
- 박스(Box)인 경우는 손잡이가 있어야 하고 신발이 미끄럽지 않아야 한다.
- 작업장 내의 온도가 적절해야 한다.
- 물체의 폭이 75cm 이하로서 두 손을 적당히 벌리고 작업할 수 있는 공간이 있어야 한다.
- 보통 속도로 두 손으로 들어올리는 작업을 기준으로 한다.

⑥ **근골격계 부담작업**
- 하루에 4시간 이상 키보드 또는 마우스를 조작하는 작업 → 4시간 이상 컴퓨터
- 하루에 총 2시간 이상 목, 어깨, 팔꿈치, 손목 또는 손을 사용하여 같은 동작을 반복하는 작업 → 2시간 이상 같은 동작 반복
- 하루에 총 2시간 이상 머리 위에 손이 있거나, 팔꿈치가 어깨 위에 있거나, 팔꿈치를 몸통으로부터 들거나, 팔꿈치를 몸통 뒤쪽에 위치하도록 하는 상태에서 이루어지는 작업 → 2시간 이상 팔을 들고 하는 작업
- 지지되지 않은 상태이거나 임의로 자세를 바꿀 수 없는 조건에서, 하루에 총 2시간 이상 목이나 허리를 구부리거나 펴는 상태에서 이루어지는 작업 → 2시간 이상 목이나 허리를 구부리거나 펴는 상태에서 작업
- 하루에 총 2시간 이상 쪼그리고 앉거나 무릎을 굽힌 자세에서 이루어지는 작업
- 하루에 총 2시간 이상 지지되지 않은 상태에서 1kg 이상의 물건을 한 손의 손가락으로 물건을 쥐는 작업
- 하루에 10회 이상 25kg 이상의 물체를 드는 작업
- 하루에 25회 이상 10kg 이상의 물체를 무릎 아래에서 들거나, 어깨 위에서 들거나, 팔을 뻗은 상태에서 드는 작업
- 하루에 25회 이상, 분당 2회 이상 4.5kg 이상의 물체를 드는 작업
- 하루에 총 2시간 이상, 시간당 10회 이상 손 또는 무릎을 사용하여 반복적으로 충격을 가하는 작업
- 최초 가한 힘보다 9kg 이상의 힘으로 2시간 이상 밀고 당기는 작업
- 2시간 이상 같은 힘으로 0.9kg 이상의 이동물체를 손가락만을 사용하여 집거나, 4.5kg 이상의 이동물체를 잡는 작업

2 관련 공식

① **권장무게한계(RWL = AL)** : 건강한 작업자가 특정한 들기작업에서 실제 작업시간 동안 허리에 무리를 주지 않고 요통의 위험없이 들 수 있는 무게
- 허리의 L_5/S_1 디스크가 압축력이 3,400N에도 무리없이 견뎌내는 무게
- AL 조건 이상 → 근골격계통의 질환 발생률이 증가한다.
- ※ L_5/S_1 디스크(disc) : 척추의 디스크 중 앉을 때, 서 있을 때, 물체를 들어 올릴 때 및 쥘 때 발생하는 압력이 가장 많이 흡수되는 디스크이다.

$$AL(kg) = 40\left(\frac{15}{H}\right)(1-0.004|V-75|)\left(0.7+\frac{7.5}{D}\right)\left(1-\frac{F}{F_{\max}}\right)$$

- H : 대상물체의 수평거리
- D : 대상물체의 이동거리
- V : 대상물체의 수직거리
- F : 중량물 취급작업의 빈도

$$RWL(kg) = 23 \times HM \times VM \times DM \times AM \times FM \times CM$$

- HM : 수평계수
- AM : 비대칭계수
- VM : 수직계수
- FM : 빈도계수
- DM : 거리계수
- CM : 커플링계수

② **최대허용기준(MPL)** : 근로자가 들 수 있는 최대 무게
- L_5/S_1 디스크에 6,400N 압력 부하 시 대부분의 근로자는 견딜 수 없다.
- MPL 이상에 노출된 작업상황에서는 근골격계통 부상률이 급격히 상승한다.

$$MPL = 3AL$$

③ **들기지수(LI)** : 실제 작업물의 무게 ÷ 권장한계무게(RWL)

$$LI = \frac{물체\ 무게(kg)}{RWL(kg)}$$

3 근골격계 질환의 평가방법

① **OWAS** : 철강업에서 작업자의 부적절한 작업자세를 정의하고 평가하기 위해 개발된 방법으로 작업자세를 코드화하여 분석한다. 허리, 상지, 하지 분석에 사용된다.
② **RULA** : 어깨, 팔목, 손목, 목 등 상지에 초점을 맞추어서 작업자세로 인한 작업부하를 쉽고 빠르게 평가하기 위해서 만들어진 방법이다. OWAS에 비해 좀 더 세분화하여 분석할 수 있다.
③ **REBA** : 예측하기 힘든 다양한 자세에서 이루어지는 서비스업에서의 전신에 대한 부담정도와 유해인자의 노출정도를 분석하기 위해 개발되었다.
④ **PATH** : 건축 작업을 정량적으로 분석하기 위해 개발한 방법이다.
⑤ **SI 또는 JSI** : 상지질환, 특히 손으로 이루어지는 작업을 평가하기 위해서 개발된 방법이다.

평가도구	고려되는 신체부위	개발대상작업
OWAS	허리, 상지, 하지	철강업
RULA	팔, 손목, 목, 몸통, 다리	상지 작업(주로 앉아서 하는 작업)
REBA	팔, 목, 몸통, 다리	비정형적 전신작업
PATH	허리, 목, 다리, 팔	건설작업(비반복적 작업)
SI, JSI	손, 손목	주로 손을 사용하는 작업

CHAPTER 09 보호구 관리하기

1 보호구

보호구란 작업자가 몸에 직접 착용하여 건강을 보호하는 도구이다. 산업위생학적 측면에서 보면, 가장 마지막에 단계의, 최후의 보루로써, 작업자의 산업위생을 유지해 줄 수 있는 도구이다. 안전보호구와 위생보호구가 있다. 그 용도가 재해예방측면인지, 건강장애 방지를 목적으로 하는지에 따라 분류된다.

① 안전보호구 : 재해예방을 목적으로 사용하는 보호구(예 안전화, 안전모, 안전대, 안전장갑, 보안면, 방한복, 반사조끼, 내전복, 작업복 등)
② 위생보호구(보건보호구) : 건강장애 방지를 목적으로 사용하는 보호구로 보호 부위에 따라 호흡기 보호구, 눈 보호구, 귀 보호구, 안면 보호구, 피부 보호구로 구분된다.(예 방진장갑, 차광안경(보안경), 방호면, 귀마개, 귀덮개, 방진마스크, 방열장갑, 방열복, 송기마스크, 위생장갑, 내산복, 방독마스크, 절연복, 고무장화, 우의, 토시 등)

> [보호구의 구비요건]
> ㉠ 착용하여 작업하기 쉬울 것
> ㉡ 유해위험물로부터 보호성능이 충분할 것
> ㉢ 사용되는 재료는 작업자에게 해로운 영향을 주지 않을 것
> ㉣ 마무리가 양호할 것
> ㉤ 외관이나 디자인이 양호할 것

2 위생보호구를 착용해야 하는 경우

위생보호구는 반드시 마지막 대책으로 사용해야 하며, 보호구를 제외한 공학적, 행정적 대책으로 작업환경관리가 어려울 경우에 사용한다.
① 작업환경을 개선하기 전 일정기간 동안 임시로 착용하는 경우
② 일상작업이 아닌 특수한 경우에만 간헐적으로 작업이 이루어지는 경우
③ 작업공정상 작업환경 개선을 통해 유해요인을 줄이거나 완전히 제거하지 못하는 경우

3 호흡용 보호구

① 공기정화식

㉠ 방진마스크 : 입자상물질의 흡입을 막아주는 보호구

- 종류

분진포집능력에 따른 구분	특급(99.5% 이상), 1급(95% 이상), 2급(85% 이상)으로 분류
사용목적에 따른 구분	분진용, 미스트용, 흄용
안면부의 형상에 따른 구분	전면형(눈, 코, 입 등 얼굴 전체 보호), 반면형(입과 코 부위만 보호)
구조에 따른 구분	직결식, 격리식, 안면부 여과식

- 방진마스크 선정조건
  - 흡기저항 및 흡기저항 상승률이 낮을 것
  - 배기저항이 낮을 것
  - 여과재 포집효율이 높을 것
  - 착용 시 시야 확보가 용이할 것 : 하방시야가 60° 이상이 될 것
  - 중량은 가벼울 것
  - 안면에서의 밀착성이 클 것
  - 침입률 1% 이하까지 정확히 평가 가능할 것
  - 피부접촉 부위가 부드러울 것
  - 사용 후 손질이 간단할 것
  - 무게중심은 안면에 강한 압박감을 주지 않는 위치에 있을 것

- 방진마스크 사용상 주의사항
  - 포집효율과 흡·배기 시 발생하는 저항은 상반된 조건으로 방진마스크의 정화효율을 높이기 위해서는 저항이 낮아야 한다.
  - 여과효율이 좋으려면 여과재에 사용되는 섬유의 직경이 작아야 한다.
  - 즉각적으로 생명과 건강에 위험을 줄 수 있는 농도(IDLH)에서 착용해서는 안 된다.
  - 분진, 미스트, 흄 등이 문제되는 작업장에서만 착용하여야 하며, 증기 또는 가스상의 유해물질이 공존하는 곳에서는 방진마스크를 착용해서는 절대 안 되며, 방독마스크에 필터가 부착된 마스크를 착용해야 한다.
  - 공기 중 산소농도가 18% 이하인 산소결핍 장소에서는 착용해서는 안 된다.
  - 얼굴에 손수건 등을 대고서 마스크를 착용하면 방진효율이 떨어지기 때문에 주의해야 한다.
  - 독성이 아주 높은 분진(허용농도 < 0.05mg/m^3) 또는 방사선 분진, 석면분진 등이 발산되는 작업장에서는 고효율 필터가 내장된 방진마스크를 착용해야 한다.
  - 필터를 자주 갈아주어 일정한 포집효율을 유지해 주어야 한다.(필터의 수명은 환경상태나 보관정도에 따라 달라지나 일반적으로 1개월 이내에 바꾸어 착용)
  - 마스크의 고무 면체에 의한 안면부에 알레르기성 습진 등이 생길 수 있으므로 얼굴을 청결히 하고 자주 땀을 닦아주어야 한다.

- 면체의 손질은 중성세제로 닦아 말리고 고무 부분은 자외선에 약하므로 그늘에서 말려야 하며 신나 등은 사용하지 말아야 한다.
- 필터에 부착된 분진은 세게 털지 말고 가볍게 털어준다.
- 보관은 전용 보관상자에 넣거나 깨끗한 비닐봉지 등을 이용하고 습기를 막아주어야 한다.

ⓒ 방독마스크 : 가스상 물질의 흡입을 막아주는 보호구

• 종류

격리식	정화통, 연결관, 흡기밸브, 안면부, 배기밸브 및 머리끈으로 구성되어 있다. 가스 또는 증기의 농도가 2%(암모니아 3%) 이하의 대기 중에서 사용한다.
직결식	정화통, 흡기밸브, 안면부, 배기밸브 및 머리끈으로 구성되어 있다. 가스 또는 증기의 농도가 1%(암모니아 1.5%) 이하의 대기 중에서 사용한다.
직결식 소형	정화통, 흡기밸브, 안면부, 배기밸브 및 머리끈으로 구성되어 있다. 가스 또는 증기의 농도가 0.1% 이하의 대기 중에서 사용하지만, 긴급용으로는 사용할 수 없다.

• 안면부의 형상에 따른 구분

전면형	작업자의 눈이나 피부 흡수 가능성이 있는 유해물질의 발생 시 사용한다. 착용 시 대화가 불가능하여 작업 중 의사소통을 필요로 하는 작업장에서는 통신장비가 부착된 마스크를 착용한다.
반면형	폭로되는 유해물질이 작업자의 눈이나 안면 노출 부위에 자극성이 없거나 피부 흡수 가능성이 없을 때 사용한다. 보호계수 10일 때 사용한다.

• 방독마스크 사용상 주의점
- 고농도 작업장이나 산소결핍의 위험이 있는 작업장에서는 절대 사용해서는 안 되며 대상 가스에 맞는 정화통을 사용하여야 한다.
- 정화통의 종류에 따라 더 이상 유해물질을 흡수할 수 없는 사용한도시간(파과시간)이 있으므로 마스크 사용시간을 기록하여 사용한도시간을 넘어서는 마스크를 사용해서는 안 된다.
- 마스크 착용 중 가스 냄새가 나거나 숨쉬기가 답답하다고 느낄 때에는 즉시 작업을 중지하고 새로운 정화통을 교환해야 한다.
- 정화통은 작업자가 필요에 따라 언제든지 교환할 수 있도록 작업자가 쉽게 찾을 수 있는 곳에 보관해야 한다.
- 가스나 증기상의 물질과 분진이 동시에 발생하는 작업장에서는 1차적으로 분진을 걸러 줄 수 있는 필터가 장착된 마스크를 착용해야 한다.
- 유해물질이 존재하는 곳에 마스크를 보관하게 되면 정화통의 사용한도시간이 단축되므로 반드시 신선하고 건조한 장소에서 비닐팩 속에 넣어 보관해야 한다.
- 마스크 본체를 세척할 필요가 있을 때는 적당한 세척제를 푼 따뜻한 물이나 위생액으로 닦아낸 후 파손 상태를 정기적으로 검사하고 정화통은 절대로 세척해서는 안 된다.
- 방독마스크는 일시적인 작업 또는 긴급용으로 사용하여야 한다.
- 산소결핍 위험이 있는 경우, 유효시간이 불분명한 경우는 송기마스크나 자급식 호흡기를 사용한다.
- 유효시간이 불분명한 경우에는 새로운 정화통으로 교체하여야 한다.

- 정화통의 종류

흑색	유기가스용	회색 및 흑색	할로겐 가스용
적색	일산화탄소용	녹색	암모니아용
아황산가스용	황적색	아황산 황용	백색 및 황적색

※ 만능 캐니스터 : 페인트 도장이나 농약살포와 같이 공기 중에 가스 및 증기상 물질과 분진이 동시에 존재하는 경우 호흡보호구에 이용되는 가장 적절한 공기정화기

② 공기공급식
  ㉠ 에어라인 마스크 : 송풍기에서 호흡할 수 있는 공기를 보호구 안면부에 연결된 관을 통하여 공급하는 호흡용 보호구이다.
    • 긴 공기호스를 이용해서 공기를 공급받기 때문에 작업반경이 큰 곳에서는 사용이 곤란하다.
    • 관의 길이 최대 300피트, 최대압력 125PSI로 정해져 있다.
    • 종류

폐력식 (디멘드식)	착용자가 호흡 시 발생하는 압력에 따라 레귤레이터에 의해 공기 공급, 보호구 내부 음압이 생기므로 누설 가능성이 있어 주의를 요함
압력식	흡기 및 호기 시 일정량의 압력이 보호구 내부에 항상 걸리도록 레귤레이터에 의해 공기 공급, 항상 보호구 내부 양압이 걸리므로 누설현상 적음
연속흐름식	압축기에서 일정량의 공기가 항상 충분히 공급

  ㉡ 호스마스크
    • 종류 : 송풍마스크, 압축공기식 마스크, 통기마스크
    • 송풍량 : 경작업시 150L/min, 중작업시 200L/min
  ㉢ 자기공기공급장치(SCBA)
    • 작업공간에 제한을 받지 않는다.
    • 배터리 수명, 공급되는 공기의 양에 한계가 있기 때문에 작업시간에 많은 제약이 있다.
  ㉣ 송기마스크를 착용하여야 할 작업
    • 환기를 할 수 없는 밀폐공간에서의 작업
    • 밀폐공간에서 비상 시에 근로자를 피난시키거나 구출작업
    • 탱크, 보일러 또는 반응탑의 내부 등 통풍이 불충분한 장소에서의 용접작업
    • 지하실 또는 맨홀의 내부 기타 통풍이 불충분한 장소에서 가스배관의 해체 또는 부착 작업을 할 때 환기가 불충분한 경우
    • 국소배기장치를 설치하지 아니한 유기화합물 취급 특별장소에서 관리대상 물질의 단시간 취급업무
    • 유기화학물을 넣었던 탱크 내부에서 세정 및 도장 업무

③ 보호계수(PF) : 보호구를 착용함으로써 유해물질로부터 보호구가 얼마만큼 보호해 주는가의 정도를 의미

> 식 $PF = \dfrac{C_o}{C_i}$
>
> • C_o : 보호구 밖의 농도   • C_i : 보호구 안의 농도

4 청력 보호구

① **청력 보호구** : 강렬한 소음 또는 충격소음 등으로 인한 인체의 청력손실을 막기 위해 귀에 착용하는 보호구이다.

② **종류**

㉠ 귀마개(ear plug)
- 주로 고주파영역(4,000Hz)에서 크게 감음효과가 나타난다.
- 약 30dB 정도의 차음효과가 있다.

장점	단점
• 휴대가 간편함 • 안경과 안전모 등에 방해가 되지 않음 • 가격이 비교적 저렴 • 덥고 습한 환경에서 비교적 착용하기 좋음	• 귀에 질병이 있는 경우 착용불가 • 외이도에 염증유발 우려 • 착용요령 습득 필요 • 차음효과가 비교적 낮음 • 착용여부를 확인하기 어려움

㉡ 귀덮개(ear muff)
- 저음영역에서 20dB 이상, 고음영역에서 45dB 이상 차음효과가 있다.
- 귀마개와 같이 착용 시 훨씬 차음효과가 크고, 120dB 이상의 소음작업장에서는 동시 착용이 필요하다.
- 간헐적 소음 노출 시 착용한다.

장점	단점
• 귀마개보다 일관성 있는 차음효과 • 차음효과가 비교적 높음 • 차음효과의 개인차가 적다. • 쉽게 착용이 가능하다. • 착용여부의 확인이 용이하다.	• 부착된 밴드에 의해 차음효과가 감소될 수 있다. • 고온, 다습환경에서 사용 시 불편하다. • 머리카락이 길 때와 안경테가 굵을 때 사용하기 불편하다. • 보안경과 함께 사용 시 차음효과가 감소한다. • 귀걸이의 노후 정도에 따라 차음효과가 달라진다. • 가격이 비교적 비쌈

③ **차음효과(OSHA)**

> 식 차음효과 $= (NRR - 7) \times 0.5$

- 차음효과를 높이는 방법
  - 보호구의 기공이 적은 것을 선택한다.
  - 머리의 모양과 귓구멍에 잘 맞는 것이어야 한다.

기다 – 기출문제로 다지기 　　　　　　　　　근골격계 질환 및 보호구 관리하기

01. 근골격계 질환의 위험요소를 4가지 쓰시오.

02. 세탁 업무를 하는 작업자가 손목을 반복적으로 사용하였을 때, 체크리스트를 통해 위험요인을 평가하는 방법은?

03. 중량물 취급작업 시의 자세에는 두 가지 방법이 있는데 대부분의 연구기관에서는 허리를 굽히는 방법보다는 허리를 펴고 다리를 굽히는 방법을 권장하고 있다. 중량물 취급 작업 시 지켜야 할 가장 중요한 원칙(적용범위)을 2가지 쓰시오.

04. 귀마개의 장단점을 2가지씩 서술하시오.

　(1) 장점

　(2) 단점

05. 개인보호구 중 귀덮개의 장점을 3가지 쓰시오.

06. 어떤 작업장의 음압수준이 75dB이고, 차음평가지수(NRR)가 18인 귀덮개를 착용하고 있다. 미국 OSHA의 계산방법을 활용하여 근로자가 노출되는 음압수준을 구하시오.

해설 기다 - 정답 및 해설 근골격계 질환 및 보호구 관리하기

01. 풀이
① 반복적인 동작
② 부적절한 작업자세
③ 무리한 힘의 사용
④ 날카로운 면과의 신체접촉

02. 풀이
JSI

03. 풀이
① 박스(Box)인 경우는 손잡이가 있어야 하고 신발은 미끄럽지 않아야 한다.
② 작업장 내의 온도가 적절해야 한다.
③ 물체의 폭이 75cm 이하로서 두 손을 적당히 벌리고 작업할 수 있는 공간이 있어야 한다.
④ 보통 속도로 두 손으로 들어 올리는 작업을 기준으로 한다.

04. 풀이
(1) 장점
  • 휴대가 간편함
  • 착용이 간편함
  • 안경과 안전모 등에 방해가 되지 않음
  • 덥고 습한 환경에서 비교적 착용하기 좋음
(2) 단점
  • 귀에 질병이 있는 경우 착용불가
  • 외이도에 염증유발 우려
  • 착용요령 습득 필요
  • 차음효과가 비교적 낮음
※ 제시된 답안 중 각각 2가지 선택

05. 풀이
① 착용이 간편하다.
② 귀마개보다 차음효과가 좋다.
③ 착용에 따른 개인차가 적다.
④ 외이도에 자극을 주지 않는다.
※ 제시된 답안 중 3가지 선택

06. 풀이
식 노출되는 음압수준 = 작업장음압수준 − 차음효과
• 차음효과 = $(NRR-7) \times 0.5 = (18-7) \times 0.5 = 5.5 \text{dB}$
∴ 노출되는 음압수준 = $75 - 5.5 = 69.5 \text{dB}$
정답 69.5dB

CHAPTER 10 석면관리

1 석면

① 정의 : 단어그대로 석면, 돌솜으로 마그네슘이 많이 함유된 규산염 광물질로 섬유물질로 분류된다.
② 섬유 : 길이가 $5\mu m$ 이상, 길이와 폭의 비가 3:1 이상인 물질
③ 특성
  ㉠ 화학적으로 안정적이다.
  ㉡ 내열성, 절연성이 뛰어나 건축재료로 많이 활용된다.
  ㉢ 흡입 시 바로 인체에 악영향이 나타나지 않고 시간이 흘러 나타난다. (잠복기 15~20년)
④ 종류
  ㉠ 사문석 계열
   • 백석면($Mg_3Si_2O_5(OH)_4$) : 영어로는 Chrysotile(크리소타일)이라 하고, 온석면이라고도 불린다. 석면의 종류 중 가장 많은 양이 분포하고 있고 가장 많이 사용된다. 부드러운 곡선의 구조로 되어 있다.
  ㉡ 각섬석 계열
   • 갈석면($(Mg, Fe)_7Si_8O_{22}(OH)_2$) : 영어로는 Amosite(아모사이트)라고 한다. 얇은 막대기의 모양을 하고 있다. 취성이며, 고내열성이다.
   • 청석면($Na_2Fe_5Si_8O_{22}(OH)_2$) : 영어로는 Crocidolite(크로시돌라이트)라고 한다. 바늘같이 끝이 뾰족한 모양을 하고 있다. 취성이며, 석면 중 가장 강하다.
   ※ 취성 : 잘 부서지는 성질
⑤ 독성 크기 순서 : 청석면 〉 갈석면 〉 백석면

2 석면 관련 질환

① 석면폐증 : 진폐증의 한 종류로, 석면 분진의 폐에 쌓이면서 염증, 폐포의 섬유화, 흉막의 비후화를 유발하는 질병이다.
② 악성중피종 : 석면에 의해서만 발생하는 병으로 흉막에 종양이 생기는 병으로 치료가 불가능한 것으로 알려져 있다.
③ 폐암 : 폐에 생긴 악성 종양을 말하며, 석면폐증이 심화될 경우 폐암으로 발전할 수 있다.

3 석면 측정 및 분석

① **측정**
  ㉠ 카세트 : 카세트에 MCE 여과지를 삽입하여 "open face"로 측정한다.
  ㉡ open face 측정법 : 카세트의 상단부 뚜껑을 열고, 카세트의 열린 면이 작업장 바닥을 향하게 하여 채취하는 방법으로 균일한 석면포집을 위해 실시한다.
② **분석** : 석면의 분석은 현미경을 이용한 개수분석으로 이루어지며 단위는 개/cm³이다.
  ㉠ 위상차 현미경
  ㉡ 전자 현미경
  ㉢ 편광 현미경
  ㉣ X선 회절법

> **식** $$C(\text{개}/cc) = \frac{(C_s - C_b) \times A}{A_f \times Q}$$
> - C_s : 분석시료 시야당 석면개수
> - C_b : 공시료 시야당 석면개수
> - A : 여과지 유효면적
> - A_f : 개수면적(시야면적)
> - Q : 채취량

4 석면 해체 작업

① **사전조사** : 사전조사를 통해 석면의 함유를 판단하고, 해체·제거·보수 작업시의 석면의 노출을 사전에 방지하고자 한다.
  ㉠ 조사자 : 사업주 또는 건물소유자
  ㉡ 조사방법 : 도면, MSDS, 육안, 기관분석
  ㉢ 조사내용 : 건축물위치, 종류, 범위 등
  ㉣ 조사결과 기록 및 보존 : 사전조사자료 보존, 소유권 이전에 조사결과도 함께 이전
② **계획수립** : 작업자의 건강장해를 예방하기 위해서 계획을 수립하여야 한다.
  ㉠ 공사개요 및 투입인력
  ㉡ 석면함유물질의 위치, 범위 및 면적 등
  ㉢ 석면해체, 제거작업의 절차 및 방법
  ㉣ 석면 흩날림 방지 및 폐기방법
  ㉤ 근로자 보호조치
③ **작업수칙** : 제거, 해체작업 시 작업수칙을 정하고 이를 근로자에게 알려야 한다.
  ㉠ 진공청소기 등을 이용한 작업장 바닥의 청소방법
  ㉡ 작업자의 왕래와 외부기류 또는 기계진동 등에 의한 분진의 흩날림을 방지하기 위한 조치
  ㉢ 분진이 쌓일 염려가 있는 깔개 등을 작업장 바닥에 방치하는 행위를 방지하기 위한 조치
  ㉣ 분진이 확산되거나 작업자가 분진에 노출될 위험이 있는 경우에는 선풍기 사용 금지

ⓜ 용기에 석면을 넣거나 꺼내는 작업
　　　ⓑ 석면을 담은 용기의 운반
　　　ⓢ 여과집진방식 집진장치의 여과재 교환
　　　ⓞ 해당 작업에 사용된 용기 등의 처리
　　　ⓩ 이상사태가 발생한 경우의 응급조치
　　　ⓒ 보호구의 사용·점검·보관 및 청소
　④ **개인보호구의 지급 및 착용** : 사업주는 석면해체, 제거작업을 근로자에서 개인보호구를 지급하여 착용하도록 한다.
　　　㉠ 방진마스크(특등급만 해당한다)나 송기마스크, 전동식 호흡보호구
　　　㉡ 고글(Goggles)형 보호안경
　　　㉢ 신체를 감싸는 보호복, 보호장갑 및 보호신발

기다 - 기출문제로 다지기 > 석면관리

01. 괄호 안에 알맞은 석면의 종류를 쓰고 석면 해체, 제거 작업계획에 포함되어야 하는 사항을 3가지 쓰시오.

명칭	화학식	특성
(①)	$(Mg,Fe)_7Si_8O_{22}(OH)_2$	취성, 고내열성섬유
(②)	$Na_2Fe_5Si_8O_{22}(OH)_2$	석면광물 중 가장 강함, 취성
(③)	$Mg_3Si_2O_5(OH)_4$	가늘고 부드러운 섬유, 가장 많이 사용

(1) 석면의 종류

(2) 석면 해체, 제거 작업계획에 포함되어야 하는 사항

02. 위상차 현미경을 이용하여 석면시료를 분석하여 다음과 같은 결과를 얻었다. 공기 중 석면농도(개/cc)를 구하시오.

- 시료 1시야당 3.1개, 공시료 1시야당 0.05개
- 25mm 여과지(유효직경 22.14mm)
- 2.4L/min의 pump로 1.5시간 시료채취

03. 석면의 종류를 3가지 쓰시오.

04. 석면 채취 시 오픈 페이스(open face)의 정의와 사용목적을 쓰시오.

(1) open face

(2) 사용목적

05. 사업주는 석면의 제조·사용 작업에 근로자를 종사하도록 하는 경우에 석면분진의 발산과 근로자의 오염을 방지하기 위하여 작업수칙을 정하고, 이를 작업근로자에게 알려야 한다. 작업수칙을 3가지 기술하시오.

기다 - 정답 및 해설 / 석면관리

01. 풀이

(1) 석면의 종류
   ① 갈석면
   ② 청석면
   ③ 백석면

(2) 석면 해체, 제거 작업계획에 포함되어야 하는 사항
   • 공사개요 및 투입인력
   • 석면함유물질의 위치, 범위 및 면적 등
   • 석면해체, 제거작업의 절차 및 방법
   • 석면 흩날림 방지 및 폐기방법
   • 근로자 보호조치
   ※ 제시된 답안 중 3가지 선택

02. 풀이

식 $C(개/cc) = \dfrac{(C_s - C_b) \times A}{A_f \times Q}$

• C_s : 분석시료 시야당 석면개수
• C_b : 공시료 시야당 석면개수
• A : 여과지 유효면적 $= \dfrac{\pi \times 22.14^2}{4} = 384.99 mm^2$
• A_f : 개수면적(시야면적) $= 0.00785 mm^2$
• R : 채취량 $= \dfrac{2.4L}{\min} \times 1.5hr \times \dfrac{60\min}{1hr} \times \dfrac{10^3 cc}{1L} = 216000 cc$

$\therefore C(개/cc) = \dfrac{(3.1-0.05)개 \times 384.99 mm^2}{0.00785 \times 216000 cc} = 0.69 개/cc$

정답 0.69개/cc

03. 풀이

① 백석면(사문석 계열)
② 갈석면(각섬석 계열)
③ 청석면(각섬석 계열)

04. 풀이

(1) open face : 카세트의 상단부 뚜껑을 열어 시료를 채취하며, 카세트의 열린 면이 작업장 바닥쪽을 향하도록 하여 시료채취를 하는 것
(2) 사용목적 : 여과지에 균일하게 석면을 포집하기 위함이다.

05. 풀이

① 진공청소기 등을 이용한 작업장 바닥의 청소방법
② 작업자의 왕래와 외부기류 또는 기계진동 등에 의한 분진의 흩날림을 방지하기 위한 조치
③ 분진이 쌓일 염려가 있는 깔개 등을 작업장 바닥에 방치하는 행위를 방지하기 위한 조치
④ 분진이 확산되거나 작업자가 분진에 노출될 위험이 있는 경우에는 선풍기 사용 금지
⑤ 용기에 석면을 넣거나 꺼내는 작업
⑥ 석면을 담은 용기의 운반
⑦ 여과집진방식 집진장치의 여과재 교환
⑧ 해당 작업에 사용된 용기 등의 처리
⑨ 이상사태가 발생한 경우의 응급조치
⑩ 보호구의 사용·점검·보관 및 청소
※ 제시된 답안 중 3가지 선택

알기 쉽게 풀어쓴 산업위생관리(산업)기사 실기

알기 쉽게 풀어쓴 산업위생관리(산업)기사 실기

제 2 편
과 년 도
필 답 형
기 출 문 제

2016년도 제1회 산업기사 필답형

정답 및 해설 • 318

01. 다음 조건에서 불쾌지수를 구하시오.

조건
• 건구온도 : 32℃   • 습구온도 : 18℃   • 흑구온도 : 20℃

02. 개인시료채취 및 지역시료채취의 정의를 쓰시오.

(1) 개인시료채취

(2) 지역시료채취

03. TWA, STEL, C에 대하여 각각의 정의를 쓰시오.

04. 속도압의 정의와 공기속도와의 관계식을 쓰시오.

05. 진동에 의한 생체반응에 관여하는 인자를 쓰시오.

06. 국소배기에서 덕트기류를 측정하는 1차 표준기구를 쓰고, 이 기구로 실제적으로 측정할 수 있는 인자 2가지 및 이 인자로 환산하는 방법을 쓰시오.

(1) 1차 표준기구

(2) 측정할 수 있는 인자 2가지

(3) 환산방법

07. 누적소음노출량 측정기의 법정 설정기준을 쓰고 청감보정 특성을 쓰시오.

(1) 법정 설정기준

(2) 청감보정 특성

08. 유기용제를 취급하는 작업장에 근로자의 부주의로 벤젠 3L를 작업장 바닥에 흘렸다. 작업장은 25℃, 1기압 상태라 가정할 때, 공기 중으로 증발한 벤젠의 증기용량(L)을 구하시오. (단, 비중은 0.879이며, 바닥의 벤젠은 모두 증발한 것으로 가정한다.)

09. 음향파워가 10^{-5} watt일 때 PWL을 구하시오.

10. 덕트직경이 5cm, 공기유속이 4m/sec일 때 레이놀즈 수를 구하고 흐름의 상태를 판단하시오. (단, 공기점성계수 1.6×10^{-5} kg/m·sec, 공기밀도 1.203kg/m³)

11. 작업장 체적은 2,000m³이고 농도는 50μg/m³이다. 농도가 2시간 후 7μg/m³로 감소하였다면 이때 유효환기량(m³/min)을 구하시오.

12. 1시간에 0.06L의 톨루엔이 증발되어 공기를 오염시키고 있다. K는 5, 분자량은 92.13, 비중은 0.866이며 허용기준 TLV는 50ppm 이라면 이 작업장을 전체 환기시키기 위한 필요환기량(m^3/min)은? (단, 작업장 25℃, 1atm)

13. 송풍기 임펠러의 회전수비와 송풍량, 풍압, 동력의 관계를 설명하시오.

14. 작업장의 음압수준이 105dB(A)이고, NRR=19인 경우 귀덮개의 차음효과와 근로자가 노출되는 음압수준을 구하시오. (단, OSHA 방법 이용)

15. 작업장 공기를 환기중이다. 재순환 공기의 온도는 24℃, 외부의 공기온도는 10℃, 급기 공기온도는 18℃일 때 급기 중 외부공기 포함량(%)을 구하시오.

16. 국소배기가 전체 환기와 비교 시 갖는 장점을 3가지 쓰시오.

17. 송풍기의 풍량조절 방법을 3가지 쓰시오.

18. 교대근무에서 서캐디안 리듬(circadian rhythm)에 대해 설명하시오.

CHAPTER 02 2020년도 제1회 산업기사 필답형

01. 어떤 공장에서 1시간에 2L의 메틸에틸케톤이 증발되어 공기를 오염시키고 있다. K는 6, 분자량은 72.06, 비중은 0.805이며 허용기준 TLV는 200ppm이라면 이 작업장을 전체 환기시키기 위한 필요환기량(m^3/min)은? (단, 작업장 25℃, 1atm)

02. 덕트직경이 30cm, 공기유속이 2m/sec일 때 레이놀즈 수를 구하고 흐름의 상태를 판단하시오. (단, 21℃에서 공기점성계수 1.8×10^{-5}kg/m·sec, 공기밀도 1.2kg/m^3)

03. TLV를 설정하거나 개정 시 이용되는 자료를 3가지 쓰시오.

04. 밀폐공간에서 근로자에게 작업을 하도록 하는 경우 밀폐공간 작업프로그램을 수립하여 시행하여야 한다. 밀폐공간 작업프로그램에 포함되어야 하는 내용을 5가지 쓰시오.

05. 흡수액의 구비조건을 5가지 쓰시오.

06. 다음 조건에서 후드의 유입손실계수(C_e)를 구하시오.

> [조건]
> • 유입손실 : 10mmH$_2$O
> • 유량 : 10m³/min
> • 후드 직경 : 200mm

07. 작업환경대책 기본원칙을 4가지 기술하시오.

08. 국소배기장치의 설계순서를 서술하시오.

09. 송풍기의 회전수가 400rpm일 때 송풍량은 25m³/sec, 정압은 60mmH₂O, 축동력은 0.7kW였다. 송풍기 회전수를 500rpm으로 할 때 송풍량(m³/sec), 정압(mmH₂O), 동력(kW)을 구하시오.

10. 온도 21℃, 1기압, 공기밀도 1.2kg/m³를 온도 38℃, 압력 710mmHg으로 온압보정할 때 공기밀도보정계수를 구하시오.

11. 주물공장에서 발생되는 분진을 유리섬유필터를 사용하여 측정하고자 한다. 측정 전 유리섬유필터의 무게는 0.1mg이었으며 개인시료채취기를 이용하여 분당 1.5L의 유량으로 100분간 측정하여 건조시킨 후 중량을 분석하였더니 필터의 무게가 3mg이었다. 이 작업장의 분진농도(mg/m³)를 구하시오.

12. 누적소음노출량 측정기의 기기의 각 설정 값을 서술하시오.

13. 도금조 및 도장공업에서 주로 적용되는 후드로 제어효과를 증대시키기 위해 후드의 반대편에 가압노즐을 설치하여 공기를 불어넣어 후드쪽으로 기류를 분사하는 후드의 형식을 쓰시오.

14. 전체 환기량 산정 시 아래의 상황별 안전계수(K)를 쓰시오.
 (1) 작업장 내의 공기혼합이 원활한 경우

(2) 작업장 내의 공기혼합이 보통인 경우

(3) 작업장 내의 공기혼합이 불완전한 경우

(4) 사각지대가 생겨서 환기가 제대로 이루어지지 않았을 경우

15. 산업안전보건기준에 관한 규칙 중 '적정한 공기'의 3가지를 쓰시오.

16. 입자상 물질이 여과지에 채취되는 작용기전을 5가지 쓰시오.

17. 지적온도의 종류를 3가지 쓰고 간단히 설명하시오.

18. 대기의 CO_2 농도가 0.02%, 실내 CO_2 농도가 0.05%일 때 한 사람의 시간당 CO_2 배출량이 20L인 작업장에서 1시간당 필요환기량은? (작업장 공간은 300m³, 작업자 수는 20명이다.)

2020년도 제2회 산업기사 필답형

01. 다음은 산업안전보건법령상 작업환경측정 횟수에 대한 설명이다. 빈 칸에 알맞은 말을 쓰시오.

> 사업주는 작업장 또는 작업공정이 신규로 가동되거나 변경되는 등으로 작업환경측정 대상 작업장이 된 경우에는 그 날부터 (㉠)일 이내에 작업환경측정을 하고, 그 후 6개월에 (㉡)회 이상 정기적으로 작업환경을 측정하여야 한다. 다만, 작업환경측정 결과가 노출기준을 초과하는 경우 해당하는 작업장 또는 작업공정은 해당 유해인자에 대하여 그 측정일부터 (㉢)개월에 1회 이상 작업환경측정을 하여야 한다.

02. 10시간 동안 측정한 평균 소음 수준이 83.4dB일 때, 누적소음노출량(D, %)을 구하시오.

03. 주물공장에서 발생되는 분진을 유리섬유필터를 사용하여 측정하고자 한다. 측정 전 유리섬유필터의 무게는 0.1mg이었으며 개인시료채취를 이용하여 분당 4L의 유량으로 100분간 측정하여 건조시킨 후 중량을 분석하였더니 필터의 무게가 3mg이었다. 이 작업장의 분진농도(mg/m^3)를 구하시오.

04. 고농도 분진작업 시 작업환경대책을 4가지 쓰시오.

05. 다음 조건에서 음향출력이 0.1watt인 작은 점음원으로부터 50m 떨어진 곳의 음압수준(dB)은 얼마인지 각각 계산하시오.

   (1) 무지향성 자유공간

   (2) 무지향성 반자유공간

06. 톨루엔(TLV = 20ppm)을 사용하는 유기용제 작업장의 작업시간이 1일 12시간일 경우 허용농도를 보정하면 얼마나 되는지 구하시오. (단, Brief와 Scala의 보정방법 적용)

07. 아래 제시된 화학물질 및 물리적 인자의 노출기준에 대해 설명하시오.

   (1) 시간가중평균기준(TWA)

   (2) 단시간노출기준(STEL)

   (3) 최고노출기준(C)

08. 압력손실이 100mmH₂O, 처리유량 10,000m³/hr, 효율 80%, 여유율이 1.1인 송풍기의 소요동력(kW)을 구하시오.

09. 전체 환기의 종류와 특징을 서술하시오.

10. 송풍관(덕트)의 점검사항을 4가지 서술하시오.

11. 전탑에 투입되는 충전제의 구비조건을 4가지 쓰시오.

12. 고열작업장에서의 WBGT를 구하시오.

조건
• 작업강도 : 중등작업 • 작업과 휴식시간비 : 매 시간 50% 작업, 50% 휴식

13. 후드 입구에서 유속을 고르게 분포시키는 장치의 이름을 쓰시오.

14. 작업종료 직후인 오후 7시 30분에 측정한 공기 중 CO_2 농도는 1,500ppm이고, 오후 9시에 측정한 CO_2 농도가 500ppm일 때 시간당 공기교환횟수(ACH)는? (단, 외기의 CO_2 농도는 300ppm이다.)

15. 국소배기 시설의 설계순서를 서술하시오.

16. 소요풍량이 $0.12m^3$/sec, 덕트 직경이 8.8cm, 후드 유입계수가 0.27일 때 후드 정압을 구하시오. (단, 공기비중 $1.293kg/m^3$)

17. 국소배기가 전체 환기와 비교 시 갖는 장점을 3가지 쓰시오.

18. 작업환경관리대책인 대치의 종류를 3가지 쓰시오.

2020년도 제3회 산업기사 필답형

01. 정압조절유지평형법의 장·단점을 3가지씩 쓰시오.

02. 송풍관 내의 속도압이 30mmH₂O일 때, 덕트의 유속(m/sec)을 구하시오. (단, 밀도는 1.293kg/m³이다.)

03. 액체혼합물의 허용농도와 각 물질별 허용농도를 구하시오.

구분	분율	농도
A	40%	1,500mg/m³
B	25%	1,800mg/m³
C	35%	800mg/m³

(1) 혼합물의 허용농도

(2) 각 물질별 허용농도

04. 국소배기 시설 설치 시 필요송풍량을 최소화하는 방법을 4가지 쓰시오.

05. 온도 21℃, 1기압, 공기밀도 1.2kg/m³를 온도 38℃, 압력 710mmHg으로 온압보정할 때 공기밀도보정계수를 구하시오.

06. 인체와 작업환경 사이에 일어나는 주요 열교환작용을 3가지 쓰시오.

07. 송풍기 상사법칙 3가지를 회전수 기준으로 설명하시오.

08. 아래의 설명에 알맞은 용어를 쓰시오.

    (1) 상온에서 액체인 물질이 교반, 발포 스프레이 작업 시 공기 중 발생하는 액체의 미립자

    (2) 상온에서 고체상태인 물질이 용융된 상태에서 증기화되고 공기 중 노출되어 응결되거나 화학적 변화에 의해 생기는 작은 고체상의 입자

    (3) 유기물질이 불완전 연소하여 만들어진 에어로졸 혼합제

09. 개인 시료채취의 정의 및 호흡위치의 범위를 쓰시오.

(1) 개인 시료채취

(2) 호흡위치의 범위

10. 산업안전보건법에 의해 분진작업하는 실내 작업장에 설치한 국소배기 장치를 처음 사용하거나 분해, 개조, 수리 후 처음으로 사용할 때 사용 전 점검사항을 3가지 쓰시오.

11. 자유공간에 놓인 음력(Sound power) 1watt인 소음발생원에서부터 10m 떨어진 곳의 음압수준을 구하시오.

12. 작업장 전체 환기 적용 시 일반적인 상황이나 적용조건을 5가지 쓰시오.

13. 다음 표는 산업안전보건법상 사무실 오염물질에 대한 관리기준이다. 빈칸에 알맞은 내용을 쓰시오.

물질	관리기준
미세먼지	(①)
일산화탄소(CO)	(②)
포름알데히드	(③)

14. 작업환경측정 중 시료포집 방법을 5가지 쓰시오.

15. 실내체적이 350m³인 작업장에 배출되는 이산화탄소가 1인당 21L/hr일 때 공기교환횟수(ACH)를 구하시오. (단, 실내 CO_2 허용기준 0.08%, 외기 CO_2 농도 0.02%, 근로자수 20명이다.)

16. 연소작업을 중등작업으로 하는 작업장의 자연습구온도가 31℃, 흑구온도가 50℃, 건구온도가 34℃일 때 실내 WBGT(℃)를 구하고, 허용치 초과 여부를 판정하시오. (단, 온도는 태양광선이 내리쬐지 않는 장소에서 측정하였고 작업장의 WBGT 노출기준은 26.7℃였다.)

(1) WBGT

(2) 노출기준 초과 여부

17. 덕트의 직경이 152mm이고, 덕트 내 정압은 −63.5mmH₂O, 전압은 −30.5mmH₂O이다. 덕트 내의 반송속도(m/sec)와 공기유량(m³/min)을 구하시오. (단, 공기밀도 1.2kg/m³)

(1) 반송속도

(2) 공기유량

18. 입자상 물질 포집에 사용하는 여과지(필터) 구비조건을 4가지 쓰시오.

2015년도 제1회 기사 필답형

01. C_5-dip 현상을 간단히 설명하시오.

02. A관의 유량은 50m³/min, B관의 유량은 30m³/min이다. A, B관을 합류시켰을 때, 합류관 유속이 20m/sec일 때, 합류관의 직경(m)을 구하시오.

03. 후드 입구에서 유속을 고르게 분포시키는 장치 3가지를 쓰시오.

04. 예비조사의 목적 2가지를 쓰시오.

05. 중심주파수가 500Hz인 경우 하한주파수(f_L) 및 상한주파수(f_U)를 구하시오. (단, 1/1 옥타브밴드)

(1) 하한주파수(f_L)

(2) 상한주파수(f_U)

06. 산소부채에 대해서 설명하시오.

07. 공기정화장치 중 흡착장치 설계 시 고려사항 3가지를 쓰시오.

08. 크기가 155cm×125cm이고, 제어속도가 0.5m/sec, 덕트의 길이가 10m인 후드가 있다. 관마찰손실계수(λ)는 0.03이며, 반송속도는 15m/sec, 공기정화장치의 압력손실은 90mmH$_2$O, 후드의 압력손실은 0.03mmH$_2$O이다. 다음을 구하시오. (단, 공기의 밀도는 1.2kg/m³)

(1) 후드 송풍량(m³/min)

(2) 덕트 직경(m)

(3) 덕트의 압력손실(mmH₂O)

　　(4) 효율 75% 송풍기의 소요동력(kW)

09. 전체 환기 적용조건 5가지를 쓰시오.

10. 송풍기의 회전수가 1,000rpm일 때 송풍량은 28m³/min, 송풍기 정압은 60mmH₂O, 동력은 0.7kW였다. 송풍기 회전수를 1,400rpm으로 할 때의 송풍량, 정압, 동력을 구하시오.

11. 직경이 30cm이고, 송풍량이 120m³/min, 길이가 10m인 덕트의 압력손실(mmH₂O)를 구하시오. (단, 관마찰계수(λ)는 0.02이다.)

12. 활성탄관과는 달리 Tenax관은 앞층과 뒤층이 분리되어 있지 않다. 유해물질이 저농도로 발생할 경우 4L를 포집할 때 파과현상을 판단하는 기준은 무엇인지 쓰시오.

13. 작업장의 용적이 3,000m³이며, 유해물질이 600L/hr로 발생하고 이때 유효환기량은 56.6m³/min이다. 30분 후 작업장의 농도(ppm)을 구하시오. (단, 초기농도는 고려하지 않으며, 1차 반응 기준)

14. 작업환경대책 기본원칙 4가지를 쓰고, 각각의 방법을 1가지씩 쓰시오.

15. 대기의 CO_2 농도가 0.03%, 실내 CO_2 허용농도가 0.1%일 때 시간당 CO_2 배출량이 0.15m³/hr인 작업장에서 1시간당 필요환기량(m³/hr)을 산출하시오.

16. 파라티온(TLV : 0.1mg/m³)과 EPN(TLV : 0.5mg/m³)이 1:4의 비율로 혼합된 분진의 TLV(mg/m³)를 구하시오. (단, 파라티온과 EPN의 독성은 상가작용 기준이며 혼합된 분진의 농도는 1mg/m³이다.)

17. 전체 환기 급배기구의 설치위치 그림을 보고 불량, 양호, 우수로 구분하시오.

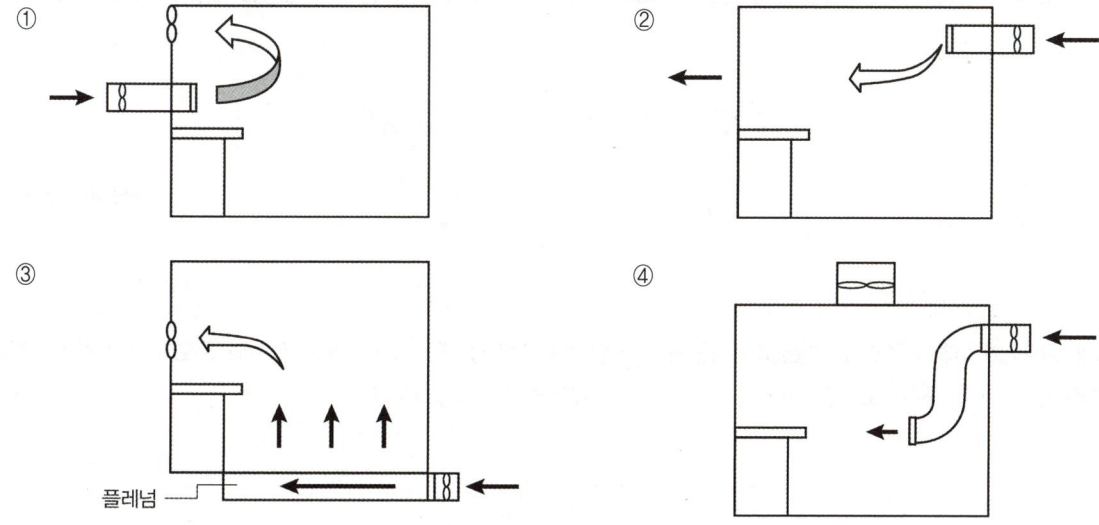

18. 분자량이 92.13이고, 방향의 무색액체로 인화·폭발의 위험성이 있으며, 대사산물이 뇨 중 마뇨산인 물질을 쓰시오.

19. 다음의 "사무실 공기관리지침"의 내용 중 빈칸에 알맞은 말을 넣으시오.

(1) 공기정화시설을 갖춘 사무실에서의 환기횟수는 시간당 (   )회 이상으로 한다.
(2) 공기의 측정시료는 사무실 내에서 공기질이 가장 나쁠 것으로 예상되는 (   )곳 이상에서 채취한다.
(3) 일산화탄소(CO)는 연 1회 이상, 업무 시작 후 (   )시간 이내 및 업무 종료 후 1시간 이내에 각각 (   )분간 측정을 실시한다.
(4) 사무실 오염물질 관리기준은 (   )시간 시간가중 평균농도로 한다.
(5) 사무실 공기의 측정결과는 측정치 전체에 대한 (   )을 오염물질별 관리기준과 비교하여 평가한다.

2015년도 제3회 기사 필답형

01. 3HP가 30대, 20kW가 1대, 시간당 220kcal/hr 작업자가 20명이다. 작업장 내 온도가 30℃, 외기의 온도가 27℃일 때, 작업장 내 필요환기량(m^3/min)을 구하시오. (단, 1hp당 730kcal/hr, 1kW당 830kcal/hr이다.)

02. 대기의 CO_2 농도가 0.02%, 실내 CO_2 농도가 0.05%일 때 한 사람의 시간당 CO_2 배출량이 20L인 작업장에서 1시간당 필요환기량을 구하시오. (작업장 공간은 300m^3, 작업자 수는 20명이다.)

03. 필요송풍량을 최소화하는 방법을 3가지 쓰시오.

04. 작업환경측정 시 동일노출그룹(HEG)을 설정하는 목적을 3가지 쓰시오.

05. 음속이 340m/sec이고 주파수가 500Hz일 때 파장을 구하시오.

06. 여과포집 시 여과재의 구비조건을 5가지 쓰시오.

07. 휘발성유기화합물(VOC) 처리방법의 특징을 각각 2가지씩 서술하시오.

08. rpm = 1,200rpm, Q = 8m³/min, Ps = 830N/m³이다. Q이 12m³/min으로 증가하였을 때, 펌프의 압력(Ps)을 구하시오.

09. 적정 근로시간으로 일하는 작업장에서의 유해물질의 TLV가 50ppm이다. 작업장에서 하루에 10시간 작업 시 Brief and Scala 보정법을 적용하여 보정된 허용농도를 구하시오.

10. 자연습구온도가 20℃, 흑구온도가 30℃, 건구온도가 10℃일 때 실내 WBGT(℃)를 구하시오.

11. 공기 중의 사염화탄소의 농도는 7,500ppm이고 비중이 5.7일 때 유효비중을 구하시오. (단, 공기비중은 1.0)

12. 여과 전 무게가 12.267mg, 여과 후의 무게가 14.398mg일 때, 총 흡인량은 0.243m³이었다. 이 물질의 농도(mg/m³)를 구하시오.

13. 세로 400mm, 가로 850mm의 장방형 덕트 내를 유량 300m³/min이 흐르고 있다. 길이 5m, 관마찰계수가 0.02일 때 압력손실(mmH_2O)을 구하시오.

14. 다음 물음에 답하시오.

(1) 덕트(duct) 내부의 풍속계 종류(2가지)

(2) 풍속계별 사용상 측정범위

15. 오전 8시에서 12시까지 90dB의 소음이 발생했고 오후 1시에서 4시까지 소음이 더 발생했다. 누적소음폭로량이 125%로 측정되었다면, 이 작업장의 오후 1시에서 4시까지의 소음은 몇 dB인지 산출하시오.

16. 저항조절평형법의 장단점을 2가지씩 쓰시오.

(1) 장점

(2) 단점

17. 튜브(tube)에서 토출되는 공기에 의해 발생하는 기류음 감소방법을 3가지 쓰시오.

18. 덕트 내의 전압, 정압, 속도압을 피토튜브로 측정하려고 한다. 이 그림에서 전압, 정압, 속도압을 찾고, 해당 압력을 쓰시오.

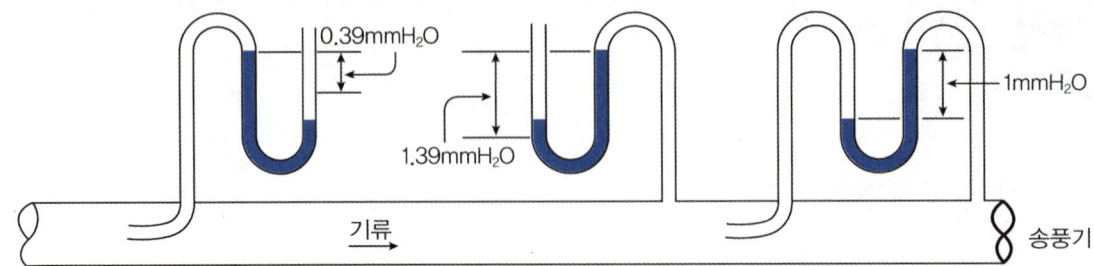

CHAPTER 07 2016년도 제1회 기사 필답형

01. 작업장 내 환기설비에서 공기공급시스템이 필요한 이유를 4가지 쓰시오.

02. 연기감지기(발연관)로 알 수 있는 정보를 4가지 쓰시오.

03. 곡관 압력손실에 영향을 주는 인자를 3가지 쓰시오.

04. 작업환경측정의 목적을 4가지 쓰시오.

05. 압력손실이 100mmH₂O, 처리유량 1000m³/hr, 효율 70%, 여유율 1.2인 송풍기의 소요동력은 얼마인가?

06. 덕트직경이 15cm, 공기유속이 6m/sec일 때 레이놀즈 수를 구하고 흐름의 상태를 판단하시오. (단, 21℃에서 공기점성계수 2.1×10^{-5} kg/m·sec, 공기밀도 1.203kg/m³)

07. 다음 용어의 정의를 서술하시오.

(1) 단위작업장소 :

(2) 정확도 :

(3) 정밀도 :

08. 산업피로 증상에서 혈액과 소변의 변화를 쓰시오.

(1) 혈액 :

(2) 소변 :

09. 생물학적 노출지수 평가 시 호기를 잘 사용하지 않은 이유를 쓰시오.

10. 다음의 〈보기〉에 맞는 그림을 바르게 연결하시오.

보기
① 급성 독성 물질 경고　　② 부식성 물질 경고   ③ 호흡기 과민성 물질 경고　　④ 위험장소 경고

 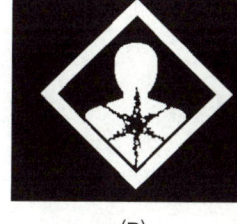  

　　(A)　　　　　　　(B)　　　　　　　(C)　　　　　　　(D)

11. 공기 중 혼합물로써 벤젠 0.25ppm(TLV: 0.5ppm), 톨루엔 25ppm(TLV: 50ppm), 자일렌 40ppm(TLV: 100ppm)이 서로 상가작용을 한다고 할 때 허용농도 초과여부를 평가하고 혼합공기의 허용농도를 구하시오.

12. ACGIH의 입자크기별 기준의 종류 3가지와 각각의 평균입경을 쓰시오.

13. 다음 내용은 후드에 관한 설명이다. 내용 중 잘못된 것을 골라 바르게 고치시오.

   (1) 필요유량은 최대가 되도록 설계한다.

   (2) 후드의 개구면적을 크게 하여 흡인 개구부의 포집속도를 높인다.

   (3) 마모성분진의 경우 후드는 가능한 얇은 재료를 사용해야 한다.

14. 자유공간에 설치된 후드의 개구면에서 발생지점까지의 거리를 1m에서 2m로 증가시킨 경우 필요송풍량은 몇 배 증가하는가? (개구면 면적은 $50m^2$이고, 기타조건은 동일하다고 가정한다.)

15. 어떤 공장에서 1시간에 1.5kg의 메틸에틸케톤이 증발되어 공기를 오염시키고 있다. K는 6, 분자량은 72.06, 비중은 0.805이며 허용기준 TLV는 200ppm이라면 이 작업장을 전체 환기시키기 위한 필요환기량(m^3/min)을 구하시오. (단, 작업장 온도는 15℃, 대기압은 1atm이다.)

16. 유리세공 작업장에서 작업자가 눈에 통증을 호소하였다. 이때 발생한 질병과 원인을 쓰시오.

17. 송풍량 300m³/min이 관의 관경 0.2m, 장경 0.6m 내로 흐르고 있다. 이 직관의 길이 10m당 압력손실(mmH₂O)을 구하시오. (단, 유체밀도 1.2kg/m³, 관마찰계수 0.02)

18. 위상차 현미경을 이용하여 석면시료를 분석하여 다음과 같은 결과를 얻었다. 공기 중 석면농도(개/cc)를 구하시오.

결과
• 시료 1시야당 3.1개, 공시료 1시야당 0.05개 • 25mm 여과지(유효직경 22.14mm) • 2.4L/min의 pump로 1.5시간 시료채취

19. 송풍량이 100m³/min이고, 덕트 직경이 200mm일 때 동압(mmH₂O)을 구하시오. (단, 작업장 온도는 21℃, 대기압은 1atm이다.)

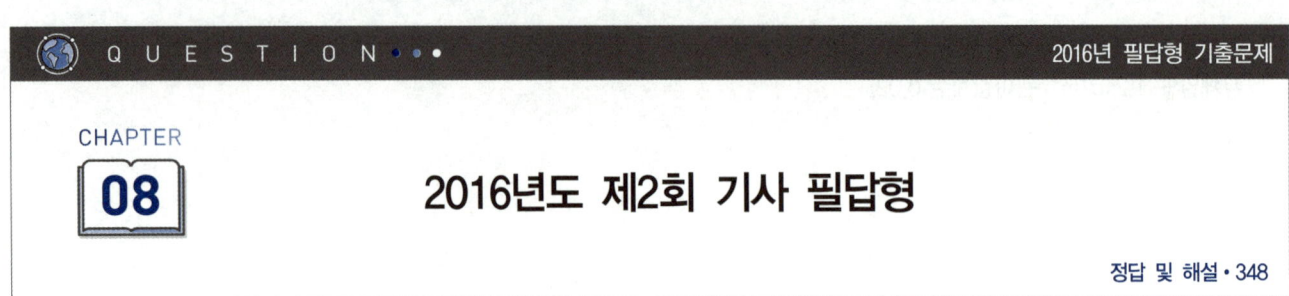

2016년도 제2회 기사 필답형

01. ACGIH, NIOSH, TLV의 영문을 쓰고 한글로 번역하시오.

02. 전체 환기의 적용조건을 4가지 서술하시오.

03. 원심력 집진장치에서 채택하는 Blow down(블로우 다운)의 정의 및 효과를 쓰시오.

 (1) 정의 :

 (2) 효과 :

04. 공기공급시스템(make-up-air)의 정의에 대해 설명하시오.

05. 도장작업 근로자의 유해인자에 대한 질병발생률이 3.0이고 일반인들은 동일 유해인자에 대한 질병발생률이 1.0일 경우 상대위험비를 구하시오.

06. Hemeon의 "null point 이론"의 정의에 대해 설명하시오.

07. 리시버식 후드의 개구부 흡입기류 방향을 확인할 수 있는 측정기의 명칭을 쓰시오.

08. 다음 ( ) 안에 알맞은 용어를 쓰시오.

> 가스상 물질은 ( ) 정도에 따라 침착되는 부분이 달라진다. 이산화황은 상기도에 침착, 오존·이황화탄소는 폐포에 침착된다.

09. 다음의 전체 환기 내용 중 ( ) 안에 알맞은 용어를 쓰시오.

(1) 자연환기는 작업장의 개구부를 통해 바람이나 작업장 내외의 (   )와 (   ) 차이에 의한 (   )으로 행해지는 환기를 말한다.

(2) 외부공기와 실내공기와의 압력 차이가 0인 부분의 위치를 (   )라 하며 환기정도를 좌우하고, 높을수록 환기효율이 양호하다.

(3) 인공환기는 환기량 조절이 가능하고, 배기법은 오염작업장에 적용하며 실내압을 (   )으로 유지한다. 급기법은 청정산업에 적용하며 실내압은 (   )으로 유지한다.

10. 작업장에서 1시간에 2kg의 톨루엔이 증발되어 공기를 오염시키고 있다. K는 6, 분자량은 92이며 허용기준 TLV는 100ppm이라면 이 작업장을 전체 환기시키기 위한 필요환기량(m^3/min)을 구하시오. (단, 작업장 25℃, 1atm)

11. 실내 총 흡음력이 1,000sabin인 작업장에서 2,000sabin을 추가할 경우 실내 소음저감량(dB)을 구하시오.

12. 생물학적 모니터링에서 이용되는 생체시료를 3가지 쓰시오.

13. 후드(hood)의 속도압이 30mmH$_2$O이고 압력손실이 3.24mmH$_2$O일 경우 유입계수를 구하시오.

14. 덕트 내 공기의 유속을 피토관으로 측정한 결과 속도압 15mmAq, 비중 1.3, 덕트 내 온도 270℃, 피토계수 0.96일 때 유속(m/sec)을 구하시오.

15. 어떤 물질의 독성에 관한 인체실험 결과 안전흡수량이 체중 kg당 0.06mg이었다. 체중 70kg인 사람이 1일 8시간 작업 시 이 물질의 체내흡수를 안전흡수량 이하로 유지하려면 이 물질의 공기 중 농도를 얼마 이하로 규제하여야 하는가? (단, 작업 시 폐환기율 0.98m^3/hr, 체내잔류율 1.0)

16. TWA가 설정되어 있는 유해물질 중 STEL이 설정되어 있지 않은 물질인 경우 TWA 외에 단시간 허용농도 상한치를 설정한다. 노출의 단시간 허용농도 상한선과 노출시간 권고사항 2가지를 쓰시오.

17. 길이 70cm, 높이 10cm인 slot hood가 설치되어 있으며 유량이 90m³/min인 경우 속도압(mmH₂O)을 구하시오.

18. 다음 조건에서 공기유량(m³/min)을 구하시오.

> **[조건]**
> • 덕트 직경 : 0.3m
> • 덕트 내 정압 : 36mmH₂O
> • 덕트 내 전압 : 48mmH₂O

19. 단면적이 0.008m², 길이 10m, 유량이 0.1m³/sec인 원형 덕트의 압력손실을 구하시오.

> **[조건]**
> • 속도압법 계산 시 마찰손실계수(f)를 계산할 때 상수 a는 0.0155, b는 0.533, c는 0.612로 계산할 것
> • 식 $H_f = \dfrac{a V^b}{Q^c}$

20. 작업장 내의 기계가 각각 소음 94dB, 95dB, 100dB을 발생할 경우 총 음압레벨을 구하시오.

2016년도 제3회 기사 필답형

01. 고농도 분진작업 시 작업환경대책을 4가지 쓰시오.

02. 다음 표와 같이 합류관에서는 합류관의 각도에 따라 유입손실이 발생하게 되는데 합류관의 유입각도를 90°에서 30°로 변경할 경우 감소되는 압력손실(mmAq)은 얼마인지 구하시오. (단, 속도압은 두 경우 모두 10mmH$_2$O이다.)

합류관 각도	15°	30°	45°	90°
압력손실계수	0.09	0.18	0.28	1.00

03. 톨루엔(TLV = 200ppm)을 사용하는 유기용제 작업장의 작업시간이 1일 10시간일 경우 허용농도를 보정하면 얼마나 되는지 구하시오. (단, Brief와 Scala의 보정방법 적용)

04. 다음 표는 산업안전보건법상 사무실 오염물질에 대한 관리기준이다. 빈칸에 알맞은 내용을 쓰시오.

물질	관리기준
이산화탄소(CO_2)	1,000ppm 이하
일산화탄소(CO)	(①)
오존(O_3)	(②)
석면	(③)

05. 벤투리 스크러버(Venturi Scrubber)의 원리를 설명하시오.

06. 블래스팅 작업장에서 발생되는 입자의 직경이 10μm, 비중이 2.5인 입자상 물질이 있다. 작업장의 높이가 2.5m일 때 모든 입자가 바닥에 가라앉은 후 청소를 하려고 하면 몇 분 후에 시작하여야 하는지 구하시오.

07. 작업환경대책 기본원칙을 4가지 기술하시오.

08. 분진의 입경이 30μm이고, 밀도가 5g/cm³인 입자의 침강속도(cm/sec)를 구하시오. (단, 공기점성계수 1.78×10^{-4} g/cm·sec, 중력가속도 980cm/sec², 공기밀도 0.001293g/cm³)

09. 중량물 취급작업 시의 자세에는 두 가지 방법이 있는데 대부분의 연구기관에서는 허리를 굽히는 방법보다는 허리를 펴고 다리를 굽히는 방법을 권장하고 있다. 중량물 취급 작업 시 지켜야 할 가장 중요한 원칙(적용범위)을 2가지 쓰시오.

10. 1m×0.6m의 개구면을 가진 후드를 통해서 20m³/min의 혼합공기가 덕트로 유입되도록 적절한 덕트의 직경(cm)을 정수로 구하시오. (단, 시판되는 덕트의 직경은 1cm 간격이고, 최소 덕트 운반속도는 1,000m/min이다.)

11. 주물공장에서 발생되는 분진을 유리섬유필터를 사용하여 측정하고자 한다. 측정 전 유리섬유필터의 무게는 0.5mg이었으며 개인 시료채취기를 이용하여 분당 2L의 유량으로 120분간 측정하여 건조시킨 후 중량을 분석하였더니 필터의 무게가 2mg이었다. 이 작업장의 분진농도(mg/m³)를 구하시오.

12. 저용량 에어 샘플러(low volume air sampler)로 시료채취를 한 결과 납의 정량치는 15μg이고 총 흡인유량이 0.95L/min, 채취시간은 250min일 때 공기 중 납의 농도(mg/m³)를 구하시오. (단, 회수율은 95%로 가정한다.)

13. 톨루엔이 시간당 0.24L 발생되고 비중 0.9, 분자량 92.13, LEL 5%(LEL 25% 이하), 온도 80℃로 발생되고 있는 공정에서 폭발방지를 위한 필요환기량(m^3/min)을 계산하시오.

14. 기적이 2,000m^3인 작업장에서 사용되는 벤젠(비중, 0.88) 4L가 모두 증기화되었을 때 작업장 내에서의 벤젠 농도(ppm)를 구하시오. (단, 주위는 21℃, 1기압, 작업장에서는 실내외 공기의 유입과 유출은 없는 상태이며, 증기화된 벤젠을 작업자 내에서는 완전 혼합한 상태이다.)

15. 정상적인 작업환경조건에서 공기의 조성비를 이용하여 공기의 밀도(kg/m^3)를 구하시오. (단, 25℃, 1기압 기준 조성비는 질소(분자량 28) 78%, 산소(분자량 32) 21%, 아르곤(분자량 40) 0.9%, 이산화탄소(분자량 44) 0.03%이며, 기타 조성 항목은 고려하지 않는다.)

16. 먼지가 발생되는 작업장에 설치된 후드가 200m^3/min의 필요환기량으로 배기하도록 설계되어 있다. 설치와 동시에 측정했던 후드의 정압은 60mmH_2O였고 3개월 후 후드의 정압을 측정해보니 15.2mmH_2O로 낮아졌다. 다음 물음에 답하시오.

(1) 현재 후드에서 배기하는 필요환기량의 변화를 구하시오.

(2) 후드 정압이 감소하게 된 원인을 후드에서만 찾아 2가지를 쓰시오.

17. 유기용제를 취급하는 작업장에 근로자의 부주의로 벤젠 3L를 작업장 바닥에 흘렸다. 작업장은 25℃, 1기압 상태라 가정할 때, 공기 중으로 증발한 벤젠의 증기용량(L)을 구하시오. (단, 비중은 0.879이며, 바닥의 벤젠은 모두 증발한 것으로 가정한다.)

18. 면적이 10m^{2}인 창문을 음압레벨이 120dB인 음파가 통과할 때, 이 창을 통과한 음파의 음향파워(W)를 구하시오.

19. 비정상작업을 위한 허용농도 보정에는 2가지 방법을 주로 사용하고 있다. 이중 OSHA 기준, 허용농도에 대한 보정이 필요 없을 때의 제시 내용을 3가지 쓰시오.

20. 귀마개의 장단점을 2가지씩 쓰시오.

2017년도 제1회 기사 필답형

01. 원형 덕트에서 레이놀즈 수 50,000 이하 시 난류중심속도는 1/7승 법칙의 지수함수를 따른다. 중심속도가 6m/sec일 때 평균속도는? (덕트 반경을 R_0이라 할 때, 평균속도에 해당하는 반경 R은 $0.562R_0$)

02. 소음 발생 사업장에서 근로자가 95dB 2시간(허용시간 : 4시간), 90dB 3시간(허용시간 : 8시간)에 노출되었을 때 노출기준초과 여부를 판단하시오.

03. 고온순화 메커니즘을 4가지 쓰시오.

04. 공기의 비중을 1이라고 할 때 사염화에틸렌의 유효비중은 5.7로 공기보다 무겁다. 하지만 작업자의 호흡영역을 보호하기 위해 후드를 작업장 바닥면이 아닌 작업장 위 개구면에 설치하는 이유를 유효비중을 들어 설명하시오. (사염화에틸렌의 농도는 10,000ppm)

05. 후드 중 오염원이 후드 외부에 있고 송풍기의 흡인력을 이용하며 유해물질의 발생원에서 유해물질을 후드 내로 흡인하는 후드의 형식과 종류를 3가지 쓰시오.

06. 전체 환기시설 설계를 위한 계획의 목적에 따라 환기장치법과 필요환기량법으로 구분된다. 이에 대해 설명하시오.

(1) 환기장치법

(2) 필요환기량법

07. 직경이 20cm인 원형 덕트가 있다. 다음 물음에 답하시오.

(1) 플랜지의 최소 폭(cm)을 구하시오.

(2) 플랜지가 있는 경우에는 플랜지가 없는 경우에 비해 송풍량이 몇 % 감소되는지 쓰시오.

08. 호흡성 분진의 정의와 측정목적을 쓰시오. (단, ACGIH의 입경 범위를 포함하여 서술하시오.)

  (1) 정의

  (2) 측정목적

09. 작업장에서 테트라클로로에틸렌(폐흡수율 75%, TLV-TWA 25ppm, M.W 165.80)을 사용하고 있다. 체중 70kg인 근로자가 중노동(호흡률 1.47m^3/hr)을 2시간, 경노동(호흡률 0.98m^3/hr)을 6시간 작업하였다. 작업장에 폭로된 농도는 22.5ppm이었다면 이 근로자의 하루 폭로량(mg/kg)을 구하시오. (단, 작업장 온도는 25℃)

10. 공기역학적 직경의 정의를 쓰시오.

11. 공기 중 오염물질이 흡착관에 포함되지 않고 기류를 따라 빠져나가는 현상을 무엇이라 하는가?

12. 중심주파수가 500Hz일 때 주파수 범위를 구하시오. (단, 1/1 옥타브밴드)

13. 정압과 동압에 대해 설명하시오.

(1) 정압

(2) 동압

14. 두 개의 집진기는 직렬로 연결되어있고 전체 효율이 99%이다. 두 번째 집진기 효율이 95%일 때 첫 번째 집진기의 효율을 구하시오.

15. 송풍기 정압 증가 요인을 3가지 쓰시오.

16. 길이가 5m, 폭이 3m, 높이가 2m인 직사각형의 작업장이 있다. 천정의 흡음계수가 0.1, 벽면 모두 흡음계수가 0.05, 바닥의 흡음계수가 0.20이다. 총 흡음률을 구하고 단위를 정확히 표기하시오.

(1) 총 흡음율 계산

(2) 천정의 흡음계수를 0.3, 벽면의 흡음계수를 0.5로 하였을 때 실내 소음은 약 몇 dB 감소되겠는가?

17. 폐포에 침착하여 인체 내 방어기전 중 대식세포의 기능에 손상을 주는 물질을 3가지 쓰시오.

18. 기류를 냉각시킬 때 사용하는 풍속계의 종류를 2가지 쓰시오.

19. 외부식 원형 후드이고, 후드단면적이 0.5m², 제어속도가 0.5m/sec, 후드와 발생원의 거리가 1m일 때 아래의 물음에 답하시오.

(1) 플랜지가 있을 때 필요환기량

(2) 플랜지가 없을 때 필요환기량

20. 기류 흐름방향에 따른 송풍기 종류를 2가지 쓰시오.

2017년도 제2회 기사 필답형

01. 덕트 내 반송속도에 영향을 주는 요소를 4가지 쓰시오.

02. 미스트의 생성기전을 서술하시오.

03. TLV-C의 정의를 쓰시오.

04. 각 단체의 허용기준을 쓰시오.

(1) OSHA

(2) ACGIH

(3) NIOSH

05. 총 흡음량이 2,500sabin인 작업장에 흡음량 2,500sabin을 추가할 경우 소음 저감량(dB)을 쓰시오.

06. 유해물질의 독성을 결정하는 인자를 4가지 쓰시오.

07. 체적 2,000m³인 사무실에 30명이 근무하고 있다. 실내 CO_2 농도를 700ppm으로 유지하고자 할 때 시간당 공기교환횟수를 구하시오. (단, 1인당 CO_2 배출량은 40L/hr이고, 외기 CO_2 농도는 330ppm이다.)

08. 작업대 위에 플랜지가 붙은 외부식 후드를 설치할 경우 필요송풍량(m³/min)을 구하시오. (단, 후드 개구면으로부터의 거리는 40cm, 제어속도는 0.5m/sec, 개구면적은 6m²)

09. 작업장 내의 열부하량이 25,500kcal/hr이다. 외기 온도는 15℃이고 작업장 온도는 35℃일 때 전체 환기를 위한 필요환기량(m³/hr)을 구하시오.

10. 덕트 내의 전압, 정압, 속도압을 피토튜브로 측정하려고 한다. 이 그림에서 전압, 정압, 속도압을 찾고, 해당 압력을 쓰시오.

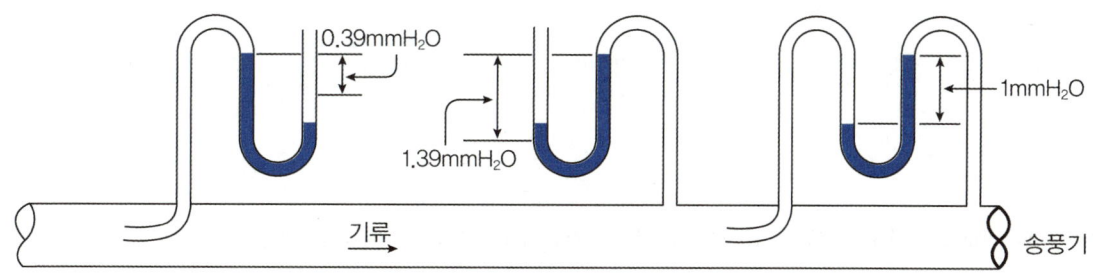

11. 20℃ 1기압 작업장 내 표준공기가 흐르고 있는 덕트의 레이놀즈 수가 2×10^5일 때 덕트관 내 유속(m/sec)을 구하시오. (덕트 직경 30cm, 표준공기의 동점성계수 $1.5 \times 10^{-5} cm^2/sec$)

12. 공기 중 농도가 200ppm일 때 25ppm까지 감소하는데 걸리는 시간(min)을 구하시오. (작업장 기적 $1,500m^3$, 유효환기량 $1.2m^3/sec$)

13. 공기 중 벤젠 시료를 채취하기 위하여 활성탄관을 연결한 시료채취펌프의 유량을 비누거품법으로 보정하였다. 유량보정을 할 때 비누거품이 50cc를 통과하는데 시료채취 전에는 16.5sec, 시료채취 후에는 16.9sec였으며 시료채취 시간은 1시 12분부터 4시 54분까지였다. 그 결과 활성탄의 100mg층에서는 2.0mg, 50mg층에서는 0.1mg이 검출되었을 때 공기 중 벤젠 농도(ppm)을 구하시오. (단, 25℃, 1기압)

14. 국소배기장치의 원활한 작동을 위해 작업장 내에서 배기된 만큼의 공기를 다시 작업장 내로 재순환하는 공기는 무엇인가?

15. 150℃, 700mmHg 상태에서 부피가 100m³라면 21℃, 760mmHg 상태에서 부피(m³)는?

16. 작업장 내에서 톨루엔을 시간당 0.5kg 사용할 때 필요환기량(m³/min)을 구하시오. (단, 작업장 25℃, 1기압, 비중 0.792, TLV 50ppm, 안전계수 5)

17. 음압실효치가 2.6μbar(마이크로바)일 때 음압수준(dB)을 구하시오.

18. 파과현상에 대한 설명이다. 다음 중 틀린 부분을 바르게 고치시오.

> 가. 유해물질의 농도가 높고 코팅된 흡착제일수록 파과가 일어나기 쉽다.
> 나. 파과현상이 발생할 경우 유해물질 농도를 과소평가할 우려가 있다.
> 다. 흡착관 앞층의 5/10 이상이 뒷층으로 넘어가면 파과가 일어났다고 본다.
> 라. 모든 흡착은 발열반응이므로 온도가 높을수록 흡착에 좋은 조건인 것은 열역학적으로 분명하다.
> 마. 비극성 흡착제를 사용할 경우 습도가 높을수록 파과가 일어나기 쉽다.

19. 피토관의 전압과 정압을 측정하였더니, 각각 30mmH₂O, 10mmH₂O로 측정되었다. 피토관 유속을 구하시오. (단, 피토관 계수는 1이고, 관 내 온도는 21℃이다.)

01. 대기압이 1atm인 화학공장에 A, B 물질의 포화증기농도와 VHI를 구하시오. (단, VHI=$\log\left(\dfrac{포화증기농도}{TLV}\right)$)

구분	TLV(ppm)	증기압(mmHg)
A 물질	100	25
B 물질	350	100

(1) 포화증기농도

(2) VHI

02. 전체 환기 시 적용조건 4가지를 쓰시오.

03. 전압이 −33mmH₂O, 정압이 −66mmH₂O이고, 유입손실계수가 0.54, 흡인유속이 900m/min, 후드의 유효정압을 구하시오.

04. 작업장에서 소음이 90dB로 2시간, 95dB로 2시간, 100dB로 1시간 동안 발생하였을 경우 노출지수를 구하고, 노출기준 초과여부를 판단하시오.

05. 다음 설명에 알맞은 용어를 빈칸에 적으시오.
① (　　　　) : 분석치가 참값에 얼마나 접근하였는가 하는 수치상의 표현
② (　　　　) : 일정한 물질에 대해 반복 측정·분석을 했을 때 나타나는 자료 분석치의 변동 크기가 얼마나 작은가 하는 수치상의 표현
③ (　　　　) : 작업환경측정대상이 되는 작업장소 또는 공정에서 정상적인 작업을 수행하는 동일노출집단의 근로자가 작업을 행하는 장소
④ (　　　　) : 시료채취기를 이용하여 가스·증기·분진·흄(fume)·미스트(mist) 등을 근로자의 작업행동 범위에서 호흡기 높이에 고정하여 채취하는 것을 말한다.
⑤ (　　　　) : 작업환경측정·분석치에 대한 정확성과 정밀도를 확보하기 위하여 지정측정기관의 작업환경측정·분석능력을 평가하고, 그 결과에 따라 지도·교육 그 밖에 측정·분석능력 향상을 위하여 행하는 모든 관리적 수단을 말한다.

06. 입자상 물질을 물리적 기준으로 구분하는 직경을 3가지 쓰시오.

07. 플랜지가 붙고 작업면 위에 위치하고 있는 외부식 국소배기후드의 직경이 8cm이고, 제어속도는 0.8m/sec, 발생원에서 후드 개구면까지의 거리가 0.5m일 경우 송풍량(m^3/min)을 구하시오.

08. 송풍기의 회전수가 400rpm일 때 송풍량은 25m³/sec, 정압은 60mmH₂O, 축동력은 0.7kW였다. 송풍기 회전수를 500rpm으로 할 때 송풍량(m³/sec), 정압(mmH₂O), 동력(kW)을 구하시오.

09. 현재 산업환기분야에서 이슈되고 있는 공기조화장치(HVAC)란 무엇인지 간략히 설명하시오.

10. 산소부채에 대하여 설명하시오.

11. 공기정화장치 중 흡착장치 설계 시 고려사항을 3가지 쓰시오.

12. 다음 용어를 설명하시오.

(1) 플래넘(plenum)

(2) 제어속도

(3) 플랜지(flange)

13. 다음 ( ) 안에 알맞은 석면의 종류를 쓰고 석면해체, 제거작업계획에 포함되어야 하는 사항을 3가지 쓰시오.

명칭	화학식	특성
(①)	$(Fe^{+2})_2(Mg \cdot Fe^{+2})_5Si_8O_{22}(OH)_2$	취성, 고내열성섬유
(②)	$Na_2(Fe^{+2}Mg)_3Fe^{+3}Si_8O_{22}(OH)_2$	석면광물 중 가장 강함, 취성
(③)	$3MgO \cdot 2SiO_2 \cdot 2H_2O$	가늘고 부드러운 섬유, 가장 많이 사용

(1) 석면의 종류

(2) 석면해체, 제거작업계획에 포함되어야 하는 사항

14. 기하평균 및 기하표준편차를 구하시오. (단, 누적분포단위는 %, 농도단위는 $\mu g/m^3$이다.)

누적분포 백분율(%)	10	15.9	20	35	50	65	70	80	84.1	87	90	100
농도($\mu g/m^3$)	0.01	0.05	0.2	0.3	0.2	0.28	0.25	0.23	0.8	0.05	0.01	0

(1) 기하평균

(2) 기하표준편차

15. 공기의 밀도(kg/m^3)를 구하시오. (단, 온도는 25℃, 압력은 1atm이다.)

물질명	분율
질소	78.3%
산소	21%
이산화탄소	0.3%
수증기	0.4%

16. 다음 빈칸에 알맞은 말을 쓰시오.

(1) 공기정화시설을 갖춘 사무실에서의 환기횟수는 시간당 (　)회 이상으로 한다.
(2) 공기의 측정시료는 사무실 내에서 공기질이 가장 나쁠 것으로 예상되는 (　)곳 이상에서 채취한다.
(3) 일산화탄소(CO)는 연 1회 이상, 업무 시작 후 1시간 이내 및 업무 종료 후 1시간 이내에 각각 (　)분간 측정을 실시한다.

17. 공기 중 벤젠의 초기농도는 100ppm이고, 50ppm으로 낮추고자 한다. 용적은 4,000m^3이고, 환기량은 80m^3/sec일 때, 50ppm까지 감소하는데 걸리는 시간(min)을 구하시오.

18. 베르누이의 정리를 이용하여 V와 VP의 관계를 수식으로 간단히 나타내시오. (단, 공기 비중량 1.21kg/m^3, 중력가속도 9.81m/sec^2)

19. 직경 150mm, 덕트 내 정압이 −63mmH_2O, 전압이 −30mmH_2O일 때 덕트 내 공기유량(m^3/sec)을 구하시오. (단, 공기밀도는 1.2kg/m^3)

20. 배기구 설치규칙 15-3-15의 의미를 쓰시오.

2018년도 제1회 기사 필답형

01. 초기 설치비용이 많이 들고 설치 시 넓은 공간을 필요로 하지만, 유지비용이 저렴하고 집진효율이 좋은 집진장치는?

02. 덕트 직경이 1/2로 줄었을 때 압력손실은 몇 배가 되는가?

03. 유해물질 처리 시 포위식 후드의 장점을 3가지 쓰시오.

04. 세탁 업무를 하는 작업자가 손목을 반복적으로 사용하였을 때, 체크리스트를 통해 위험요인을 평가하는 방법을 쓰시오.

05. 카세트에 의한 여과채집원리를 3가지 쓰시오.

06. 킬레이트 채취 분석법을 4가지 쓰시오.

07. 후드 입구에서 유속을 고르게 분포시키는 장치의 이름을 쓰시오.

08. 아래의 측정치는 A작업장에서 측정한 톨루엔의 농도(ppm)이다. 기하평균을 구하시오.

측정치
98, 205, 47, 51, 132, 93, 61, 190, 170, 55

09. 톨루엔(TLV = 100ppm)과 벤젠(TLV = 50ppm)의 사용량은 각각 1시간에 1kg이고, 안전계수는 각각 4와 6이다. 두 물질이 서로 상가작용을 한다고 할 때 필요환기량(m^3/hr)을 구하시오. (단, 25℃, 1기압)

10. 길이가 2.5m, 폭 0.5m, 오염원과의 거리 1m, 제어속도가 0.6m/sec인 슬롯후드가 있다. 각 송풍량(m^3/min)을 산출하시오.

(1) 플랜지가 부착된 경우 송풍량

(2) 플랜지가 없는 경우 송풍량

11. 1,500℃ 작업장에 열처리를 하기 위해 캐노피형 후드를 설치하고자 할 때 후드 직경을 구하는 식을 서술하시오.

12. 어떤 공장에서 1시간에 2L의 메틸에틸케톤이 증발되어 공기를 오염시키고 있다. K는 6, 분자량은 72.06, 비중은 0.805이며 허용기준 TLV는 200ppm이라면 이 작업장을 전체 환기시키기 위한 필요환기량(m^3/min)을 구하시오. (단, 작업장 25℃, 1atm)

13. 업체에서 슬로트형 후드의 폭을 잘못 설계하여 폭이 15cm일 때 유량이 60m³/min으로 설계하였다. 폭이 25cm일 때 유량이 60m³/min으로 보정하기 위해 필요한 배풍량을 구하시오. (제어속도는 0.9m/sec로 동일, 형상계수는 ACGIH 기준)

14. 금속제품을 탈지하여 세정하는 공정에서 사용하는 유기용제인 TCE의 작업자 노출농도를 측정하고자 한다. 과거의 노출농도를 조사해 본 결과, 평균 50ppm이었다. 활성탄관을 이용하여 0.15L/min으로 채취하였다. 채취시료의 최소 채취시간(min)을 구하시오. (단, TCE의 분자량은 131.39, 가스크로마토그래피(GC) 사용시 정량한계(LOQ)는 시료당 0.5mg, 25℃, 1기압)

15. 덕트 직경이 35cm, 공기유속이 11m/sec일 때 레이놀즈 수를 구하고 흐름의 상태를 판단하시오. (단, 21℃에서 공기점성계수 1.8×10^{-5} kg/m·sec, 공기밀도 1.203kg/m³)

16. 작업장 음압수준이 100dB이고, 근로자는 NRR=19의 귀덮개를 착용하고 있다. 차음효과와 근로자가 노출되는 음압수준을 구하시오.

17. 공기 중 혼합물로 A물질 5ppm(TLV = 10ppm), B물질 9ppm(TLV = 20ppm), C물질 5ppm(TLV = 50ppm) 존재 시 혼합물의 노출지수를 평가하고 보정된 허용농도(ppm)을 구하시오.

18. 헥산을 1일 8시간 취급하는 작업장에서 실제작업시간은 오전 3시간, 오후 4시간이며 노출량은 오전 60ppm, 오후 45ppm이었다. TWA를 구하고 허용기준초과여부를 판정하시오. (단, 헥산의 TLV는 50ppm이다.)

19. 온도가 150℃ 작업장에서 크실렌이 시간당 2L로 발생하고 있다. 폭발방지를 위한 환기량(m^3/min)을 구하시오. (단, 크실렌의 LEL = 1%, 비중 0.806, 안전계수 5, 분자량 106)

20. 다음 조건에서 후드의 유입손실(mmH$_2$O)을 구하시오.

조건		
• 유입손실계수 : 0.4	• 유량 : 10m^3/min	• 후드 직경 : 200mm

2018년도 제2회 기사 필답형

01. 덕트 내 정압은 −64.5mmH$_2$O, 전압은 −20.5mmH$_2$O이고, 덕트 단면적은 0.038m^3, 송풍기 동력은 7.5kW였다. 송풍유량이 부족하여 20% 증가시켰을 때 변화된 송풍기 동력을 계산하시오.

02. 재순환공기의 CO_2 농도는 650ppm이고, 급기의 CO_2 농도는 450ppm이다. 외부의 CO_2 농도가 300ppm일 때 급기 중 외부공기 포함량(%)을 구하시오.

03. Flex-Time제를 간단히 설명하시오.

04. 작업장 공기 내에서 먼지농도를 측정하기 위하여 공기량 850L를 채취하였다. 시료 채취 전 여과지무게는 20.00mg, 시료채취 후 여과지 무게는 22.50mg일 때 먼지농도(mg/m^3)를 구하시오.

05. 사염화탄소 7,500ppm이 공기 중에 존재한다면 공기와 사염화탄소 혼합물의 유효 비중은 얼마인지 계산하시오. (단, 공기 비중 1.0, 사염화탄소 비중 5.7이다.)

06. 1기압 25℃의 작업장에서 온도가 200℃ 되는 건조오븐 내에서 크실렌이 시간당 1.5L씩 증발한다면, 폭발 및 화재 방지를 위하여 온도를 보정한 실제 환기량(m^3/min)을 구하시오. (단, 크실렌 LEL = 1%, SG = 0.88, MW = 106, C = 10)

07. ACGIH의 입자크기별 기준의 종류 3가지와 각각의 평균입경을 쓰시오.

08. 단면적의 폭(W)이 30cm, 높이(D)가 15cm인 직사각형 덕트의 곡률반경(R)이 30cm로 구부러져 90° 곡관으로 설치되어 있다. 흡입공기의 속도압이 20mmH₂O일 때 다음 조건표를 이용하여 이 덕트의 압력손실(mmH₂O)을 구하시오.

반경비 \ 형상비	$\varepsilon = \Delta P / P_v$					
	0.25	0.5	1.0	2.0	3.0	4.0
0.0	1.50	1.32	1.15	1.04	0.92	0.86
0.5	1.36	1.21	1.05	0.95	0.84	0.79
1.0	0.45	0.28	0.21	0.21	0.20	0.19
1.5	0.28	0.18	0.13	0.13	0.12	0.12
2.0	0.24	0.15	0.11	0.11	0.10	0.10
3.0	0.24	0.15	0.11	0.11	0.10	0.10

09. 속도압의 정의와 공기속도의 관계식을 쓰시오.

10. 다음 내용을 국소배기장치의 설계 순서로 나타내시오.

① 공기정화장치 ② 반송속도 결정 ③ 후드 형식 선정 ④ 제어속도 결정
⑤ 총 압력손실 계산 ⑥ 소요풍량 계산 ⑦ 송풍기 선정

11. 액체흡수법(임핀저, 버블러)으로 채취 시 흡수효율을 높이기 위한 방법을 3가지 쓰시오.

12. 송풍량이 200m³/min, 압력(풍전압)이 120mmH₂O, 송풍기 효율이 0.7, 여유율이 1.2일 때 송풍기의 소요동력(kW)을 구하시오.

13. 덕트 내 기류에 작용하는 압력의 종류를 3가지 쓰고 간단히 설명하시오.

14. 작업장의 체적이 1,000m³이고 0.5m³/sec의 실외 대기공기가 작업장 안으로 유입되고 있다. 작업장의 톨루엔 발생이 정지된 순간의 작업장 내 톨루엔의 농도가 50ppm이라고 할 때 10ppm으로 감소하는데 걸리는 시간(min) 및 1시간 후의 공기 중 농도(ppm)는 얼마인지 구하시오. (단, 실외 대기에서 유입되는 공기량 중 톨루엔의 농도는 0ppm이고, 1차 반응식이 적용된다.)

(1) 톨루엔의 농도가 50ppm이라고 할 때 10ppm으로 감소하는데 걸리는 시간(min)

(2) 1시간 후의 공기 중 농도(ppm)

15. 소음노출평가, 노출기준 초과에 따른 공학적 대책, 청력보호구의 지급 및 착용, 소음의 유해성과 예방에 관한 교육, 정기적 청력검사, 기록·관리 등이 포함된 소음성 난청을 예방, 관리하기 위한 종합적인 계획의 명칭을 쓰시오.

16. 측정치가 0.4, 1.5, 15, 78일 경우 기하표준편차를 계산하시오.

17. 덕트 내의 전압, 정압, 속도압을 피토튜브로 측정하려고 한다. 아래 그림에서 전압, 정압, 속도압을 찾고, 해당 압력을 쓰시오.

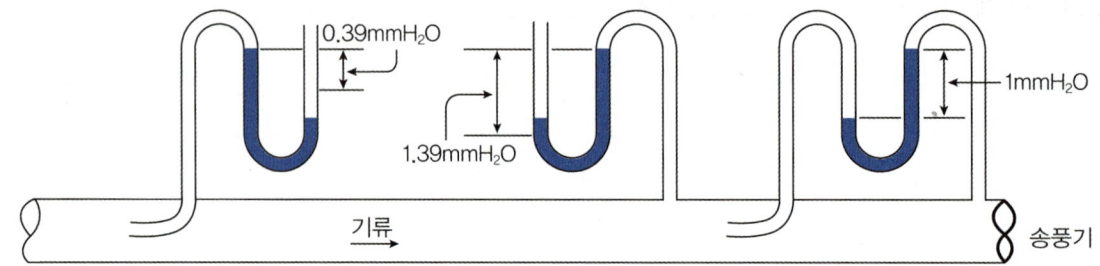

(1) 전압 :

(2) 정압 :

(3) 동압 :

18. 벤젠의 작업환경측정 결과가 노출기준을 초과하는 경우 몇 개월 후에 재측정을 하여야 하는지를 쓰시오.

19. 바이오 에어로졸의 정의 및 생물학적 유해인자를 3가지 쓰시오.

(1) 바이오 에어로졸의 정의 :

(2) 생물학적 유해인자 :

20. 1차 표준보정기구 및 2차 표준보정기구의 정의 및 정확도를 설명하시오.

(1) 1차 표준보정기구

- 정의 :

- 정확도 :

(2) 2차 표준보정기구

- 정의 :

- 정확도 :

2018년도 제3회 기사 필답형

01. 다음의 경우 열중증 종류를 쓰시오.

(1) 신체 내부 체온조절계통이 기능을 잃어 발생하며, 체온이 지나치게 상승할 경우 사망에 이를 수 있고 수액은 가능한 빨리 보충해 주어야 하는 열중증

(2) 더운 환경에서 고된 육체적 작업을 통하여 신체의 지나친 염분 손실을 충당하지 못할 경우 발생하는 고열장애로 빠른 회복을 위해 염분과 수분을 공급하지만 염분 공급 시 식염정제를 사용하여서는 안되는 열중증

02. 주물 용해로에 레시버식 캐노피 후드를 설치하는 경우 열상승 기류량이 $15m^3/min$이고, 누입한계 유량비가 3.5일 때 소요풍량(m^3/min)을 구하시오.

03. 용접작업장에서 채취한 공기 시료채취량이 96L인 시료여재로부터 0.25mg의 아연을 분석하였다. 시료채취기간 동안 용접공에게 노출된 산화아연(ZnO)흄의 농도(mg/m^3)를 구하시오. (단, 아연의 원자량 = 65)

04. 관리대상 유해물질을 취급하는 작업에 근로자를 종사하도록 하는 경우에 근로자를 작업에 배치 전 사업주가 근로자에게 알려야 하는 사항을 3가지 쓰시오.

05. 공기 중 납 농도 측정 시 시료채취에 사용되는 여과지의 종류와 분석기기의 종류를 각각 한 가지씩 쓰시오.

06. 다음 ( ) 안에 알맞은 용어를 쓰시오.

> 용접흄은 (①) 채취방법으로 하되, 용접보안면을 착용한 경우에는 그 내부에서 채취하고 중량분석방법과 원자흡광분광기 또는 (②)를(을) 이용한 분석방법으로 측정한다.

07. 공기 중 유해가스를 측정하는 검지관법의 장점을 3가지 쓰시오.

08. 산업안전보건기준에 관한 규칙에서 곤충 및 동물매개 감염병 고위험작업을 하는 경우 예방조치 사항 4가지를 쓰시오.

09. 플랜지부착 슬로트후드가 있다. 슬로트후드의 밑변과 높이는 20cm×3cm이다. 제어풍속이 3m/sec, 오염원까지의 거리가 30cm인 경우 필요유량(m^3/min)을 구하시오.

10. 확대 전 직경이 200mm, 확대 후의 직경이 300mm인 확대관에 유량 0.3m^3/sec가 흐르고 있다. 정압회복계수가 0.76일 때 다음을 구하시오.

(1) 공기가 이 확대관을 흐를 때 압력손실(mmH₂O)을 계산하시오.

(2) 처음 정압이 −21.5mmH₂O일 경우 나중 정압(mmH₂O)을 구하시오.

11. 열원사용 공정에 대한 작업환경 개선대책으로 전체 환기시설을 설치하고자 한다. 작업장 내의 열부하량이 시간당 15,000kcal/hr, 실내 온도가 30℃, 실외 온도가 20℃일 경우 필요환기량(m^3/min)을 구하시오.

12. 전체 환기 적용 시 적용조건(고려사항)을 5가지 쓰시오. (단, 국소배기가 불가능한 경우는 제외한다.)

13. 인쇄작업 금형을 보관하는 장소에 시간당 100g씩 톨루엔을 사용한다. 톨루엔의 분자량이 92.13이며, 허용기준은 188mg/m³, 보관장소 온도와 기압이 각각 18℃, 1기압이다. 국소배기장치 설치가 어려워 전체 환기장치를 설치하고자 할 때 톨루엔의 시간당 발생률(L/hr)을 구하시오.

14. 휘발성유기화합물(VOC) 처리방식인 불꽃연소법과 촉매산화법의 특징을 2가지씩 쓰시오.

(1) 불꽃연소법

(2) 촉매산화법

15. A 작업장의 공기 중에는 벤젠 0.25ppm, 톨루엔 25ppm, 크실렌 60ppm이 공존하고, 서로 상가작용을 할 경우 허용농도 초과여부와 혼합증기의 허용농도를 구하시오. (단, 벤젠 TLV 0.5ppm, 톨루엔 TLV 50ppm, 크실렌 TLV 100ppm)

16. 고열 배출원이 아닌 탱크 위에 2.5m×1.5m 크기의 캐노피형 후드를 설치하였다. 배출원에서 후드 개구면까지의 높이는 0.7m이고, 제어속도가 0.3m/sec일 때 필요송풍량(m^3/min)을 구하시오.

17. 공기역학적 직경의 정의를 쓰시오.

18. 부분 포위식 후드인 Booth식 후드를 설치하여 제어속도는 0.25~0.5m/sec 범위로 흡인하고 하한 제어속도의 20% 빠른 속도로 포집하고자 한다. 개구면적을 가로 3m, 세로 2m로 할 경우 필요흡인량(m^3/min)을 구하시오.

19. 플랜지가 붙은 외부식 후드와 하방흡인형 후드(오염원이 개구면과 가까울 때)의 필요송풍량(m^3/min) 계산식을 쓰시오.

20. 다음 그림의 (A)~(C)에 알맞은 입자크기별 포집기전을 쓰시오.

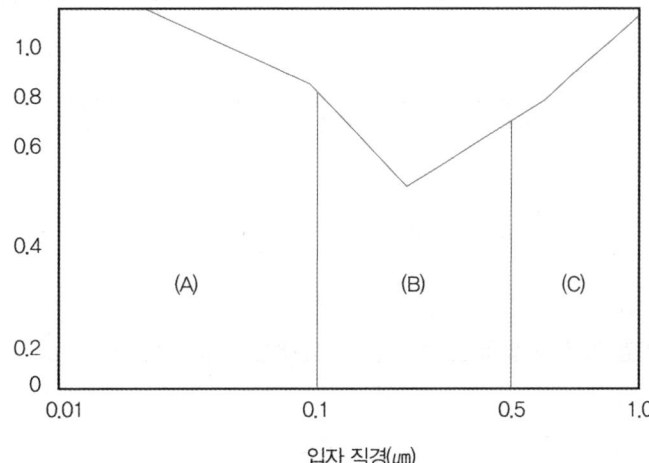

2019년도 제1회 기사 필답형

01. 국소배기 시설을 실제 설계할 경우 총 압력손실을 계산하는 방법을 2가지 쓰시오.

02. 플랜지가 없는 외부식 후드를 설치하고자 한다. 후드 개구면에서 발생원까지의 제어거리가 0.5m, 제어속도가 6m/sec, 후드 개구 단면적이 1.2m^{2}일 경우 필요송풍량(m^3/min)을 구하시오.

03. 수동식(확산식) 시료채취기의 장점을 4가지 쓰시오.

04. 입자상 물질의 크기를 표시하는 방법 중 물리학적(기하학적) 직경 측정방법을 3가지 쓰고 간단히 설명하시오.

05. 산업피로 증상에서 혈액과 소변의 변화를 2가지씩 쓰시오.

06. 전체 환기 적용 시 고려사항을 4가지 쓰시오.

07. ACGIH의 입자 크기에 따른 종류 3가지와 각각의 평균입경을 쓰시오.

08. 입자상 물질이 여과지에 채취되는 작용기전을 5가지 쓰시오.

09. 작업장 내의 열부하량이 200,000kcal/hr이고 온도가 30℃였다. 외기의 온도가 20℃일 때 필요환기량(m^3/min)을 구하시오.

10. 현재 회전수가 1,000rpm일 때 송풍량은 28.3m³/min, 정압은 21.6mmH₂O, 동력은 0.5HP이다. 만약 회전수가 1,125rpm으로 증가할 경우 송풍량, 정압, 동력을 구하시오.

11. 그림에서 $H=1m$, $E=1.2m$이고 열원의 온도는 1,800℃이다. 다음 조건을 이용하여 열상승기류량(m³/min)을 구하시오.

- $Q_1(m^3/\min) = \dfrac{0.57}{\gamma(A\gamma)^{0.33}} \times \Delta t^{0.45} \times Z^{1.5}$
- 온도차 Δt의 계산식

온도차	$H/E \leq 0.7$	$H/E > 0.7$
Δt	$\Delta t = t_m - 20$	$\Delta t = (t_m - 20)\{(2E+H)/2.7E\}^{-1.7}$

- 가상고도의 계산식

고도비	$H/E \leq 0.7$	$H/E > 0.7$
Z	$Z = 2E$	$Z = 0.74(2E+H)$

- 열원의 종횡비(γ) = 1

12. 0℃, 1기압에서의 공기밀도는 1.293kg/m³이다. 동일기압, 70℃에서의 공기밀도(kg/m³)를 구하시오.

13. 노출인년은 조사근로자를 1년 동안 관찰한 수치로 환산한 것이다. 다음 근로자들의 조사년한을 노출인년으로 환산하시오.

- 6개월 동안 노출된 근로자의 수 : 8명
- 1년 동안 노출된 근로자의 수 : 20명
- 3년 동안 노출된 근로자의 수 : 10명

14. 덕트 단면적이 $0.38m^2$이고, 덕트 내 정압은 $-64.5mmH_2O$, 전압은 $-20.5mmH_2O$이다. 덕트 내의 반송속도(m/sec)와 공기유량(m^3/min)을 구하시오. (단, 공기밀도 $1.2kg/m^3$)

(1) 반송속도

(2) 공기유량

15. 염소가스나 이산화질소가스와 같이 흡수제에 쉽게 흡수되지 않는 물질의 시료채취에 사용되는 시료채취 매체는 무엇이며, 그 이유를 쓰시오.

16. 다음은 각 분야의 표준공기(표준상태)에 관한 사항이다. 빈칸에 알맞은 내용을 쓰시오.

구분	온도(℃)	1mol의 부피(L)
순수자연 분야		
산업위생 분야		
산업환기 분야		

17. 톨루엔을 활성탄관을 이용하여 0.25L/min으로 200분 동안 측정한 후 분석하였더니 앞층에서 3.31mg이 검출, 뒤층에서 0.11mg이 검출되었다. 탈착효율이 95%라고 할 때 파과여부와 공기 중 농도(ppm)를 구하시오. (단, 25℃, 1atm)

18. 표준공기가 흐르고 있는 덕트의 Reynold 수가 30,000일 때 덕트 유속(m/sec)을 구하시오. (단, 덕트 직경 150mm, 점성계수 1.607×10^{-4} poise, 비중 1.203)

19. 3,000m³의 부피를 가진 작업실에서 메틸렌클로라이드가 시간당 600g이 증발되고 있다. 유효환기량이 56.6m³/min일 때 이 작업실에서 메틸렌클로라이드의 농도가 100mg/m³가 될 때까지 걸리는 시간(min)을 구하시오. [단, $V' \dfrac{dc}{dt} = G - Q'C$ (여기서, V' : 작업장 부피, G : 유해물질 발생량(생성속도), Q' : 유효환기량, C : 어떤 시간 t에서 유해물질의 농도)를 이용]

20. 작업장에 소음 발생이 80dB은 4시간, 85dB은 2시간, 91dB은 30분, 94dB은 10분 간 발생하였다. 노출지수를 구하고, 허용기준 초과여부를 판단하시오. (단, TLV는 80dB(24시간), 85dB(8시간), 91dB(2시간), 94dB(1시간)이다.)

2019년도 제2회 기사 필답형

01. 흡입구 정압은 −70mmH₂O, 배출구 정압은 20mmH₂O, 반송속도는 13.5m/sec이고, 온도 21℃, 밀도 1.21kg/m³일 때 송풍기의 정압(mmH₂O)을 구하시오.

02. 귀마개와 비교시 귀덮개의 장점을 4가지 쓰시오.

03. 전체 환기 적용조건을 5가지 쓰시오.

04. 도금공장에서 화학물질 A, B를 신규로 들여왔다. A, B의 화학물질반응성을 알아보기 위해 동물실험을 실시해 다음과 같은 용량-반응곡선을 얻었다면, A, B 화학물질의 독성에 대해 TD_{10}, TD_{50}을 기준으로 비교 설명하시오. (단, TD는 동물실험에서 동물이 사망하지는 않지만 조직 등에 손상을 입는 정도의 양을 나타낸다.)

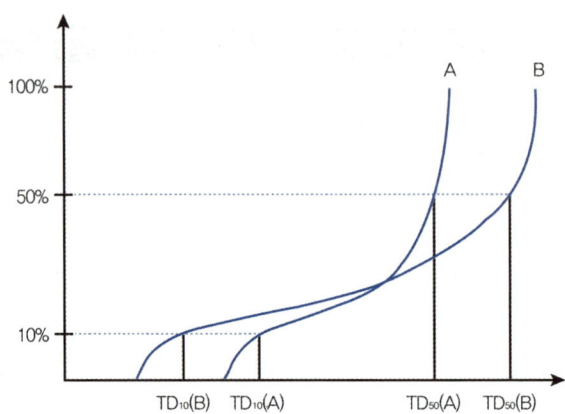

05. 국소배기 시설의 후드와 관련된 다음 용어를 설명하시오.

(1) 플랜지

(2) 테이퍼

(3) 슬롯

06. 실내체적이 3,000m³인 영화관에서 관람객 500명이 있다. 1인당 배출 이산화탄소가 21L/hr일 때 공기교환횟수(ACH)를 구하시오. (단, 실내 CO_2 허용기준 0.1%, 외기 CO_2 농도 300ppm)

07. 환기공정 중 덕트에서 정압, 속도압을 측정하는 장비(측정기기)를 3가지 쓰시오.

08. 아세톤 3,000ppm이 공기 중에 존재한다면 공기와 아세톤 혼합물의 유효비중(effective specific gravity)은 얼마인가? (단, 아세톤의 증기비중은 2이다.)

09. 유입 손실계수가 0.65이고 원형 후드 직경이 20cm이며, 유량이 40m³/min인 경우 후드정압(mmH$_2$O)을 구하시오. (단, 21℃, 1atm)

10. 가스나 증기상 물질의 흡착에 사용되는 활성탄과 실리카겔의 사용용도와 시료채취 시 주의할 점을 2가지 쓰시오.

(1) 사용용도

(2) 시료채취

11. 유해물질의 독성을 결정하는 인자를 5가지 쓰시오.

12. 고농도 분진작업 시 작업환경대책을 4가지 쓰시오.

13. 후드 입구 규격은 30cm×10cm이고 발생원까지의 거리가 30cm이며, 제어속도가 1m/sec일 경우 다음을 구하시오. (단, 후드는 플랜지 부착, 후드 위치는 작업대)

  (1) 풍량(m^3/min)

  (2) 플랜지 폭(cm)

14. 직경이 20cm이고 관 내 유속이 25m/sec일 때 Reynold 수를 구하시오. (단, 동점성 계수 $1.85 \times 10^{-5} m^2$/sec)

15. 송풍량 300m³/min이 관의 관경 0.4m, 장경 0.85m 내로 흐르고 있다. 이 직관의 길이 5m당 압력손실(mmH₂O)을 구하시오. (단, 유체밀도 1.2kg/m³, 관마찰계수 0.02)

16. 실내 체적이 1,000m³이고 ACH가 10일 때 실내공기 환기량(m³/sec)을 구하시오.

17. 정상청력을 가진 사람의 가청주파수 영역을 쓰시오.

18. 메틸사이클로헥사놀(TLV-TWA 50ppm)을 취급하는 작업장에서 1일 10시간 작업시 Brief and Scala 보정법을 적용하였을 경우 보정된 허용기준을 구하시오.

19. 분진이 발생하는 공장에서 측정한 공기 중 먼지의 공기역학적 직경은 평균 5.5㎛이다. 이 먼지를 흡입성 먼지 채취기로 채취한다고 가정할 때 채취효율(%)을 계산하시오. (단, 먼지의 채취효율 = 50%×(1+e$^{-(0.06d)}$))

20. 비중이 6.6이고 입경이 2.4㎛인 산화흄의 침강속도(cm/sec)를 구하시오.

2019년도 제3회 기사 필답형

01. 2HP인 기계가 30대, 시간당 200kcal의 열량을 발산하는 작업자가 20명, 30kW 용량의 전등이 1대 켜져 있는 작업장이 있다. 실내온도가 32℃이고, 외부공기온도가 27℃일 때 실내온도를 외부공기온도로 낮추기 위한 필요환기량(m³/min)을 구하시오. (단, 1HP = 730kcal/hr, 1kW = 860kcal/hr, 작업장 내 열부하(H_s) = $C_P \times Q \times \Delta t$에서 C_P 0.24는 밀도(1.230kg/m³)를 고려하여 계산)

02. 40℃, 800mmHg에서 853L인 $C_5H_8O_2$가 65mg이 있다. 21℃, 1기압에서의 농도(ppm)을 구하시오.

03. 다음 그림과 같은 후드에서 속도압이 30mmH₂O, 압력손실이 3.24mmH₂O일 때 유입계수를 구하시오.

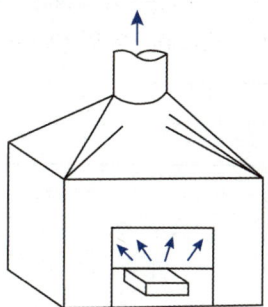

04. 먼지의 공기역학적 직경의 정의를 쓰시오.

05. 후드의 선택지침을 4가지 쓰시오.

06. 다음 〈보기〉의 것을 효율성이 높은 순서대로 번호를 쓰시오.

> 보기
> ① 포위식 후드
> ② 플랜지가 부착되어 있는, 작업면에 고정된 외부식 후드
> ③ 플랜지가 없는, 자유공간 외부식 후드
> ④ 플랜지가 부착되어 있는, 자유공간 외부식 후드

07. 다음 표와 같이 합류관에서는 합류관의 각도에 따라 유입손실이 발생하게 되는데 합류관의 유입각도를 90°에서 30°로 변경할 경우 합류관에서 발생되는 압력손실(mmAq)을 얼마나 감소시킬 수 있는지 구하시오. (단, 속도압은 두 경우 모두 10mmH$_2$O이다.)

합류관 각도	15°	30°	45°	90°
압력손실계수	0.09	0.18	0.28	1.00

08. 송풍기의 회전수가 400rpm일 때 정압이 60mmH₂O, 송풍량이 300m³/min, 동력은 3.8kW이다. 회전수를 500rpm으로 변경할 경우 송풍량(m³/min)과 소요동력(kW)을 구하시오.

09. 공기의 온도가 32℃, 압력이 720mmHg일 경우 공기밀도(kg/m³)를 구하시오. (단, 21℃, 1atm에서의 밀도는 1.2kg/m³이다.)

10. 표준공기가 흐르고 있는 덕트의 Reynold 수가 30,000일 때 덕트의 임계속도(m/sec)를 구하시오. (단, 덕트직경 15cm, 점성계수 1.85×10^{-5} kg/m·sec, 공기밀도 1.203kg/m³)

11. 산업위생 통계에 적용되는 계통오차와 우발오차에 대하여 각각 설명하시오.

(1) 계통오차

(2) 우발오차

12. ACGIH TLV 적용 시 주의사항을 5가지 쓰시오.

13. 작업장에서 210분을 측정하여 누적소음 폭로량이 40%였다면 시간가중 평균소음수준(dB)은 얼마인지 구하시오.

14. 공기 중 납을 여과지로 포집한 후 분석한 결과 시료 여과지에서는 22μg, 공시료 여과지에서는 3μg이 검출되었다. 8시부터 12시까지 시료 포집 pump 2.0L/min으로 채취하였다면 공기 중 납의 농도($\mu g/m^3$)를 구하시오. (단, 회수율 98%)

15. 다음은 산업안전보건법령상 적정공기와 관련된 용어의 정의이다. 빈칸에 알맞은 수치를 써 넣으시오.

> 청정공기라 함은 산소농도의 범위가 (①)% 이상 (②)% 미만, 탄산가스 농도가 (③)% 미만, 황화수소 농도가 (④)ppm 미만, 일산화탄소 농도가 (⑤)ppm 미만인 수준의 공기를 말한다.

16. 분진을 포집하기 위하여 여과필터 1매의 질량을 측정하니 10.04mg이었다. 분당 40L가 흐르는 관에서 30분 동안 분진을 포집한 후, 이 필터의 질량을 측정하였더니 16.04mg이었다. 이 때 분진의 농도(mg/m^3)를 구하시오.

17. 21℃, 1기압인 작업장에서 작업공정 중 1시간당 0.5L의 Y물질이 모두 공기 중으로 증발되어 실내공기를 오염시키고 있다. 이 작업공정이 실내 전체 환기를 위한 필요환기량(m^3/min)을 구하시오. (단, 안전계수 6, Y물질 분자량 72.1, 비중 0.805, TLV 200ppm)

18. 보충용 공기(make-up air)의 정의를 쓰시오.

19. 송풍량이 200m^3/min, 전압이 100mmH_2O인 송풍기의 소요동력을 5kW 미만으로 유지하기 위해 필요한 효율(%)을 구하시오.

20. 작업장의 용적이 2,500m^3이며, 작업장에 메틸클로로포름 증기가 0.03m^3/min으로 배출되고 이때 유효환기량은 50m^3/min이다. 작업장 초기농도가 0인 상태에서 200ppm으로 도달하는데 걸리는 시간(min) 및 1시간 후의 농도(ppm)를 구하시오.

(1) 시간(min)

(2) 1시간 후의 농도(ppm)

2020년도 제1회 기사 필답형

01. 입자상 물질이 여과지에 채취되는 작용기전을 5가지 쓰시오.

02. 전체 환기 시설 설치 시 필요조건을 6가지 쓰시오.

03. 표준공기가 흐르고 있는 덕트의 Reynold 수가 50,000일 때 덕트 유속(m/sec)을 구하시오. (단, 덕트 직경 200mm, 점성계수 1.8×10^{-5} kg/m·sec, 비중 1.203)

04. 유입계수가 0.65(C_e = 0.65)인 후드가 있다. 후드에 연결된 덕트는 원형이고 지름이 10cm이다. 유량이 0.1m³/sec일 때 후드의 정압(mmH$_2$O)을 구하시오. (단, 공기의 밀도는 1.2kg/m³)

05. 다음 물음에 답하시오.

(1) 산소부채의 정의

(2) 산소부채가 일어날 때 에너지 공급원을 3가지 쓰시오.

06. 덕트 내 반송속도에 영향을 주는 요소를 4가지 쓰시오.

07. 귀마개의 장단점을 2가지씩 쓰시오.

08. 송풍관 내의 속도압이 30mmH₂O일 때, 덕트의 유속(m/sec)을 구하시오. (단, 밀도는 1.293kg/m³이다.)

09. 송풍기의 회전수가 1,000rpm일 때 송풍량은 300m³/min, 송풍기 정압은 100mmH₂O, 동력은 12kW였다. 송풍기 회전수를 1,200rpm으로 할 때의 송풍량, 정압, 동력을 구하시오.

10. 석면해체 작업 시 작업수칙을 쓰시오.

11. 셀룰로오스섬유 여과지의 장단점을 각각 2가지씩 쓰시오.

12. 흡착제에 오염물질이 거의 흡착되어 유출농도가 급격히 증가하는 현상으로, 뒤층의 농도가 앞층의 농도의 10% 이상일 때 나타나는 현상은 무엇인가?

13. 입자상물질을 물리적 기준으로 구분하는 직경을 3가지 쓰시오.

14. 작업장에서 소음이 90dB로 2시간, 95dB로 2시간, 100dB로 45분 동안 발생하였을 경우 노출지수를 구하고, 노출기준 초과여부를 판단하시오.

15. 작업장에서 1시간에 1kg의 톨루엔이 증발되어 공기를 오염시키고 있다. K는 5, 분자량은 92이며 허용기준 TLV는 50ppm이라면 이 작업장을 전체 환기시키기 위한 필요환기량(m^3/hr)을 구하시오. (단, 작업장 25℃, 1atm)

16. 킬레이트 채취 분석법을 4가지 쓰시오.

17. 공기 중 혼합물로써 벤젠 0.25ppm(TLV : 0.5ppm), 톨루엔 30ppm(TLV : 100ppm), 자일렌 40ppm(TLV : 100ppm)이 서로 상가작용을 한다고 할 때 허용농도 초과여부를 평가하고 혼합공기의 허용농도를 구하시오.

18. 입자상 물질의 여과재의 구비조건(여과재 선정시 고려사항)을 5가지 쓰시오.

19. 축류형 송풍기의 종류를 3가지 쓰시오.

20. 후드에 플랜지를 부착했을 때 얻을 수 있는 효과를 3가지 쓰시오.

2020년도 제2회 기사 필답형

01. 세정집진장치의 집진원리를 4가지 쓰시오.

02. 2차 표준 보정기구의 종류를 5가지 쓰시오.

03. 후드(hood)의 속도압이 50mmH$_2$O이고 압력손실이 3.5mmH$_2$O일 경우 유입계수를 구하시오.

04. 금속제품을 탈지하여 세정하는 공정에서 사용하는 유기용제인 TCE의 작업자 노출농도를 측정하고자 한다. 과거의 노출농도를 조사해 본 결과, 평균 50ppm이었다. 활성탄관을 이용하여 0.15L/min으로 채취하였다. 채취시료의 최소 채취시간(min)을 구하시오. (단, TCE의 분자량은 131.39, 가스크로마토그래피(GC) 사용시 정량한계(LOQ)는 시료당 0.5mg, 25℃, 1기압)

05. 전체 환기 적용조건을 5가지 쓰시오.

06. 직경이 30cm이고, 송풍량이 100m³/min, 길이가 10m인 덕트의 압력손실(mmH₂O)을 구하시오. (단, 관마찰계수(λ)는 0.02이다.)

07. 후드 입구에서 유속을 고르게 분포시키는 장치의 이름을 쓰시오.

08. 덕트 내의 전압, 정압, 속도압을 피토튜브로 측정하려고 한다. 이 그림에서 전압, 정압, 속도압을 찾고, 해당 압력을 쓰시오.

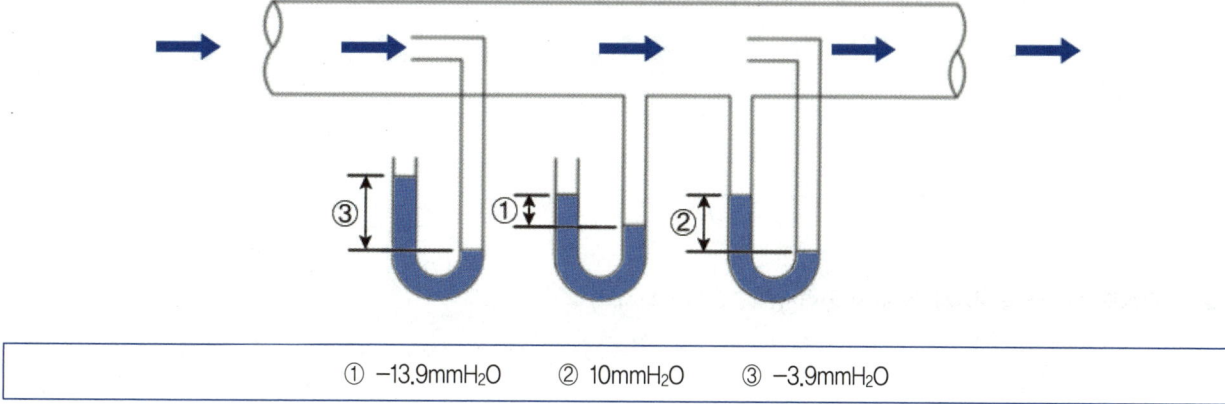

① -13.9mmH₂O　② 10mmH₂O　③ -3.9mmH₂O

09. 유기용제를 취급하는 작업장에 근로자의 부주의로 벤젠 3L를 작업장 바닥에 흘렸다. 작업장은 25℃, 1기압 상태라 가정할 때, 공기 중으로 증발한 벤젠의 증기용량(L)을 구하시오. (단, 비중은 0.879이며, 바닥의 벤젠은 모두 증발한 것으로 가정한다.)

10. 실내체적이 3,000m³인 작업장에 배출되는 이산화탄소가 5,000L/hr일 때 공기교환횟수(ACH)를 구하시오. (단, 실내 CO_2 허용기준 0.1%, 외기 CO_2 농도 300ppm)

11. 공기의 온도가 28℃, 압력이 700mmHg일 경우 공기밀도(kg/m³)를 구하시오. (단, 21℃, 1atm에서의 밀도는 1.2kg/m³이다.)

12. 송풍기의 회전수가 1,000rpm일 때 송풍량은 300m³/min, 송풍기 정압은 100mmH₂O, 동력은 12kW였다. 송풍기 회전수를 1,200rpm으로 할 때의 송풍량, 정압, 동력을 구하시오.

13. 공기정화장치 중 흡착장치 설계 시 고려사항을 3가지 쓰시오.

14. 화학물질 및 물리적 인자의 노출기준 중 아래 항목 한 가지를 선택하여 설명하시오.

(1) 단시간노출기준(STEL)

(2) 최고노출기준(C)

15. 공기 중 혼합물로써 벤젠 0.1ppm(TLV : 0.5ppm), 톨루엔 20ppm(TLV : 50ppm), 자일렌 30ppm(TLV : 100ppm)이 서로 상가작용을 한다고 할 때 허용농도 초과여부를 평가하고 혼합공기의 허용농도(ppm)를 구하시오.

16. 어떤 물질의 독성에 관한 인체실험 결과 안전흡수량이 체중 kg당 0.2mg이었다. 체중 70kg인 사람이 1일 8시간 작업 시 이 물질의 체내흡수를 안전흡수량 이하로 유지하려면 이 물질의 공기 중 농도를 얼마 이하로 규제하여야 하는가? (단, 작업 시 폐환기율 1.2m³/hr, 체내잔류율 1.0)

17. 후드의 흡인요령을 5가지 쓰시오.

18. 온도가 130℃ 작업장에서 크실렌이 시간당 2L로 발생하고 있다. 폭발방지를 위한 환기량(m³/min)을 구하시오. (단, 크실렌의 LEL = 1%, 비중 0.806, 안전계수 5, 분자량 106)

19. 후드 입구 규격은 30cm×10cm이고 발생원까지의 거리가 30cm이며, 제어속도가 1m/sec일 경우 다음을 구하시오.

  (1) 플랜지 폭(cm)

  (2) 플랜지 부착시 감소 흡인풍량(%)

20. 공기정화장치의 종류를 5가지 쓰시오.

2020년도 제3회 기사 필답형

01. 온도가 157℃ 세차폐수처리장에서 벤젠이 시간당 1.15L로 발생하고 있다. 폭발방지를 위한 환기량(m^3/min)을 구하시오. (단, 벤젠의 폭발범위는 1~7%, 비중 0.9, 안전계수 10, 분자량 78)

02. 대기의 CO_2 농도가 0.04%, 실내 CO_2 농도가 0.1%일 때 한 사람의 시간당 CO_2 배출량이 12L인 작업장에서 1시간당 필요환기량(m^3/hr)을 산출하시오. (작업장 공간은 300m^3, 작업자 수는 10명이다.)

03. 톨루엔(TLV = 100ppm)을 사용하는 유기용제 작업장의 작업시간이 1일 10시간일 경우 허용농도를 보정하면 얼마나 되는지 구하시오. (단, Brief와 Scala의 보정방법 적용)

04. 권장무게한계(RWL)의 산출식과 계수의 종류를 6가지 쓰시오. (계수의 영어기호는 한글로 반드시 설명을 쓰시오.)

05. 다음의 "사무실 공기관리지침"의 내용 중 빈칸에 알맞은 말을 쓰시오.

(1) 공기정화시설을 갖춘 사무실에서의 환기횟수는 시간당 (　)회 이상으로 한다.

(2) 공기의 측정시료는 사무실 내에서 공기질이 가장 나쁠 것으로 예상되는 (　)곳 이상에서 채취한다.

(3) 일산화탄소(CO)는 연 1회 이상, 업무 시작 후 1시간 이내 및 업무 종료 후 1시간 이내에 각각 (　)분간 측정을 실시한다.

06. 피토관의 전압과 정압을 측정하였더니, 각각 15mmH$_2$O, 7mmH$_2$O로 측정되었다. 관의 단면적은 0.09m^{2}일 때, 피토관 유속(m/sec)과 유량(m^3/min)을 구하시오. (단, 피토관 계수는 1이고, 관 내 온도는 21℃이다.)

07. 어떤 물질의 독성에 관한 인체실험 결과 안전흡수량이 체중 kg당 0.1mg이고, 벤젠농도가 100mg/m^{3}이다. 체중 70kg인 사람이 체내흡수를 안전흡수량 이하로 유지하려면 노출시간을 몇 분 이하로 제한하여야 하는지 구하시오. (단, 작업 시 폐환기율 1.4m^3/hr, 체내잔류율 1.0)

08. 국소배기장치의 설계순서를 순서대로 나열하시오.

> ① 총 압력손실 계산　　② 제어속도 선정
> ③ 후드형식 선정　　　　④ 후드의 크기 선정
> ⑤ 덕트 내 직경 크기 선정

09. 2개의 집진장치를 직렬로 연결하였다. 1차 집진장치를 전처리로 사용하고 집진효율 95% 2차 집진장치를 후처리로 사용한다. 총 집진효율이 99%일 때 1차 집진장치의 집진효율(%)을 구하시오.

10. 작업장 내 환기설비에서 공기공급시스템이 필요한 이유를 4가지 쓰시오.

11. 어떤 공장에서 1시간에 1.8L의 메틸에틸케톤이 증발되어 공기를 오염시키고 있다. K는 5, 분자량은 72.06, 비중은 0.805이며 허용기준 TLV는 200ppm이라면 이 작업장을 전체 환기시키기 위한 필요환기량(m^3/min)을 구하시오. (단, 작업장 25℃, 1atm)

12. 개구면 면적이 0.5m^2, 오염원과의 거리 1m, 제어속도가 0.5m/sec인 원형후드가 있다. 각 송풍량(m^3/min)을 산출하시오.

(1) 플랜지가 없는 경우 송풍량

(2) 플랜지가 부착된 경우 송풍량

13. 국소배기 장치 설치가 어려운 경우, 전체 환기를 적용한다. 전체 환기의 설치 시 조건을 4가지 쓰시오.

14. 다음 설명의 용어를 쓰시오.

(1) 분석치가 참값에 얼마나 접근하였는가 하는 수치상의 표현

(2) 자료분석치의 변동크기가 얼마나 작은가를 표현

(3) 동일노출집단의 근로자가 작업을 행하는 장소 표현

15. 국소배기장치 성능시험 시 필수장비를 5가지 쓰시오.

16. 온도 117℃, 압력 700mmHg에서 150m³/min의 가스의 유량은 20℃, 1atm에서 얼마의 유량인지 구하시오.

17. 입자상물질을 물리적 기준으로 구분하는 직경을 3가지 쓰시오.

18. 국소배기 시설 설치 시 필요송풍량을 최소화하는 방법을 4가지 쓰시오.

19. 밀도가 1.3g/cm³이고 입경이 15㎛인 산화흄의 침강속도(cm/sec)를 구하시오.

20. 입자상 물질이 호흡기에 침착하는 메커니즘을 4가지 쓰시오.

2022년도 제1회 기사 필답형

01. 다음 아래의 "사무실 공기관리지침"의 내용 중 빈칸에 알맞은 내용을 쓰시오. (단위를 반드시 기입하시오.)

[오염물질 관리기준]

오염물질	관리기준
이산화탄소	1,000ppm
일산화탄소	(①)
이산화질소	(②)
포름알데히드	(③)

02. 열평형 방정식을 쓰고, 각 요소를 설명하시오.

03. 산소의 농도가 18% 미만인 작업장에서 사용하는 마스크 종류를 2가지 쓰시오.

04. 작업장에서 pvc 에어로졸을 채취하였다. 여과채취 전 pvc 무게가 0.4230mg, 여과채취 전 공시료 무게가 0.3978mg, 여과채취 후 pvc 무게가 0.6721mg, 여과채취 후 공시료 무게가 0.3988mg이고 오전 8시 25분부터 11시 55분까지 채취하였다. 채취유량은 1.98m³/min이었다면, 작업장의 농도(mg/m³)를 구하시오.

05. 고열배출원이 아닌 탱크 위, 장변 2m, 단변 1.4m, 배출원에서 후드까지 높이가 0.5m, 제어속도가 0.4m/sec일 때, 소요풍량(m^3/min)을 구하시오. (단, Dalla Vella식을 이용하여 산출)

06. 퇴근 후 오후 6시 30분 사무실의 CO_2 농도는 1,500ppm, 오후 9시 사무실의 CO_2 농도는 500ppm일 때, 시간당 공기교환 횟수를 구하시오. (외기 CO_2 농도는 330ppm)

07. 0.9m^2 정사각형 후드, 제어속도 0.5m/sec일 때 오염원~후드 개구면 간 거리를 0.5m에서 1m로 변경하면 송풍량은 몇 배로 증가하는지 쓰시오.

08. 여과 메커니즘에서 확산에 영향을 주는 인자를 4가지 쓰시오.

09. 제진장치종류를 3가지 쓰시오.

10. 송풍기 흡인 정압은 60mmH$_2$O, 배출구 정압은 20mmH$_2$O, 송풍기 입구 평균 유속이 20m/sec일 때, 송풍기 정압(mmH$_2$O)을 구하시오.

11. 90° 곡관, 곡률반경비가 2.5일 때 압력손실계수는 0.22이고, 속도압이 15mmH$_2$O일 때, 압력손실(mmH$_2$O)을 구하시오.

12. 다음 용어에 대해 설명하시오.

   (1) 플랜지 :

   (2) 배플(baffle) :

   (3) 슬롯 :

   (4) 플래넘 :

   (5) 개구면 속도 :

13. 다음의 화학적 상호작용에 대해 각각 설명하시오.

(1) 독립작용 :

(2) 상가작용 :

(3) 상승작용 :

(4) 길항작용 :

14. 전체 환기 적용 시 적용조건(고려사항)을 5가지 쓰시오. (단, 국소배기가 불가능한 경우는 제외한다.)

15. 직경 300mm, 송풍량 50m³/min인 관내에서 표준공기일 때 속도압(mmH$_2$O)을 구하시오.

16. 50℃에서 100㎥/min로 흐르는 이상기체의 온도를 5℃로 낮추었을 때, 유량(m³/min)을 구하시오. (단, 압력은 일정)

17. 8시간 동안 MEK 16L를 사용하였다. 21°C, 1atm, TLV가 200ppm일 때, 환기에 필요한 송풍량(m^3/min)을 구하시오. (MEK의 분자량은 72, 비중은 0.805, 안전계수는 6)

18. 직경 20cm, 유속 23m/sec, 20°C인 관 내에서 레이놀즈 수를 구하시오. (단, 공기밀도 1.2kg/m^3, 공기의 점성계수는 1.8×1/100000kg/sec·m)

19. 용접 작업면 위 자유공간에서 플랜지가 부착된 외부식 후드를 작업면 위에 고정시키면, 효율은 몇 % 향상되는지 구하시오. (후드 개구면 면적은 0.8m^2, 제어속도는 0.5m/sec, 개구면까지 거리는 30cm)

20. 태양광선이 없는 옥외에서 자연습구온도 18°C, 건구온도 21°C, 흑구온도 25°C일 때, WBGT 온도(°C)를 구하시오.

2022년도 제2회 기사 필답형

01. 안전관리자가 수행하여야 할 업무를 3가지 쓰시오.

02. 연소작업을 중등작업으로 하는 작업장의 자연습구온도가 31℃, 흑구온도가 50℃, 건구온도가 34℃일 때 실내 WBGT(℃)를 구하고, 허용치 초과 여부를 판정하시오. (단, 온도는 태양광선이 내리쬐지 않는 장소에서 측정하였고 작업장의 WBGT 노출기준은 26.7℃였다.)

　(1) WBGT

　(2) 노출기준 초과 여부

03. 방진마스크의 분진포집능력이 99.5% 이상일 경우 해당 마스크는 몇 급으로 분류되는지 쓰시오.

04. 플랜지 효과의 장점을 3가지 쓰시오.

05. 여과집진 시 포집기전을 5가지 쓰시오.

06. 아래 〈보기〉의 빈칸에 공통으로 들어갈 말을 쓰시오.

> 보기
>
> 안전인증 또는 안전검사의 업무를 위탁받은 안전인증기관 또는 안전검사기관은 안전인증·안전검사에 관한 사항으로서 고용노동부령으로 정하는 서류를 ( ) 동안 보존하여야 하고, 안전인증을 받은 자는 안전인증대상기계 등에 대하여 기록한 서류를 ( ) 동안 보존하여야 한다.

07. 작업환경대책의 기본원칙을 3가지 쓰고, 각각의 방법을 2가지씩 쓰시오.

08. 작업종료 직후인 오후 7시 45분에 측정한 공기 중 CO_2 농도는 1,500ppm이고, 오후 9시에 측정한 CO_2 농도가 500ppm일 때 시간당 공기교환횟수(ACH)를 구하시오. (단, 외기의 CO_2 농도는 330ppm이다.)

09. 공기 중 혼합물로 A물질 7ppm(TLV = 10ppm), B물질 9ppm(TLV = 20ppm), C물질 5ppm(TLV = 50ppm) 존재 시 혼합물의 노출지수를 평가하고 보정된 허용농도(ppm)을 구하시오.

10. 근로자는 차음평가지수(NRR)가 18인 귀덮개를 착용하고 있다. 미국 OSHA의 계산방법을 활용하여 차음효과(NR)를 구하시오.

11. 근골격계부담작업을 하는 경우 사업주는 몇 년마다 유해요인조사를 하여야 하는지 쓰시오.

12. ACGIH의 입자크기별 기준의 종류 3가지와 각각의 평균입경을 쓰시오.

13. 개인보호구의 구비요건을 3가지 쓰시오.

14. 근골격계질환 예방관리 프로그램에 대한 아래 빈칸을 완성하시오.

> 근골격계질환으로 업무상 질병으로 인정받은 근로자가 연간 (㉠) 이상 발생한 사업장 또는 (㉡) 이상 발생한 사업장으로서 발생 비율이 그 사업장 근로자 수의 (㉢) 이상인 경우

15. 소음을 측정한 결과이다. 소음의 평균 음압수준을 구하시오.

> **측정결과**
> 85dB, 95dB, 80dB, 82dB, 87dB

16. 다음은 작업환경측정 및 정도관리규정에 따른 시료채취 근로자수에 대한 내용이다. 아래 〈보기〉의 빈칸을 완성하시오.

> **보기**
> 작업환경을 측정할 때에는 단위작업장소에서 최고노출근로자가 (㉠)명 이상에 대하여 동시에 측정하되, 단위작업장소에 근로자가 1명인 경우에는 그러하지 아니하며 동일작업 근로자 수가 (㉡)명을 초과하는 경우에는 매 5명당 1명(1개 지점) 이상을 추가하여 측정한다. 다만, 동일 작업근로자수가 (㉢)명을 초과하는 경우에는 최대 시료채취 근로자수를 20명으로 조정할 수 있다.

17. 전체 환기 시설 설치 시 필요조건을 6가지 쓰시오.

18. 다음 조건의 경우 두어야 할 보건관리자의 수를 쓰시오.

> 조건
>
> (1) 사업의 종류
>   - 모피제품 제조업
>   - 신발 및 신발부분품 제조업
>   - 코크스, 연탄 및 석유정제품 제조업
>   - 화학물질 및 화학제품 제조업 : 의약품 제외
>
> (2) 규모 : 상시 근로자 2,000명 이상

19. 교대근무제 관리원칙을 4가지 쓰시오.

20. 산업현장에서 발생하는 분진의 종류를 5가지 쓰시오.

2023년도 제1회 기사 필답형

01. 작업장 공기 중 사염화탄소(TLV = 10ppm)가 5ppm, 1,2-디클로로에탄(TLV = 50ppm)이 10ppm, 1,2-디브로메탄(TLV = 20ppm)이 7ppm일 때 노출지수(EI)를 구하시오. (단, 상가작용 기준)

02. 아래 보기는 산업안전보건법상 건강진단에 관한 사업주의 의무와 관련된 내용이다. 옳은 것을 모두 고르시오.

> ⊙ 사업주는 일반건강진단, 특수건강진단, 배치전건강진단, 임시건강진단 등 규정에 따른 건강진단을 실시하는 경우 근로자대표가 요구하면 근로자대표를 참석시켜야 한다.
> ⊙ 사업주는 산업안전보건위원회 또는 근로자대표가 요구할 때에는 직접 또는 건강진단을 한 건강진단기관에 건강진단 결과에 대하여 설명하도록 하여야 한다. 다만, 개별 근로자의 건강진단 결과는 본인의 동의 없이 공개해서는 아니 된다.
> ⊙ 사업주는 건강진단의 결과를 근로자의 건강 보호 및 유지 외의 목적으로 사용해서는 아니 된다.
> ⊙ 사업주는 건강진단의 결과 근로자의 건강을 유지하기 위하여 필요하다고 인정할 때에는 작업장소 변경, 작업 전환, 근로시간 단축, 야간근로(오후 10시부터 다음 날 오전 6시까지 사이의 근로를 말한다)의 제한, 작업환경측정 또는 시설·설비의 설치·개선 등 고용노동부령으로 정하는 바에 따라 적절한 조치를 하여야 한다.

03. 산소의 농도가 18% 미만인 작업장에서 사용하는 마스크 종류를 2가지 쓰시오.

04. 사업장에서 안전보건관리 책임자가 총괄 관리해야 하는 업무를 3가지 쓰시오.

05. 육체적 작업능력(PWC)이 16kcal/min인 근로자가 1일 8시간 동안 물체를 운반하고 있다. 이 때의 작업대사량은 9kcal/min이고, 휴식 시의 대사량은 1.4kcal/min이라면 이 사람의 휴식시간과 작업시간을 배분하시오. (단, Hertig식 이용)

06. 근골격계부담작업을 하는 경우 근로자에게 교육 등으로 주지해야 하는 사항을 3가지 쓰시오.

07. 어떤 공장에서 1시간에 1.5kg의 메틸에틸케톤이 증발되어 공기를 오염시키고 있다. K는 6, 분자량은 72.06, 비중은 0.805이며 허용기준 TLV는 200ppm이라면 이 작업장을 전체 환기시키기 위한 필요환기량(m^3/min)은? (단, 작업장 15℃, 1atm)

08. 근골격계 질환을 유발할 수 있는 작업자의 특성요인과 작업의 특성요인을 각각 2가지씩 쓰시오.

(1) 작업자의 특성요인

(2) 작업의 특성요인

09. 야간작업근무자의 생리적 변화를 4가지 쓰시오.

10. 입자상 물질을 물리적 기준으로 구분하는 직경을 3가지 쓰시오.

11. 유기용제를 취급하는 작업장에 근로자의 부주의로 벤젠 3L를 작업장 바닥에 흘렸다. 작업장은 25℃, 1기압 상태라 가정할 때, 공기 중으로 증발한 벤젠의 증기용량(L)을 구하시오. (단, 비중은 0.879이며, 바닥의 벤젠은 모두 증발한 것으로 가정한다.)

12. 귀마개의 장단점을 2가지씩 쓰시오.

13. 사업장 내의 모든 위험요인(기계, 기구, 물질 등)을 찾고 위험수준을 평가하는 것을 무엇이라 하는가?

14. 생물학적 모니터링에서 이용되는 생체시료를 3가지 쓰시오.

15. 국소배기시설의 후드와 관련된 다음 용어를 설명하시오.
   (1) 플랜지

   (2) 테이퍼

(3) 슬롯

16. 연소작업을 중등작업으로 하는 작업장의 자연습구온도가 31℃, 흑구온도가 50℃, 건구온도가 34℃일 때 실내 WBGT(℃)를 구하고, 허용치 초과 여부를 판정하시오. (단, 온도는 태양광선이 내리쬐지 않는 장소에서 측정하였고 작업장의 WBGT 노출기준은 26.7℃였다.)

(1) WBGT

(2) 노출기준 초과 여부

17. 20℃, 1기압 작업장 내 표준공기가 흐르고 있는 덕트의 레이놀즈 수가 2×10^5일 때 덕트관 내 유속(m/sec)을 구하시오. (덕트 직경 30cm, 표준공기의 동점성계수 $1.5 \times 10^{-5} cm^2/sec$)

18. 배기구의 설치는 15-3-15 규칙을 참조하여 설치한다. 여기서 15-3-15의 의미를 쓰시오.

19. 조선업에서 작업 시, 발생하는 유해인자를 4가지 쓰시오.

알기 쉽게 풀어쓴 **산업위생관리(산업)기사** 실기

제 3 편
과년도
필답형
기출해설

| 해설 | 기출문제 – 정답 및 해설 | 2016년도 제1회 산업기사 필답형 |

01. 풀이
식 불쾌지수 = 0.72(습구온도+건구온도)+40.6 = 0.72(18+32)+40.6 = 76.6
정답 76.6

02. 풀이
(1) **개인시료채취** : 개인시료채취기를 이용하여 가스 · 증기 · 분진 · 흄(fume) · 미스트(mist) 등을 근로자의 호흡위치(호흡기를 중심으로 반경 30cm인 반구)에서 채취하는 것을 말한다.
(2) **지역시료채취** : 시료채취기를 이용하여 가스 · 증기 · 분진 · 흄(fume) · 미스트(mist) 등을 근로자의 작업행동 범위에서 호흡기 높이에 고정하여 채취하는 것을 말한다.

03. 풀이
(1) **TWA** : 8시간 노출 평균농도로서 1일 8시간이 되어도 거의 모든 근로자가 건강장애를 일으키지 않는 노출기준
(2) **STEL** : 단기간 노출기준, 15분까지 노출될 수 있는 농도
(3) **C** : 천정값, 잠시라도 노출되면 안되는 농도

04. 풀이
(1) **정의** : 유속에 의하여 유체흐름방향으로 미치는 압력으로 유체가 가지고 있는 운동에너지, 항상 양압으로 작용한다.
(2) **공기속도와 속도압의 관계**
$$V = \sqrt{\frac{2gP_v}{\gamma}} = 4.043\sqrt{P_v}$$

05. 풀이
• 진동의 강도   • 진동수   • 진동의 방향   • 진동 폭로시간(노출시간)

06. 풀이
(1) **1차 표준기구** : 피토튜브
(2) **측정할 수 있는 인자 2가지** : 전압, 정압
(3) **환산방법**
• 전압과 정압을 이용하여 동압(속도압)을 먼저 구한다.
  식 동압 = 전압−정압
• 동압을 이용하여 유속을 구한다.
  식 $V = \sqrt{\dfrac{2gP_v}{\gamma}}$

07. [풀이]

(1) 법정 설정기준
- criteria : 90dB
- exchange rate : 5dB
- threshold : 80dB

(2) 청감보정 특성 : A특성[dB(A)]

08. [풀이]

[식] $X(L) = 3L \times \dfrac{0.879 kg}{1L} \times \dfrac{24.45 m^3}{78 kg} \times \dfrac{10^3 L}{1 m^3} = 826.60 L$

[정답] 826.60L

09. [풀이]

[식] $PWL = 10 \times \log\left(\dfrac{W}{W_o}\right) = 10 \times \log\left(\dfrac{10^{-5}}{10^{-12}}\right) = 70 dB$

[정답] 70dB

10. [풀이]

[식] $N_{Re} = \dfrac{D \times V \times \rho}{\mu}$

$\therefore N_{Re} = \dfrac{0.05 \times 4 \times 1.203}{1.6 \times 10^{-5}} = 15037.5$

$\therefore N_{Re}$가 4,000 이상이므로 유체의 흐름은 난류이다.

11. [풀이]

[식] $\ln\left(\dfrac{C_t}{C_o}\right) = -\left(\dfrac{Q}{\forall}\right) \times t$

- $t = 2hr = 120 \min$

$\ln\left(\dfrac{7}{50}\right) = -\left(\dfrac{Q}{2000}\right) \times 120, \quad \therefore Q = 32.77 m^3/\min$

[정답] $32.77 m^3/\min$

12. 풀이

식 $Q = \dfrac{G}{TLV} \times K$

- G : 오염물질발생량$(mL) = \dfrac{0.06L}{hr} \times \dfrac{0.866kg}{1L} \times \dfrac{24.45m^3}{92.13kg} \times \dfrac{10^6 mL}{1m^3} = 13789.4496 mL/hr$

$\therefore Q = \dfrac{13789.4496}{50} \times 5 = 275.7889 m^3/hr ≒ 4.60 m^3/\min$

정답 4.60m³/min

13. 풀이

- 송풍량(유량)은 회전수비의 1승에 비례한다.
- 풍압은 회전수비의 2승에 비례한다.
- 동력은 회전수비의 3승에 비례한다.

14. 풀이

(1) 차음효과 : (NRR−7)×50% = (19−7)×0.5 = 6dB(A)

(2) 노출되는 음압수준 : 105−차음효과 = 105−6 = 99dB(A)

15. 풀이

식 급기 중 외부공기 포함량(%) = 100 − 급기 중 재순환량(%)

- 급기 중 재순환량(%) = $\left(\dfrac{\text{급기공기온도} - \text{외부공기온도}}{\text{작업장온도} - \text{외부공기온도}}\right) \times 100 = \left(\dfrac{18-10}{24-10}\right) \times 100 = 57.14\%$

∴ 급기 중 외부공기 포함량(%) = 100−57.14 = 42.86%

정답 42.86%

16. 풀이

- 오염물질의 확실한 농도저감 및 제거가 가능하다.
- 흡인유량이 적어 경제적이다.
- 작업장 내의 기류의 영향을 적게 받는다.
- 비중이 큰 침강성 입자상물질도 제거가 가능하다.

17. 풀이
- 회전수 조절법(회전수 변환법)
- 안내익 조절법(vane control법)
- 댐퍼 부착법(damper 조절법)

18. 풀이
지구상의 모든 생물이 생화학적, 생리학적 또는 행동학적 흐름이 거의 24시간의 주기를 가지고 있는 리듬을 말한다. 일주기성의 영향을 주는 인자 중 빛은 가장 큰 영향을 주는 것으로 알려져 있다. 교대근무는 일주기성 리듬을 교란시키고 수면에 영향을 주어 건강에 악영향을 준다.

해설 기출문제 - 정답 및 해설　　2020년도 제1회 산업기사 필답형

01. 풀이

식) $Q = \dfrac{G}{TLV} \times K$

- G : 오염물질발생량$(mL) = \dfrac{2L}{hr} \times \dfrac{0.805kg}{1L} \times \dfrac{24.45m^3}{72.06kg} \times \dfrac{10^6 mL}{1m^3} = 546273.9384 mL/hr$

$\therefore Q = \dfrac{546273.9384}{200} \times 6 = 16388.22 m^3/hr ≒ 273.14 m^3/\min$

정답) 273.14m³/min

02. 풀이

식) $N_{Re} = \dfrac{D \times V \times \rho}{\mu}$

$\therefore N_{Re} = \dfrac{0.3 \times 2 \times 1.2}{1.8 \times 10^{-5}} = 40,000$

$\therefore N_{Re}$가 4,000 이상이므로 유체의 흐름은 난류이다.

03. 풀이
- 화학구조상의 유사성
- 동물실험 자료
- 인체실험 자료

04. 풀이
- 사업장 내 밀폐공간의 위치 파악 및 관리 방안
- 밀폐공간 내 질식·중독 등을 일으킬 수 있는 유해·위험 요인의 파악 및 관리 방안
- 제2항에 따라 밀폐공간 작업 시 사전 확인이 필요한 사항에 대한 확인 절차
- 안전보건교육 및 훈련
- 그 밖에 밀폐공간 작업 근로자의 건강장해 예방에 관한 사항

05. 풀이
- 용해도가 클 것
- 휘발성이 적을 것
- 부식성이 적을 것
- 가격이 저렴하고 사용이 용이할 것
- 점도가 낮을 것
- 무독성이며, 화학적으로 안정일 것
- 빙점은 낮고, 비점은 높을 것

06. 풀이

식: $\Delta P_h = \dfrac{1 - C_e^{\,2}}{C_e^{\,2}} \times \dfrac{\gamma V^2}{2g}$

- $V = \dfrac{Q}{A} = \dfrac{10m^3}{\min} \times \dfrac{1\min}{60\sec} \times \dfrac{4}{\pi \times (0.2m)^2} = 5.3051 m/\sec$

$10 = \dfrac{1 - C_e^{\,2}}{C_e^{\,2}} \times \dfrac{1.2 \times 5.3051^2}{2 \times 9.8}$

$10 \times \dfrac{2 \times 9.8}{1.2 \times 5.3051^2} = \dfrac{1 - C_e^{\,2}}{C_e^{\,2}}$

$5.8034 = \dfrac{1 - C_e^{\,2}}{C_e^{\,2}}, \qquad \therefore C_e = \sqrt{0.1469} = 0.38$

정답 0.38

> ※ 계산과정 상세풀이
>
> 식: $\Delta P_h = \dfrac{1 - C_e^{\,2}}{C_e^{\,2}} \times \dfrac{\gamma V^2}{2g}$
>
> - $V = \dfrac{Q}{A} = \dfrac{10m^3}{\min} \times \dfrac{1\min}{60\sec} \times \dfrac{4}{\pi \times (0.2m)^2} = 5.3051 m/\sec$
>
> $10 = \dfrac{1 - C_e^{\,2}}{C_e^{\,2}} \times \dfrac{1.2 \times 5.3051^2}{2 \times 9.8}$
>
> $10 \times \dfrac{2 \times 9.8}{1.2 \times 5.3051^2} = \dfrac{1 - C_e^{\,2}}{C_e^{\,2}}$
>
> $5.8034 = \dfrac{1 - C_e^{\,2}}{C_e^{\,2}}$
>
> $5.8034 C_e^{\,2} = 1 - C_e^{\,2}$
>
> $5.8034 C_e^{\,2} + C_e^{\,2} = 1$
>
> $6.8034 C_e^{\,2} = 1$
>
> $C_e^{\,2} = \dfrac{1}{6.8034}, \qquad \therefore C_e = \sqrt{0.1469} = 0.38$

07. 풀이

- 대치(대체) · 격리 · 환기 · 교육

08. 풀이

후드의 선정 → 제어풍속 결정 → 설계 환기량 계산 → 반송속도 결정 → 덕트 직경 산출 → 덕트의 배치와 설치장소 선정 → 공기정화장치의 선정 → 총 압력손실 계산 → 송풍기 선정

09. 풀이

(1) 송풍량

식 $Q_2 = Q_1 \times \left(\dfrac{N_2}{N_1}\right)^1 = 25 \times \left(\dfrac{500}{400}\right)^1 = 31.25 m^3/\sec$

정답 $31.25 m^3/\sec$

(2) 정압

식 $P_{s2} = P_{s1} \times \left(\dfrac{N_2}{N_1}\right)^2 = 60 \times \left(\dfrac{500}{400}\right)^2 = 93.75 mmH_2O$

정답 $93.75 mmH_2O$

(3) 동력

식 $P_2 = P_1 \times \left(\dfrac{N_2}{N_1}\right)^3 = 0.7 \times \left(\dfrac{500}{400}\right)^3 = 1.37 kW$

정답 $1.37 kW$

10. 풀이

식 $\rho = \rho' \times k$

- k(공기밀도보정계수) $= \dfrac{273+t_1}{273+t_2} \times \dfrac{P_2}{P_1}$

∴ k(공기밀도보정계수) $= \dfrac{273+21}{273+38} \times \dfrac{710}{760} = 0.88$

정답 0.88

11. 풀이

식 $C = \dfrac{(W_2 - W_1)}{V}$

- $V = \dfrac{1.5 L}{\min} \times 100\min \times \dfrac{1 m^3}{10^3 L} = 0.15 m^3$

∴ $C = \dfrac{(3-0.1) mg}{0.15 m^3} = 19.33 mg/m^3$

정답 $19.33 mg/m^3$

12. 풀이
- Criteria 90dB
- Exchange Rate 5dB
- Threshold 80dB

13. 풀이
Push-pull형(밀어 당김형 후드)

14. 풀이
(1) 작업장 내의 공기혼합이 원활한 경우 : K = 1
(2) 작업장 내의 공기혼합이 보통인 경우 : K = 2
(3) 작업장 내의 공기혼합이 불완전한 경우 : K = 3
(4) 사각지대가 생겨서 환기가 제대로 이루어지지 않았을 경우 : K = 10

15. 풀이
- 산소농도의 범위가 18% 이상 23.5% 미만인 수준의 공기
- 탄산가스의 농도가 1.5% 미만인 수준의 공기
- 황화수소의 농도가 10ppm 미만인 수준의 공기

16. 풀이
- 관성충돌   - 접촉차단(간섭)   - 확산   - 중력   - 체거름   - 정전기

17. 풀이
- 주관적 지적온도 : 감각적으로 가장 적정하게 느껴지는 온도
- 생리적 지적온도 : 에너지를 최소로 소모하면서 최대의 활동을 할 수 있는 온도
- 생산적 지적온도 : 생산능률을 최대로 높일 수 있는 온도

18. 풀이
식 $Q = \dfrac{G}{(C - C_{out})}$

$\therefore Q(m^3/hr) = \dfrac{20L}{hr \cdot 인} \times 20인 \times \dfrac{100}{(0.05 - 0.02)} \times \dfrac{1m^3}{10^3 L} = 1333.33 \, m^3/hr$

정답 $1333.33 \, m^3/hr$

해설 기출문제 – 정답 및 해설 2020년도 제2회 산업기사 필답형

01. [풀이]
㉠ 30일, ㉡ 1회, ㉢ 3개월

02. [풀이]

[식] $TWA = 16.61 \log\left(\dfrac{D}{100 \times \dfrac{T}{8}}\right) + 90$

$83.4 = 16.61 \log\left(\dfrac{D}{100 \times \dfrac{10}{8}}\right) + 90, \quad \therefore D = 50.07\%$

[정답] 50.07%

03. [풀이]

[식] $C = \dfrac{(W_2 - W_1)}{V}$

• $V = \dfrac{4L}{\min} \times 100\min \times \dfrac{1m^3}{10^3 L} = 0.4 m^3$

$\therefore C = \dfrac{(3 - 0.1)mg}{0.4 m^3} = 7.25 mg/m^3$

[정답] 7.25mg/m³

04. [풀이]
• 환기 및 통풍 • 작업장소의 밀폐 및 포위 • 작업공정의 습식화 • 개인보호구 지급 및 착용
• 근무시간 변경 • 무인화 및 자동화

05. [풀이]
(1) 무지향성 자유공간

[식] $SPL = PWL - 20\log r - 11$

• $PWL = 10\log \dfrac{W}{W_o} = 10\log \dfrac{0.1}{10^{-12}} = 110 dB$

$\therefore SPL = 110 - 20\log 50 - 11 = 65 dB$

[정답] 65dB

(2) 무지향성 반자유공간

식 SPL = PWL − 20log r − 8

• PWL = $10\log\dfrac{W}{W_o} = 10\log\dfrac{0.1}{10^{-12}} = 110 dB$

∴ SPL = $110 - 20\log 50 - 8 = 68 dB$

정답 68dB

06. 풀이

식 보정된 허용농도 = TLV × RF

• RF = $\dfrac{8}{H} \times \dfrac{24-H}{16} = \dfrac{8}{12} \times \dfrac{24-12}{16} = 0.5$

∴ 보정된 허용농도 = 20 × 0.5 = 10ppm

정답 10ppm

07. 풀이

(1) **시간가중평균기준(TWA)** : 근로자가 1일 8시간 및 1주일 40시간의 평균농도로 거의 모든 근로자가 나쁜 영향을 받지 않고 노출될 수 있는 농도

(2) **단시간노출기준(STEL)** : 15분간의 시간가중평균노출값으로 1회 노출 지속시간이 15분 미만이어야 하고, 이러한 상태가 1일 4회 이하로 발생하여야 하며, 각 노출의 간격은 60분 이상이어야 한다.

(3) **최고노출기준(C)** : 근로자가 1일 작업시간동안 잠시라도 노출되어서는 아니 되는 기준으로 노출기준 앞에 "C"를 붙여 표시한다.

08. 풀이

식 $P(kW) = \dfrac{\Delta P \times Q}{102 \times \eta} \times \alpha$

∴ $P(kW) = \dfrac{100 \times 10,000/3600}{102 \times 0.8} \times 1.1 = 3.40 kW$

정답 3.40kW

09. 풀이

• 급·배기방식 : 동력(기계력)에 의해 운전하며, 가장 효과적이다. 실내압을 양압 또는 음압으로 조정가능하고 작업환경관리에 적합하다.

• 급기방식 : 급기는 동력, 배기는 개구부로 자연배출한다. 실내압에 양압으로 유지되어 청정산업(식품산업, 의약품, 전자산업)에 적용한다.

• 배기방식 : 급기는 개구부에서 자연흡기, 배기는 동력으로 한다. 실내압을 음압으로 유지하여 오염이 높은 작업장에 적용한다.

10. 풀이
- 외면의 마모, 부식, 변형
- 내면의 분진 축적
- 댐퍼의 작동상태
- 접속부의 이완유무

11. 풀이
- 충분한 강도를 가질 것
- 화학적으로 불활성일 것
- 표면적이 클 것
- 압력손실이 작을 것
- 비싸지 않을 것

12. 풀이
WBGT : 29.4℃

[작업강도에 따른 습구흑구온도지수]

작업과 휴식시간비 \ 작업강도	경작업	중등작업	중작업
계속작업	30.0	26.7	25.0
매 시간 75% 작업, 25% 휴식	30.6	28.0	25.9
매 시간 50% 작업, 50% 휴식	31.4	29.4	27.9
매 시간 25% 작업, 75% 휴식	32.2	33.1	30.0

- 경작업 : 시간당 200kcal 열량 소요 작업
- 중등작업 : 시간당 200~350kcal 열량 소요 작업
- 중작업 : 시간당 350~500kcal 열량 소요 작업

13. 풀이
- 테이퍼
- 분리날개
- 슬롯
- 차폐막
- 충만실

※ 위의 장치 모두 후드입구에서 유속을 고르게 만드는 장치이다. 여러 개를 물었을 경우 문제가 요구하는 개수 만큼 기술한다.

14. 풀이

식) $ACH = \dfrac{\ln(C_o - C_{out}) - \ln(C_t - C_{out})}{t}$

∴ $ACH = \dfrac{\ln(1{,}500 - 330) - \ln(500 - 330)}{1.5hr} = 1.29$ 회(시간당)

정답) 1.29회(시간당)

15. 풀이
후드의 선정 → 제어풍속 결정 → 설계 환기량 계산 → 반송속도 결정 → 덕트 직경 산출 → 덕트의 배치와 설치장소 선정 → 공기정화장치의 선정 → 총 압력손실 계산 → 송풍기 선정

16. 풀이

식 $P_s = (1 + F_i)P_v$

- $P_v = \dfrac{\gamma V^2}{2g} = \dfrac{1.293 \times (19.7299)^2}{2 \times 9.8} = 25.6798 \text{mmH}_2\text{O}$

- $V = \dfrac{Q}{A} = \dfrac{0.12 m^3}{\sec} \times \dfrac{4}{\pi \times (0.088m)^2} = 19.7299 m/\sec$

- $F_i = \dfrac{1 - C_e^2}{C_e^2} = \dfrac{1 - 0.27^2}{0.27^2} = 12.7174$

∴ $P_s = (1 + 12.7174) \times 25.6798 = 352.26 \text{mmH}_2\text{O}$

정답 $352.26 \text{mmH}_2\text{O}$

17. 풀이
- 오염물질의 확실한 농도저감 및 제거가 가능하다.
- 흡인유량이 적어 경제적이다.
- 작업장 내의 기류의 영향을 적게 받는다.
- 비중이 큰 침강성 입자상물질도 제거가 가능하다.

18. 풀이
- 공정의 변경   • 시설의 변경   • 물질의 변경

해설 기출문제 – 정답 및 해설 — 2020년도 제3회 산업기사 필답형

01. [풀이]

(1) 장점
- 분진의 퇴적이 잘 일어나지 않는다.
- 설계가 정확할 때 효율이 좋다.
- 잘못 설계된 분지관, 최대저항경로 선정이 잘못되어도 설계시 쉽게 발견할 수 있다.
- 방사성 및 폭발성 분진의 처리에 적합하다.

(2) 단점
- 설계 전, 후 유량을 수정하기가 어렵다.
- 설계가 복잡하다.
- 전체 필요한 최소유량보다 더 초과될 우려가 있다.
- 분지관수가 많을 때 적용이 어렵다.

02. [풀이]

[식] $V = C \times \sqrt{\dfrac{2gP_v}{\gamma}} = 1 \times \sqrt{\dfrac{2 \times 9.8 \times 30}{1.293}} = 21.33 m/\sec$

[정답] 21.33m/sec

03. [풀이]

(1) 혼합물의 허용농도

[식] $TLV_m = \dfrac{1}{\dfrac{f_1}{TLV_1} + \dfrac{f_2}{TLV_2} + \cdots + \dfrac{f_n}{TLV_n}}$

$\therefore TLV_m = \dfrac{1}{\dfrac{0.4}{1,500} + \dfrac{0.25}{1,800} + \dfrac{0.35}{800}} = 1,186.16 mg/m^3$

[정답] 1,186.16mg/m³

(2) 각 물질별 허용농도
- A물질 = $1,186.16 \times 0.4 = 474.46 mg/m^3$
- B물질 = $1,186.16 \times 0.25 = 296.54 mg/m^3$
- C물질 = $1,186.16 \times 0.35 = 415.16 mg/m^3$

04. 풀이
- 후드의 개구면을 작게 한다.
- 가급적 공정을 많이 포위한다.
- 에어커튼을 사용한다.
- 발생원을 후드에 접근시킨다.
- 충분한 흡인속도를 취한다.

※ 제시된 답안 중 4가지 선택

05. 풀이
식 $\rho = \rho' \times k$

- k(공기밀도보정계수) $= \dfrac{273 + t_1}{273 + t_2} \times \dfrac{P_2}{P_1}$

∴ k(공기밀도보정계수) $= \dfrac{273 + 21}{273 + 38} \times \dfrac{710}{760} = 0.88$

정답 0.88

06. 풀이
- 전도
- 대류
- 체내 열 생산량
- 복사
- 증발

07. 풀이
(1) 유량은 회전수에 비례한다.
(2) 풍압은 회전수의 제곱에 비례한다.
(3) 동력은 회전수의 세제곱에 비례한다.

08. 풀이
(1) 미스트(mist)
(2) 흄(fume)
(3) 연기(smoke)

09. 풀이
(1) **개인 시료채취** : 개인 시료채취기를 이용하여 가스, 증기, 분진, 흄, 미스트 등을 근로자 호흡위치에서 채취하는 것을 말한다.
(2) **호흡위치의 범위** : 호흡기를 중심으로 반경 30cm인 반구를 말한다.

10. 풀이
- 연결 이음부 상태 확인
- 외면의 마모, 부식, 변형 유무와 상태 확인
- 내부의 마모, 부식, 분진 퇴적 유무와 상태 확인
- 댐퍼부착상태 확인
- 설계 제어속도 및 반송속도 확인

11. 풀이
식 $SPL = PWL - 20\log r - 11$

- $PWL = 10\log\left(\dfrac{W}{W_0}\right) = 10\log\left(\dfrac{1}{10^{-12}}\right) = 120 dB$

∴ $SPL = 120 - 20\log(10) - 11 = 89 dB$

정답 89dB(A)

12. 풀이
- 유해물질의 독성이 비교적 낮은 경우
- 동일한 작업장에 오염원이 분산되어 있는 경우
- 유해물질이 이동성인 경우
- 유해물질의 발생량이 적은 경우
- 유해물질이 증기나 가스일 경우
- 오염원이 근무자가 근무하는 장소로부터 멀리 떨어져 있는 경우
- 가연성 가스의 농축으로 폭발의 위험이 있는 경우

※ 제시된 답안 중 5가지 선택

13. 풀이
① $100\mu g/m^3$ 이하
② 10ppm 이하
③ $100\mu g/m^3$ 이하

14. 풀이
- 냉각응축채취방법
- 고체채취방법
- 액체채취방법
- 여과채취방법
- 직접채취방법

15. 풀이

식 $ACH = \dfrac{\text{필요환기량}}{\text{실내용적}}$

- 필요환기량 $= \dfrac{G}{C_s - C_{out}} \times 100 = \dfrac{0.42 m^3/hr}{(0.08 - 0.02)} \times 100 = 700 m^3/hr$

- G(오염물질발생량) $= \dfrac{21L}{hr \cdot \text{인}} \times 20\text{인} \times \dfrac{1m^3}{10^3 L} = 0.42 m^3/hr$

$\therefore ACH = \dfrac{\text{필요환기량}}{\text{실내용적}} = \dfrac{700}{350} = 2\text{회}/hr$

정답 2회/hr

16. 풀이

(1) WBGT

식 실내 WBGT = 0.7습구온도 + 0.3흑구온도

∴ 실내 WBGT = 0.7×31 + 0.3×50 = 36.7℃

(2) 노출기준 초과 여부 : 26.7℃를 초과하므로 노출기준 초과

※ 참고

[작업강도에 따른 습구흑구온도지수]

작업과 휴식시간비 \ 작업강도	경작업	중등작업	중작업
계속작업	30.0	26.7	25.0
매 시간 75% 작업, 25% 휴식	30.6	28.0	25.9
매 시간 50% 작업, 50% 휴식	31.4	29.4	27.9
매 시간 25% 작업, 75% 휴식	32.2	33.1	30.0

- 경작업 : 시간당 200kcal 열량 소요 작업
- 중등작업 : 시간당 200~350kcal 열량 소요 작업
- 중작업 : 시간당 350~500kcal 열량 소요 작업

17. 풀이

(1) 반송속도

식 $V = \sqrt{\dfrac{2gP_v}{\gamma}}$

- $P_v = P_t - P_s = (-30.5) - (-63.5) = 33 mmH_2O$

$\therefore V = \sqrt{\dfrac{2 \times 9.8 \times 33}{1.2}} = 23.22 m/\sec$

정답 23.22m/sec

(2) 공기유량

식 $Q = A \times V$

- $A = \dfrac{\pi D^2}{4} = \dfrac{\pi \times (0.152m)^2}{4} = 0.0181 m^2$

∴ $Q = 0.0181 m^2 \times \dfrac{23.22m}{\sec} \times \dfrac{60 \sec}{1 \min} = 25.22 m^3/\min$

정답 $25.22 m^3/\min$

18. **풀이**
- 분석상 방해가 되는 것과 같은 불순물을 함유하지 않을 것
- 흡습률이 작을 것
- 가볍고 1매당 무게의 불균형이 적을 것
- 접거나 구부려도 파손되지 않고 찢어지지 않을 것
- 압력손실이 낮을 것

※ 제시된 답안 중 4가지 선택

해설 기출문제 - 정답 및 해설   2015년도 제1회 기사 필답형

01. 풀이
소음성 난청의 초기단계로 특히 4,000Hz 영역에서 소리의 수음정도가 급격히 떨어지는 현상을 말한다.

02. 풀이
- 식 합류관의 유량 $(Q_s) = Q_1 + Q_2 + \cdots + Q_n$
- 식 $A = \dfrac{Q}{V}$
- 합류관의 유량 $(Q_s) = 50 + 30 = 80 m^3/min$
- $A = \dfrac{80 m^3/min}{20 m/sec} \times \dfrac{1 min}{60 sec} = 0.0666 m^2$

$\dfrac{\pi \times D^2}{4} = 0.0666 m^2$, ∴ $D = 0.29 m$

정답 0.29m

03. 풀이
- 테이퍼 • 분리날개 • 슬롯 • 차폐막 • 충만실

※ 제시된 답안 중 3가지 선택

04. 풀이
- 유사노출그룹(SEG)의 설정   • 시료채취 및 측정 전략 수립

05. 풀이
(1) 하한주파수(f_L)
- 식 f_c(중심주파수) $= \sqrt{2}\, f_L$

$f_L = \dfrac{f_c}{\sqrt{2}} = \dfrac{500}{\sqrt{2}} = 353.55 Hz$

정답 353.55Hz

(2) 상한주파수(f_u)
- 식 f_c(중심주파수) $= \sqrt{f_L \times f_u}$

$f_u = \dfrac{(f_c)^2}{f_L} = \dfrac{(500)^2}{353.5} = 707.11 Hz$

정답 707.11Hz

06. 풀이
운동과정에서 젖산을 산화하는 데 산소량이 부족할 때, 부족한 만큼의 산소량으로 작업이나 운동이 끝난 후 회복기에 안정 시 섭취하는 산소량에 부족한 산소량을 더 호흡하게 된다.

07. 풀이
• 흡착장치의 처리능력 • 흡착대상 오염물질분석 • 흡착제의 파과점 • 압력손실

08. 풀이

(1) 후드 송풍량(m³/min)

식 $Q_c = A_c \times V_c = (1.55m \times 1.25m) \times 0.5 m/\sec \times \dfrac{60\sec}{1\min} = 58.13 m^3/\min$

정답 $58.13 m^3/\min$

(2) 덕트 직경(m)

식 $A = \dfrac{Q}{V}$

$A = \dfrac{58.13 m^3/\min}{15 m/\sec} \times \dfrac{1\min}{60\sec} = 0.0645 m^2$

$0.0645 = \dfrac{\pi \times D^2}{4}, \quad \therefore D = 0.29m$

정답 $0.29m$

(3) 덕트의 압력손실(mmH₂O)

식 $\Delta P = 4f \times \dfrac{L}{D} \times \dfrac{\gamma V^2}{2g} = \lambda \times \dfrac{L}{D} \times \dfrac{\gamma V^2}{2g}$

$\therefore \Delta P = 0.03 \times \dfrac{10}{0.29} \times \dfrac{1.2 \times 15^2}{2 \times 9.8} = 14.25 mmH_2O$

정답 $14.25 mmH_2O$

(4) 효율 75% 송풍기의 소요동력(kW)

식 $P = \dfrac{\Delta P \times Q}{102 \times \eta} \times \alpha$

$\therefore P = \dfrac{14.25 \times 58.13/60}{102 \times 0.75} = 0.18 kW$

정답 $0.18 kW$

09. 풀이

- 유해물질의 독성이 비교적 낮은 경우
- 동일한 작업장에 오염원이 분산되어 있는 경우
- 유해물질이 이동성인 경우
- 유해물질의 발생량이 적은 경우
- 유해물질이 증기나 가스일 경우
- 오염원이 근무자가 근무하는 장소로부터 멀리 떨어져 있는 경우
- 가연성 가스의 농축으로 폭발의 위험이 있는 경우
- 국소배기를 적용하기 어려운 경우

※ 제시된 답안 중 5가지 선택

10. 풀이

① 송풍량(회전수비에 비례한다.)

식 $Q_2 = Q_1 \times \left(\dfrac{N_2}{N_1}\right)^1 = 28 \times \left(\dfrac{1,400}{1,000}\right)^1 = 39.2 m^3/min$

정답 $39.2 m^3/min$

② 정압(회전수비의 제곱에 비례한다.)

식 $P_{s2} = P_{s_1} \times \left(\dfrac{N_2}{N_1}\right)^2 = 60 \times \left(\dfrac{1,400}{1,000}\right)^2 = 117.6 mmH_2O$

정답 $117.6 mmH_2O$

③ 동력

식 $P_2 = P_1 \times \left(\dfrac{N_2}{N_1}\right)^3 = 0.7 \times \left(\dfrac{1,400}{1,000}\right)^3 = 1.92 kW$

정답 $1.92 kW$

11. 풀이

식 $\Delta P = 4f \times \dfrac{L}{D} \times \dfrac{\gamma V^2}{2g} = \lambda \times \dfrac{L}{D} \times \dfrac{\gamma V^2}{2g}$

- $D = 30 cm = 0.3 m$
- $V = \dfrac{Q}{A} = \dfrac{120 m^3}{min} \times \dfrac{4}{\pi \times (0.3 m)^2} \times \dfrac{1 min}{60 sec} = 28.2942 m/sec$
- $\gamma = 1.2 kg/m^3$ (온도, 압력이 제시되지 않았음으로 21℃, 1atm 기준으로 적용)

∴ $\Delta P = 0.02 \times \dfrac{10}{0.3} \times \dfrac{1.2 \times 28.2942^2}{2 \times 9.8} = 32.68 mmH_2O$

정답 $32.68 mmH_2O$

12. 풀이

흡착튜브 2개를 연속으로 연결하여 시료를 채취한 후 분석결과 뒤쪽의 튜브에서 분석성분이 앞쪽의 튜브흡착량의 5% 이상이면 파과로 판단한다.

13. 풀이

식 $\ln\left(\dfrac{G-QC}{G}\right) = -k \cdot t$

- $G = \dfrac{600L}{hr} \times \dfrac{1m^3}{10^3 L} \times \dfrac{1hr}{60\min} = 0.01 m^3/\min$
- $k = \dfrac{Q}{\forall} = \dfrac{56.6 m^3/\min}{3,000 m^3} = 0.0188/\min$
- $t = 30\min$

$\ln\left(\dfrac{0.01 m^3/\min - (56.6 m^3/\min \times C(m^3/m^3))}{0.01 m^3/\min}\right) = -0.0188 \times 30$

$\therefore C = \dfrac{7.6160 \times 10^{-5} m^3}{m^3} \times \dfrac{10^6 mL}{1 m^3} = 76.16 ppm$

정답 76.16ppm

14. 풀이

- 대치(대체) : 작업방법의 변경
- 격리 : 저장물질의 격리
- 환기 : 작업장 내 전체 환기 시행
- 교육 : 유해물질의 위험성, 취급, 응급조치에 대한 교육

15. 풀이

식 $Q = \dfrac{G}{(C - C_{out})} \times 100$

- $G = 0.15 m^3/hr$

$\therefore Q = \dfrac{0.15}{(0.1 - 0.03)} \times 100 = 214.29 m^3/hr$

정답 214.29m³/hr

16. 풀이

식 $TLV_m = \dfrac{C_1 + C_2 + \cdots + C_n}{EI}$

• $EI = \dfrac{C_1}{TLV_1} + \dfrac{C_2}{TLV_2} + \cdots + \dfrac{C_n}{TLV_n} = \dfrac{0.2}{0.1} + \dfrac{0.8}{0.5} = 3.6$

∴ $TLV_m = \dfrac{0.2 + 0.8}{3.6} = 0.28 mg/m^3$

정답 $0.28 mg/m^3$

17. 풀이

① 불량 ② 양호 ③ 우수 ④ 양호

18. 풀이

톨루엔

19. 풀이

(1) 공기정화시설을 갖춘 사무실에서의 환기횟수는 시간당 (4)회 이상으로 한다.
(2) 공기의 측정시료는 사무실 내에서 공기질이 가장 나쁠 것으로 예상되는 (2)곳 이상에서 채취한다.
(3) 일산화탄소(CO)는 연 1회 이상, 업무 시작 후 (1)시간 이내 및 업무 종료 후 1시간 이내에 각각 (10)분간 측정을 실시한다.
(4) 사무실 오염물질 관리기준은 (8)시간 시간가중 평균농도로 한다.
(5) 사무실 공기의 측정결과는 측정치 전체에 대한 (**평균값**)을 오염물질별 관리기준과 비교하여 평가한다.

기출문제 – 정답 및 해설 | 2015년도 제3회 기사 필답형

01. [풀이]

식 $Q = \dfrac{H_s}{0.3 \times \Delta t}$

- $H_s = \left[\left(\dfrac{3HP}{대} \times 30대 \times \dfrac{730 kcal/hr}{1HP}\right) + \left(\dfrac{20kW}{대} \times 1대 \times \dfrac{830 kcal/hr}{1kW}\right) + \left(\dfrac{220 kcal}{hr \cdot 인} \times 20인\right)\right] \times \dfrac{1hr}{60 \min}$

  $= 1445 kcal/\min$

∴ $Q = \dfrac{1445}{0.3 \times (30-27)} = 1605.56 m^3/\min$

[정답] $1605.56 m^3/\min$

02. [풀이]

식 $Q = \dfrac{G}{(C - C_{out})}$

∴ $Q(m^3/hr) = \dfrac{20L}{hr \cdot 인} \times 20인 \times \dfrac{100}{(0.05 - 0.02)} \times \dfrac{1m^3}{10^3 L} = 1333.33 m^3/hr$

[정답] $1333.33 m^3/hr$

03. [풀이]

- 후드를 가능한 발생원에 가까이 설치한다.
- 가능한 포위식으로 설치한다.
- 기류가 균일하게 분포되도록 설계한다.
- 제어속도를 적정하게 설정한다.
- 오염물질 발생특성을 충분히 고려하여 설계하여야 한다.

04. [풀이]

- 시료채취 수를 경제적으로 하기 위해서
- 모든 작업의 근로자에 대한 노출농도를 평가하기 위해서
- 역학조사 수행 시

05. [풀이]

식 $\lambda = \dfrac{C}{f}$

∴ $\lambda = \dfrac{340m}{\sec} \times \dfrac{\sec}{500} = 0.68 m$

[정답] $0.68 m$

06. 풀이
- 포집대상 입자의 입도분포에 대하여 포집효율이 높을 것
- 포집 시의 흡인저항은 가능한 낮을 것
- 내구성이 좋을 것
- 흡습률이 낮을 것
- 측정상에 방해가 되는 불순물을 함유하지 않을 것

07. 풀이
(1) 불꽃연소법
- 고농도 처리 용이
- 600~800℃에서 연소
- NOx 및 유해가스의 배출문제가 수반된다.

(2) 촉매산화법
- 저농도 처리 용이
- 300~400℃에서 연소
- NOx 문제가 없다.
- 촉매독 물질 유입시 촉매수명이 급격히 저하될 수 있다.

08. 풀이
식 $P_{s2} = P_{s1} \times \left(\dfrac{N_2}{N_1}\right)^2$

- $Q_2 = Q_1 \times \left(\dfrac{N_2}{N_1}\right)^1$

$12 = 8 \times \left(\dfrac{N_2}{N_1}\right)^1$, $\left(\dfrac{N_2}{N_1}\right)^1 = 1.5$

∴ $P_{s2} = 830 \times (1.5)^2 = 1867.5 N/m^2$

정답 $1867.5 N/m^2$

09. 풀이
식 보정된 허용농도 = $TLV \times RF$

- $RF = \left(\dfrac{8}{H}\right) \times \left(\dfrac{24-H}{16}\right) = \left(\dfrac{8}{10}\right) \times \left(\dfrac{24-10}{16}\right) = 0.7$

∴ 보정된 허용농도 = $50 \times 0.7 = 35 ppm$

정답 35ppm

10. 풀이

식 WBGT(실내) = 0.7습구온도 × 0.3흑구온도

∴ WBGT(실내) = 0.7×20+0.3×30 = 23℃

정답 23℃

11. 풀이

식 유효 비중 = $\dfrac{S_1 \times C_1 + S_2 \times C_2}{C_1 + C_2}$

∴ 유효 비중 = $\dfrac{5.7 \times 7,500 + 1 \times 992,500}{7,500 + 992,500} = 1.0353$

정답 1.0353

12. 풀이

식 물질농도(mg/m^3) = $\dfrac{\text{여과 후 무게} - \text{여과 전 무게}}{\text{흡인량}}$

∴ 물질농도(mg/m^3) = $\dfrac{(14.398 - 12.267)mg}{0.243m^3} = 8.77 mg/m^3$

정답 8.77mg/m³

13. 풀이

식 $\Delta P = f \times \dfrac{L}{D_o} \times \dfrac{\gamma V^2}{2g}$

- $D_o = \dfrac{2ab}{a+b} = \dfrac{2 \times 0.4 \times 0.85}{0.4 + 0.85} = 0.544m$

- $V = \dfrac{Q}{A} = \dfrac{300m^3}{min} \times \dfrac{1}{0.4m \times 0.85m} \times \dfrac{1min}{60sec} = 14.71 m/sec$

∴ $\Delta P = 0.02 \times \dfrac{5m}{0.544m} \times \dfrac{1.21 kg/m^3 \times (14.71 m/sec)^2}{9.8 m/sec^2} = 4.91 mmH_2O$

정답 4.91mmH₂O

14. 풀이

(1) 덕트(duct) 내부의 풍속계 종류 2가지

　　• 피토관　• 풍차풍속계　• 열선식 풍속계

　　※ 제시된 답안 중 2가지 선택

(2) 풍속계별 사용상 측정범위
- 피토관 : 풍속 > 3m/sec에 사용
- 풍차풍속계 : 풍속 > 1m/sec에 사용
- 열선식 풍속계
  - 측정범위가 적은 것 : 0.05m/sec < 풍속 < 1m/sec인 것을 사용
  - 측정범위가 큰 것 : 0.05m/sec < 풍속 < 40m/sec인 것을 사용

15. 풀이

식) 누적소음 폭로량$(D) = \left(\dfrac{C_1}{T_1} + \dfrac{C_2}{T_2} + \cdots + \dfrac{C_n}{T_n}\right) \times 100$

- C : 소음노출시간
- T : 노출허용기준에 해당하는 노출시간

누적소음 폭로량$(D) = \left(\dfrac{4}{8} + \dfrac{3}{X}\right) \times 100 = 125\%, \quad X = 4hr$

∴ 4hr이 허용기준에 해당하는 노출시간이므로 95dB에 해당한다.

정답) 95dB

16. 풀이

(1) 장점
- 설계 전, 후 유량을 수정하기가 용이하다.
- 압력손실이 클 때 적용이 용이하다.
- 분지관수가 많을 때 적용이 용이하다.
- 설계 계산이 간편하다.

(2) 단점
- 분진의 퇴적이 잘 일어난다.
- 최대저항경로 선정이 잘못되어도 설계 시 쉽게 발견할 수 없다.
- Damper 노출 시 관리자 외의 근로자가 조절할 우려가 있다.

※ 제시된 답안 중 각각 2가지 선택

17. 풀이
- 소음기 부착
- 토출유속 저하
- 덕트의 곡률완화

18. 풀이
① 전압 : $-0.39 \text{mmH}_2\text{O}$
② 정압 : $-1.39 \text{mmH}_2\text{O}$
③ 동압 : $1 \text{mmH}_2\text{O}$

해설 기출문제 - 정답 및 해설 — 2016년도 제1회 기사 필답형

01. 풀이
- 국소배기장치의 원활한 작동을 위하여
- 국소배기장치의 효율 유지를 위하여
- 안전사고를 예방하기 위하여
- 에너지(연료)를 절약하기 위하여
- 작업장 내의 방해 기류가 생기는 것을 방지하기 위하여

※ 제시된 답안 중 4가지 선택

02. 풀이
- 오염물질의 확산이동을 관찰
- 후드로부터 오염물질의 이탈 요인 규명
- 후드 성능에 미치는 난기류의 영향에 대한 평가
- 공기의 누출입 및 기류의 유입유무를 판단

03. 풀이
- 곡률반경비
- 곡관의 크기 및 형태
- 곡관 연결상태

04. 풀이
- 근로자의 유해물질의 허용기준 초과여부 판단
- 과거의 노출농도가 타당한지 판단
- 최소의 오차범위 내에서 최소의 시료수를 가지고 최대의 근로자를 보호
- 근로자의 노출 수준을 간접적 방법으로 파악

05. 풀이

식 $P(kW) = \dfrac{\Delta P \times Q}{102 \times \eta} \times \alpha$

$\therefore P(kW) = \dfrac{100 \times 1000/3600}{102 \times 0.7} \times 1.2 = 0.47\,kW$

정답 0.47kW

06. 풀이

식) $N_{Re} = \dfrac{D \times V \times \rho}{\mu}$

$\therefore N_{Re} = \dfrac{0.15 \times 6 \times 1.203}{2.1 \times 10^{-5}} = 51557.14$

$\therefore N_{Re}$가 4,000 이상이므로 유체의 흐름은 난류이다.

07. 풀이

(1) **단위작업장소** : 작업환경측정대상이 되는 작업장 또는 공정에서 정상적인 작업을 수행하는 동일 노출집단의 근로자가 작업을 하는 장소를 말한다.
(2) **정확도** : 분석치가 참값에 얼마나 접근하였는가 하는 수치상의 표현을 말한다.
(3) **정밀도** : 일정한 물질에 대해 반복측정·분석을 했을 때 나타나는 자료 분석치의 변동크기가 얼마나 작은가 하는 수치상의 표현을 말한다.

08. 풀이

(1) **혈액** : 혈당치가 저하, 젖산이나 탄산이 증가, 산혈증
(2) **소변** : 소변량이 줆, 소변색이 악화(검은색 또는 검붉은색으로 변화), 단백뇨

09. 풀이

호기시료는 근로자의 호기상태와 채취시간, 그리고 수증기에 의한 수분응축 때문에 측정치의 변동이 심하기 때문이다.

10. 풀이

① - (A), ② - (C), ③ - (B), ④ - (D)

11. 풀이

(1) 노출지수와 초과여부판단

식) $EI = \dfrac{C_1}{TLV_1} + \dfrac{C_2}{TLV_2} + \cdots + \dfrac{C_n}{TLV_n}$

$\therefore EI = \dfrac{0.25}{0.5} + \dfrac{25}{50} + \dfrac{40}{100} = 1.4$

$\therefore$ 1을 초과하므로 허용농도 초과

(2) 혼합공기 허용농도

식) 혼합공기 허용농도 = $\dfrac{C_1 + C_2 + \cdots + C_n}{EI}$

∴ 혼합공기 허용농도 = $\dfrac{0.25 + 25 + 40}{1.4}$ = 46.61ppm

정답) 46.61ppm

---

12. 풀이)
① 흡입성 입자상 물질 평균입경 : 100μm
② 흉곽성 입자상 물질 평균입경 : 10μm
③ 호흡성 입자상 물질 평균입경 : 4μm

---

13. 풀이)
(1) 필요유량은 **최소**가 되도록 설계한다.
(2) 후드의 개구면적을 **작게** 하여 흡인 개구부의 포집속도를 높인다.
(3) 마모성 분진의 경우 후드는 가능한 **두꺼운** 재료를 사용해야 한다.

---

14. 풀이)

식) $Q_c = (10X^2 + A) \times V_c$

∴ $\dfrac{Q_{c2}}{Q_{c1}} = \dfrac{(10 \times 2^2 + 50) \times V_c}{(10 \times 1^2 + 50) \times V_c} = \dfrac{90}{60} = 1.5$

정답) 1.5

---

15. 풀이)

식) $Q = \dfrac{G}{TLV} \times K$

• $G(mL/hr) = \dfrac{1.5kg}{hr} \times \dfrac{22.4m^3}{72.06kg} \times \dfrac{273+15}{273} \times \dfrac{10^6 mL}{1m^3} = 491897.7775 mL/hr$

∴ $Q = \dfrac{491897.7775}{200} \times 6 = 14756.9333 m^3/hr ≒ 245.95 m^3/min$

정답) 245.95m³/min

---

16. 풀이)
질병 : 망막 손상, 백내장   **원인** : 적외선

17. 풀이

식) $\Delta P = \lambda \times \dfrac{L}{D_o} \times \dfrac{rV^2}{2g}$

- $D_o = \dfrac{2ab}{a+b} = \dfrac{(2 \times 0.2 \times 0.6)m^2}{(0.2+0.6)m} = 0.3m$

- $V = \dfrac{Q}{A} = \dfrac{300m^3/\min \times 1\min/60\sec}{(0.2 \times 0.6)m^2} = 41.6666m$

∴ $\Delta P = 0.02 \times \dfrac{10}{0.3} \times \dfrac{1.2 \times 41.6666^2}{2 \times 9.8} = 70.86 mmH_2O$

정답) $70.86 mmH_2O$

18. 풀이

식) $C(개/cc) = \dfrac{(C_s - C_b) \times A}{A_f \times Q}$

- C_s : 분석시료 시야당 석면개수
- C_b : 공시료 시야당 석면개수
- A : 여과지 유효면적 = $\dfrac{\pi \times 22.14^2}{4} = 384.99 mm^2$
- A_f : 개수면적(시야면적) = $0.00785 mm^2$
- R : 채취량 = $\dfrac{2.4L}{\min} \times 1.5hr \times \dfrac{60\min}{1hr} \times \dfrac{10^3 cc}{1L} = 216000 cc$

∴ $C(개/cc) = \dfrac{(3.1-0.05)개 \times 384.99 mm^2}{0.00785 \times 216000 cc} = 0.69 개/cc$

정답) $0.69 개/cc$

19. 풀이

식) $P_v = \dfrac{\gamma V^2}{2g}$

- $V = \dfrac{Q}{A} = \dfrac{100m^3}{\min} \times \dfrac{4}{\pi \times (0.2m)^2} \times \dfrac{1\min}{60\sec} = 53.0516 m/\sec$

∴ $P_v = \dfrac{\gamma V^2}{2g} = \dfrac{1.21 \times 53.0516^2}{2 \times 9.8} = 173.75 mmH_2O$

정답) $173.75 mmH_2O$

기출문제 – 정답 및 해설 — 2016년도 제2회 기사 필답형

01. [풀이]
① **ACGIH** : American Conference of Governmental Industrial Hygienists(미국정부산업위생전문가협의회)
② **NIOSH** : National Institute for Occupational Safety and Health(미국국립산업보건연구원)
③ **TLV** : Threshold Limit Value(허용기준)

02. [풀이]
- 유해물질의 독성이 비교적 낮은 경우
- 동일한 작업장에 오염원이 분산되어 있는 경우
- 유해물질이 이동성인 경우
- 유해물질의 발생량이 적은 경우

03. [풀이]
(1) **정의** : 집진된 먼지를 담아두는 Dust box에서 처리가스의 5~10%를 흡인하여 처리하는 방식을 말한다.
(2) **효과**
- 유효원심력 증대
- 집진효율 증대
- 내통의 폐색방지
- 분진의 재비산 방지

04. [풀이]
보충용 공기는 국소배기장치를 통해 배출되는 것과 같은 양의 공기가 외부로 보충되는 것을 말하며 공급시스템은 환기시설에 의해 작업장 내에서 배기된 만큼의 공기를 작업장 내로 재공급하는 시스템을 말한다.

05. [풀이]
[실] 상대위험비 = $\dfrac{\text{노출군에서 질병발생률}}{\text{비노출군에서 질병발생률}} = \dfrac{3.0}{1.0} = 3.0$

[정답] 3.0

06. [풀이]
무효점이란 발생원에서 배출된 유해물질이 초기 운동에너지를 상실하여 운동속도가 0이 되는 비산한계점을 의미한다. 따라서 무효점이론이란 유해물질 제어 시 무효점을 초과하는 제어속도로 설계해야 유해물질의 통제가 가능하다는 이론이다.

07. 풀이
발연관(연기발생기)

08. 풀이
용해성

09. 풀이
(1) 자연환기는 작업장의 개구부를 통해 바람이나 작업장 내외의 (**온도**)와 (**압력**) 차이에 의한 (**대류작용**)으로 행해지는 환기를 말한다.
(2) 외부공기와 실내공기와의 압력 차이가 0인 부분의 위치를 (**중성대**)라 하며 환기정도를 좌우하고, 높을수록 환기효율이 양호하다.
(3) 인공환기는 환기량 조절이 가능하고, 배기법은 오염작업장에 적용하며 실내압을 (**음압**)으로 유지한다. 급기법은 청정 산업에 적용하며 실내압은 (**양압**)으로 유지한다.

10. 풀이

식 $Q = \dfrac{G}{TLV} \times K$

- G : 오염물질발생량$(mL/hr) = \dfrac{2kg}{hr} \times \dfrac{24.45m^3}{92kg} \times \dfrac{10^6 mL}{1m^3} = 531521.7391 mL/hr$

$\therefore Q = \dfrac{531521.7391}{100} \times 6 = 31891.3043 m^3/hr ≒ 531.52 m^3/\min$

정답 531.52㎥/min

11. 풀이

식 $NR = 10\log\left(\dfrac{A_2}{A_1}\right) = 10\log\left(\dfrac{1000+2000}{1000}\right) = 4.77 dB$

정답 4.77dB

12. 풀이
- 혈액   • 소변   • 호기

13. 풀이

식 $\Delta P_h = \dfrac{1 - C_e^2}{C_e^2} \times P_v$

$3.24 = \dfrac{1 - C_e^2}{C_e^2} \times 30, \quad \therefore C_e = 0.95$

정답 0.95

14. 풀이

식 $V = C \times \sqrt{\dfrac{2gP_v}{\gamma}}$

$\therefore V = 0.96 \times \sqrt{\dfrac{2 \times 9.8 \times 15}{1.3}} = 14.44 \, m/\sec$

정답 14.44m/sec

15. 풀이

식 $SHD = C \times T \times V \times R$

$\dfrac{0.06 mg}{kg} \times 70 kg = C \times 8 hr \times \dfrac{0.98 m^3}{hr} \times 1.0, \quad \therefore C = 0.54 mg/m^3$

정답 0.54mg/m³

16. 풀이

① TLV-TWA 3배 이상 : 30분 이하 노출 권고
② TLV-TWA 5배 이상 : 잠시도 노출 금지

17. 풀이

식 $P_v = \dfrac{\gamma V^2}{2g}$

· $V = \dfrac{Q}{A} = \dfrac{90 m^3}{\min} \times \dfrac{1 \min}{60 \sec} \times \dfrac{1}{0.7 m \times 0.1 m} = 21.4285 \, m/\sec$

$\therefore P_v = \dfrac{1.2 \times 21.4285^2}{2 \times 9.8} = 28.11 \, mmH_2O$

정답 28.11mmH₂O

18. 풀이

식 $Q = A \times V$

- $V = \sqrt{\dfrac{2gP_v}{\gamma}} = \sqrt{\dfrac{2 \times 9.8 \times (48-36)}{1.2}} = 14 m/\sec$

∴ $Q = A \times V = \dfrac{\pi \times 0.3^2}{4} \times 14 \times 60 = 59.38 m^3/\min$

정답 $59.38 m^3/\min$

19. 풀이

식 $\Delta P = H_f \times L \times P_v$

- $V = \dfrac{Q}{A} = \dfrac{0.1 m^3/\sec}{0.008 m^2} = 12.5 m/\sec$

- $H_f = \dfrac{aV^b}{Q^c} = \dfrac{0.0155 \times 12.5^{0.533}}{0.1^{0.612}} = 0.2437$

- $P_v = \dfrac{\gamma V^2}{2g} = \dfrac{1.2 \times 12.5^2}{2 \times 9.8} = 9.5663 mmH_2O$

∴ $\Delta P = 0.2437 \times 10 \times 9.5663 = 23.31 mmH_2O$

정답 $23.31 mmH_2O$

20. 풀이

식 $L_s = 10\log(10^{L_1/10} + 10^{L_2/10} + \cdots + 10^{L_n/10}) = 10\log(10^{9.4} + 10^{9.5} + 10^{10.0}) = 101.95 dB$

정답 $101.95 dB$

기출문제 - 정답 및 해설 — 2016년도 제3회 기사 필답형

01. 풀이
- 환기 및 통풍
- 작업장소의 밀폐 및 포위
- 작업공정의 습식화
- 개인보호구 지급 및 착용

02. 풀이

식 $\Delta P = F \times P_v \times \dfrac{\theta}{90}$

- F : 압력손실계수
- $\Delta P_{(90°)} = 1 \times 10 \times \dfrac{90}{90} = 10\,\text{mmH}_2\text{O}$
- $\Delta P_{(30°)} = 0.18 \times 10 \times \dfrac{30}{90} = 0.6\,\text{mmH}_2\text{O}$

∴ $\Delta P_{(90°)} - \Delta P_{(30°)} = 10 - 0.6 = 9.4\,\text{mmAq(mmH}_2\text{O)}$

정답 $9.4\,\text{mmAq(mmH}_2\text{O)}$

03. 풀이

식 보정된 허용농도 $= \text{TLV} \times \text{RF}$

- $\text{RF} = \dfrac{8}{H} \times \dfrac{24-H}{16} = \dfrac{8}{10} \times \dfrac{24-10}{16} = 0.7$

∴ 보정된 허용농도 $= 200 \times 0.7 = 140\,\text{ppm}$

정답 140ppm

04. 풀이

① 10ppm 이하 ② 0.06ppm 이하 ③ 0.01개/cc 이하

05. 풀이

장치의 목부를 좁게 하여 빠른 속도로 함진가스가 목부를 통과할 때 목부 주변의 노즐로부터 세정액을 분사하여 분진을 세정액과 접촉시켜 제거한다. 목부에서 처리유속이 굉장히 빠르기 때문에 접촉효율이 좋아 비교적 적은 양의 세정액으로 많은 양의 가스를 처리할 수 있다.

06. 풀이

식 $t = \dfrac{H}{V_s}$

- $V_s = 0.003 \times S \times d_p^2 = 0.003 \times 2.5 \times 10^2 = 0.75 cm/\sec$

$\therefore t = \dfrac{2.5m}{0.75cm/\sec} \times \dfrac{1\min}{60\sec} \times \dfrac{100cm}{1m} = 5.56\min$

정답 5.56min

07. 풀이

- 대치(대체)   • 격리   • 환기   • 교육

08. 풀이

식 $V_s = \dfrac{d_p^2(\rho_p - \rho)g}{18\mu}$

- $d_p = 30\mu m \times \dfrac{1cm}{10^4 \mu m} = 3 \times 10^{-3} cm$
- $\rho_p = 5g/cm^3$
- $\rho = 0.001293 g/cm^3$
- $\mu = 1.78 \times 10^{-4} g/cm \cdot \sec$

$\therefore V_s = \dfrac{(3 \times 10^{-3})^2 \times (5 - 0.001293) \times 980}{18 \times 1.78 \times 10^{-4}} = 13.76 cm/\sec$

정답 13.76cm/sec

09. 풀이

- 박스(Box)인 경우는 손잡이가 있어야 하고 신발은 미끄럽지 않아야 한다.
- 작업장 내의 온도가 적절해야 한다.
- 물체의 폭이 75cm 이하로서 두 손을 적당히 벌리고 작업할 수 있는 공간이 있어야 한다.
- 보통 속도로 두 손으로 들어 올리는 작업을 기준으로 한다.

10. 풀이

식 $A = \dfrac{Q}{V}$

$A = \dfrac{20m^3}{\min} \times \dfrac{\min}{1000m} = 0.02 m^2$

$$\therefore D = \sqrt{\frac{4A}{\pi}} = \sqrt{\frac{4 \times 0.02}{\pi}} = 0.16m = 16cm$$

정답 16cm

11. 풀이

식 $C = \dfrac{(W_2 - W_1)}{V}$

- $V = \dfrac{2L}{\min} \times 120\min \times \dfrac{1m^3}{10^3 L} = 0.24m^3$

$$\therefore C = \dfrac{(2-0.5)mg}{0.24m^3} = 6.25mg/m^3$$

정답 $6.25mg/m^3$

12. 풀이

식 $C = \dfrac{납}{채취유량}$

- 채취유량 $= \dfrac{0.95L}{\min} \times 250\min \times \dfrac{1m^3}{10^3 L} = 0.2375m^3$

- 납 $= 15\mu g \times \dfrac{1}{0.95} = 15.7894\mu g$

$$\therefore C = \dfrac{15.7894\mu g}{0.2375m^3} \times \dfrac{1mg}{10^3 \mu g} = 0.07\mu g/m^3$$

정답 $0.07\mu g/m^3$

13. 풀이

식 $Q = \dfrac{G \times K}{LEL \times B}$

- G : 인화물질 사용량($m^3/\min$)

$$= \dfrac{0.24L}{hr} \times \dfrac{0.9kg}{1L} \times \dfrac{22.4m^3}{92.13kg} \times \dfrac{273+80}{273} \times \dfrac{1hr}{60\min} = 1.1317 \times 10^{-3} m^3/\min$$

- K(C) : 안전계수

 LEL의 25% 이하일 때 → $K = 4$

- $B = 1$

 120℃까지 $B = 1.0$

$$\therefore Q = \dfrac{(1.1317 \times 10^{-3}) \times 4}{0.05 \times 1} = 0.09m^3/\min$$

정답 $0.09m^3/\min$

14. 풀이

식 $C = \dfrac{벤젠(mL)}{작업장 용적(m^3)}$

- 벤젠(mL) = $4L \times \dfrac{0.88kg}{1L} \times \dfrac{24.1m^3}{78kg} \times \dfrac{10^6 mL}{1m^3} = 1087589.744 mL$

∴ $C = \dfrac{1087589.744}{2000} = 543.79 ppm$

정답 543.79ppm

15. 풀이

식 $\rho = \dfrac{혼합기체 분자량(kg)}{24.45(m^3)}$

- 혼합기체분자량(kg) = $28 \times 0.78 + 32 \times 0.21 + 40 \times 0.009 + 44 \times 0.0003 = 28.9332 kg$

∴ $\rho = \dfrac{28.9332 kg}{24.45 m^3} = 1.18 kg/m^3$

정답 $1.18 kg/m^3$

16. 풀이

(1) 정압의 변화로 송풍기의 회전수의 변화를 구하고, 구한 값으로 변화된 환기량을 산출한다.

식 $P_{s2} = P_{s1} \times \left(\dfrac{N_2}{N_1}\right)^2$

$15.2 = 60 \times \left(\dfrac{N_2}{N_1}\right)^2$, $\left(\dfrac{N_2}{N_1}\right) = 0.5033$

식 $Q_2 = Q_1 \times \left(\dfrac{N_2}{N_1}\right)^1$

∴ $Q_2 = 200 \times (0.5033)^1 = 100.66 m^3/min$

정답 $100.66 m^3/min$

(2) • 후드 가까이에 장애물 존재
  • 후드 형식이 작업조건에 부적합
  • 외기 영향으로 후드 개구면 기류제어 불량
  ※ 제시된 답안 중 2가지 선택

17. 풀이

식: $X(L) = 3L \times \dfrac{0.879kg}{1L} \times \dfrac{24.45m^3}{78kg} \times \dfrac{10^3 L}{1m^3} = 826.60 L$

정답: 826.60L

18. 풀이

식: $PWL = 10\log \dfrac{W}{W_o}$

- $W_o = 10^{-12} W$
- $SPL = PWL - 10\log S$

$120 = PWL - 10\log(10), \quad PWL = 130\text{dB}$

$130 = 10\log \dfrac{W}{10^{-12}}, \quad \therefore W = 10 W$

정답: 10W

19. 풀이

- 천장값으로 되어 있는 허용농도
- 만성중독을 일으키지 않고, 가벼운 자극성 물질의 허용농도
- 기술적으로 타당성이 없는 농도

20. 풀이

(1) 장점
- 휴대가 간편함
- 착용이 간편함
- 안경과 안전모 등에 방해가 되지 않음
- 덥고 습한 환경에서 비교적 착용하기 좋음

(2) 단점
- 귀에 질병이 있는 경우 착용불가
- 외이도에 염증유발 우려
- 착용요령 습득 필요
- 차음효과가 비교적 낮음

※ 제시된 답안 중 각각 2가지 선택

해설 기출문제 - 정답 및 해설 2017도 제1회 기사 필답형

01. 풀이

식 $u = 0.8 u_{\max}$

∴ $u = 0.8 \times 6 = 4.8 m/\sec$

정답 4.8m/sec

※ 참고식 - 조건 충족시 적용가능

$$\frac{u}{u_{\max}} = \left(\frac{y}{R}\right)^{1/7}$$

02. 풀이

식 $EI = \dfrac{C_1}{T_1} + \dfrac{C_2}{T_2} + \cdots + \dfrac{C_n}{T_n}$

∴ $EI = \dfrac{3}{8} + \dfrac{2}{4} = 0.875$

∴ 노출지수가 1 미만이므로, 노출기준을 초과하지 않음

※ 소음수준에 따른 노출기준

소음수준(dB)	노출기준(시간)
90	8
95	4
100	2
105	1
110	0.5 - 30분
115	0.25 - 15분
120	0.125 - 7.5분

03. 풀이

- 체표면의 땀샘수 증가
- 혈중 염분량 감소
- 위액분비 감소, 산도 감소
- 간 기능 저하

04. 풀이

먼저, 현재 작업장의 유효비중을 산출하면,

식 $S = \dfrac{C_a \times S_a + C_b \times S_b + \cdots + C_n \times S_n}{10^6}$

- $C_a(ppm) = 10,000 ppm$
- $S_a = 5.7$
- $C_b(ppm) = 10^6 - 10,000 = 990,000 ppm$
- $S_b = 1$

$$\therefore S = \frac{10,000 \times 5.7 + 990,000 \times 1}{10^6} = 1.047$$

정답 1.047

문제의 제시된 조건으로 산출한 작업장 공기의 유효비중은 1.047이다. 오염물질의 비중이 커도, 작업장 내에서 차지하는 부피가 작으면, 혼합되어서 공기와 비슷한 비중이 되므로 이때 오염물질은 작업장 바닥이 아닌 작업장 내에서 떠다니게 되기 때문에 후드를 작업장 위 개구면에 설치한다.

05. 풀이
(1) **형식** : 외부식 후드
(2) **종류** : 슬로트형, 루버형, 그리드형

06. 풀이
(1) **환기장치법** : 작업장 위치와 기상조건, 정화장치의 조건에 따라 환기량을 산출하는 방법이다.
(2) **필요환기량법** : 오염물질의 종류, 배출특성에 따라 그 목적에 맞는 환기량을 결정하는 방법으로 환기량 산정의 기본이 되는 방법이다.

07. 풀이
(1) **식** $W = \sqrt{A}$

$$\therefore W = \sqrt{\frac{\pi \times 20^2}{4}} = 17.72 cm$$

정답 17.72cm

(2) **정답** 25%

08. 풀이
(1) **정의** : 가스교환부위인 폐포에 침착하여 유해성을 줄 수 있는 입자상물질로, 평균입경은 $4 \mu m$ 이다.
(2) **측정목적** : 공기 중 분진농도와 폐포의 흡입가능한 분진농도를 비교함으로써, 노출평가를 통한 작업자의 위해성정도를 확인하기위해 측정한다.

09. 풀이

식 폭로량×체중 = $C \times T \times V \times R$

- $C = 22.5 mL/m^3 (ppm)$
- $T_1 = 2hr$, $T_2 = 6hr$
- $V_1 = 1.47 m^3/hr$, $V_2 = 0.98 m^3/hr$
- $R = 0.75$

$$\therefore 폭로량 = \frac{22.5mL}{m^3} \times \left(2hr \times \frac{1.47m^3}{hr} + 6hr \times \frac{0.98m^3}{hr}\right) \times 0.75 \times \frac{1}{70kg} \times \frac{165.8mg}{24.45mL} = 14.42mg/kg$$

정답 14.42mg/kg

10. 풀이

대상입자와 침강속도가 같고 단위밀도를 갖는 구형입자의 직경

11. 풀이

파과

12. 풀이

주파수범위 = 하한주파수(f_L)~상한주파수(f_U)

식 하한주파수(f_L) = $\frac{f_c}{\sqrt{2}} = \frac{500}{\sqrt{2}} = 353.55 Hz$

식 상한주파수(f_U) = $\frac{f_c^2}{f_L} = \frac{500^2}{353.55} = 707.11 Hz$

∴ 주파수범위 = 353.55~707.11Hz

정답 353.55~707.11Hz

13. 풀이

(1) **정압** : 정지하고 있는 유체 중의 임의의 면에 작용하는 압력으로, 유체흐름에 직각방향으로 작용하며, 물체에 초기속도를 부여하는 힘이다.

(2) **동압** : 유속에 의하여 유체흐름방향으로 미치는 압력으로, 항상 양(+)압이다.

14. 풀이

식 $\eta_t = 1 - [(1-\eta_1)(1-\eta_2)\cdots(1-\eta_n)]$

$0.99 = 1 - [(1-\eta_1)(1-0.95)]$, $\therefore \eta_1 = 0.8 ≒ 80\%$

정답 80%

15. 풀이
- 덕트 내 분진퇴적
- 공기정화장치의 분진퇴적
- 후드 댐퍼 닫힘
- 공기정화장치의 분진 취출구 열림

※ 제시된 답안 중 3가지 선택

16. 풀이

(1) 식 $\overline{\alpha} = \dfrac{\sum S_i \alpha_i}{\sum S_i} = \dfrac{바닥 \times 흡음률 + 벽 \times 흡음률 + 천장 \times 흡음률}{바닥 + 벽 + 천장}$

- S : 면적
- α : 흡음률

$\overline{\alpha} = \dfrac{(5\times3)\times0.2 + (5\times2\times2 + 3\times2\times2)\times0.05 + (5\times3)\times0.1}{(5\times3) + (5\times2\times2 + 3\times2\times2) + (5\times3)} = 0.11$

정답 0.11

(2) 식 $N_R = 10\log\left(\dfrac{A_2}{A_1}\right)$

- $A_1 = 0.11$
- $A_2 = \dfrac{(5\times3)\times0.2 + (5\times2\times2 + 3\times2\times2)\times0.5 + (5\times3)\times0.3}{(5\times3) + (5\times2\times2 + 3\times2\times2) + (5\times3)} = 0.38$

$\therefore N_R = 10\log\left(\dfrac{0.38}{0.11}\right) = 5.38\text{dB}$

정답 5.38dB

17. 풀이
- 담배연기 • 흄 • 미스트 • 바이러스 • 고농도산소와 저농도산소

※ 제시된 답안 중 3가지 선택

18. 풀이
- 풍차풍속계 • 카타온도계 • 열선풍속계

※ 제시된 답안 중 2가지 선택

19. 풀이

(1) 플랜지가 있을 때 필요환기량

식 $Q_c = 0.75(10X^2 + A) \times V_c = 0.75 \times (10 \times 1^2 + 0.5) \times 0.5 \times 60 = 236.25 m^3/min$

정답 $236.25 m^3/min$

(2) 플랜지가 없을 때 필요환기량

식 $Q_c = (10X^2 + A) \times V_c = (10 \times 1^2 + 0.5) \times 0.5 \times 60 = 315 m^3/min$

정답 $315 m^3/min$

20. 풀이
- 원심력 송풍기
- 축류 송풍기

기출문제 - 정답 및 해설 2017년도 제2회 기사 필답형

01. 풀이
- 유해물질의 특성
- 분진퇴적
- 덕트 내 마찰손실
- 분지관 설치 및 관의 확대 및 축소

02. 풀이
상온에서 액체인 물질의 교반, 도금, 금속절단, 세척, 발포, 스프레이 작업 시 공기 중에서 휘산되며 발생한다.

03. 풀이
근로자가 1일 작업시간동안 잠시라도 노출되어서는 아니 되는 기준을 말하며, 노출기준 앞에 "C"를 붙여 표시한다.

04. 풀이
(1) OSHA
- PEL

(2) ACGIH
- 허용기준(TLVs)
- 생물학적 노출지수(BEIs)

(3) NIOSH
- REL
- Criteria

05. 풀이

식: $NR = 10\log\left(\dfrac{A_2}{A_1}\right) = 10\log\left(\dfrac{2500+2500}{2500}\right) = 3.01\,dB$

정답: 3.01dB

06. 풀이
- 유해물질 농도
- 노출강도(노출시간 및 노출빈도)
- 작업조건
- 개인 감수성

07. 풀이

식 $ACH = \dfrac{필요환기량}{작업장 용적}$

• 필요환기량 $= \dfrac{G}{C_s - C_o} = \dfrac{40L/hr \cdot 인}{(700-330)mL/m^3} \times \dfrac{10^3 mL}{1L} \times 30인 = 3243.2432 m^3/hr$

∴ $ACH = \dfrac{3243.2432}{2000} = 1.62$

정답 1.62

08. 풀이

식 $Q_c = 0.5(10X^2 + A) \times V_c$

∴ $Q_c = 0.5(10 \times 0.4^2 + 6) \times 0.5 \times 60 = 114 m^3/min$

정답 $114 m^3/min$

09. 풀이

식 $Q(m^3/min) = \dfrac{H_s}{0.3 \Delta t}$

∴ $Q(m^3/hr) = \dfrac{H_s}{0.3 \Delta t} = \dfrac{25{,}500 kcal/hr}{0.3 kcal/m^3 \times (35-15)℃} = 4{,}250 m^3/hr$

정답 $4{,}250 m^3/hr$

10. 풀이

① 전압 : $0.39 mmH_2O$ ② 정압 : $1.39 mmH_2O$ ③ 동압 : $1 mmH_2O$

11. 풀이

식 $N_{Re} = \dfrac{D \times V \times \rho}{\mu} = \dfrac{D \times V}{\nu}$

$2 \times 10^5 = 30cm \times \dfrac{1m}{100cm} \times V \times \dfrac{sec}{1.5 \times 10^{-5} cm^2} \times \dfrac{10^4 cm^2}{1 m^2}$,   ∴ $V = 1 \times 10^{-3} m/sec$

정답 $1 \times 10^{-3} m/sec$

12. 풀이

식: $\ln\left(\dfrac{C_t}{C_o}\right) = -k \times t$

- $k = \dfrac{Q}{\forall} = \dfrac{1.2 m^3/\sec}{1,500 m^3} \times \dfrac{60\sec}{1\min} = 0.048/\min$

$\ln\left(\dfrac{25}{200}\right) = -0.048 \times t, \quad \therefore t = 43.32 \min$

정답: 43.32min

13. 풀이

식: $C(ppm) = \dfrac{벤젠량(mL)}{채취유량(m^3)}$

- 채취유량(m^3) = $\dfrac{50cc}{(16.9-16.5)\sec} \times (60 \times 3 + 42)\min \times \dfrac{60\sec}{1\min} \times \dfrac{1mL}{1cc} \times \dfrac{1m^3}{10^6 mL} = 1.665 m^3$

- 벤젠량(mL) = $(2 + 0.1)mg \times \dfrac{24.45 mL}{78 mg} = 0.6582 mL$

$\therefore C = \dfrac{0.6582}{1.665} = 0.40 ppm$

정답: 0.40ppm

14. 풀이

보충용 공기

15. 풀이

식: $X m^3 = \forall \times \dfrac{273 + 21}{273 + t_a} \times \dfrac{P_a}{760}$

- t_a : 실제 측정 온도(℃)
- P_a : 실제 측정 압력(mmHg)

$\therefore X m^3 = 100 m^3 \times \dfrac{273 + 21}{273 + 150} \times \dfrac{700}{760} = 64.02 m^3$

정답: 64.02m^3

16. 풀이

식 $Q = \dfrac{G}{TLV} \times K$

- $G(mL/\min) = \dfrac{0.5kg}{hr} \times \dfrac{22.4m^3}{92.14kg} \times \dfrac{10^6 mL}{1m^3} \times \dfrac{1hr}{60\min} = 2{,}025.9026\, mL/\min$

∴ $Q = \dfrac{2{,}025.9026}{50} \times 5 = 202.59\, m^3/\min$

정답 $202.59 m^3/\min$

17. 풀이

식 $SPL = 20\log\left(\dfrac{P}{P_o}\right)$

- $P = 2.6\,\mu\text{bar}$
- $1\mu\text{bar} = 1\text{dyne/cm}^2$

∴ $SPL = 20\log\left(\dfrac{2.6}{2 \times 10^{-5}}\right) = 102.28\text{dB}$

정답 102.28dB

18. 풀이

다. 흡착관 앞층의 **1/10** 이상이 뒷층으로 넘어가면 파과가 일어났다고 본다.

라. **화학적 흡착은 발열반응, 물리적 흡착은 흡열반응**으로 화학적 흡착은 온도가 높을수록, 물리적 흡착은 온도가 낮을수록 흡착에 좋다.

마. **극성 흡착제**를 사용할 경우 습도가 높을수록 파과가 일어나기 쉽다.

19. 풀이

식 $V = C \times \sqrt{\dfrac{2gP_v}{\gamma}}$

- $P_v = P_t - P_s = 30 - 10 = 20\text{mmH}_2\text{O}$

∴ $V = 1 \times \sqrt{\dfrac{2 \times 9.8 \times 20}{1.21}} = 18.00\, m/\sec$

정답 18.00m/sec

기출문제 - 정답 및 해설 | 2017년도 제3회 기사 필답형

01. 풀이

(1) 포화증기농도

$$C = \frac{P_i}{P_t} \times 10^6 \, (\text{ppm})$$

- P_i : 대상기체분압
- P_t : 전압(전체압력)

① A 물질

$$C = \frac{25}{760} \times 10^6 \, (\text{ppm}) = 32,894.74 \text{ppm}$$

② B 물질

$$C = \frac{100}{760} \times 10^6 \, (\text{ppm}) = 131,578.95 \text{ppm}$$

(2) VHI

$$VHI = \log\left(\frac{\text{포화증기농도}}{TLV}\right)$$

① A 물질

$$VHI = \log\left(\frac{32,894.74}{100}\right) = 2.52$$

② B 물질

$$VHI = \log\left(\frac{131,578.95}{350}\right) = 2.58$$

02. 풀이
- 유해물질의 독성이 비교적 낮은 경우
- 유해물질이 시간에 따라 균일하게 발생될 경우
- 동일한 작업장에 오염원이 분산되어 있는 경우
- 유해물질의 발생량이 적은 경우

03. 풀이

$$P_s = P_v(1 + F_i)$$

- $P_v = P_t - P_s = -33 - (-66) = 33 \text{mmH}_2\text{O}$
- $F_i = \dfrac{1 - C_e^{\,2}}{C_e^{\,2}} = \dfrac{1 - 0.54^2}{0.54^2} = 2.4293$

$\therefore P_s = 33 \times (1 + 2.4293) = 113.17 \text{mmH}_2\text{O}$

정답 113.17mmH$_2$O

04. 풀이

식) $EI = \dfrac{C_1}{T_1} + \dfrac{C_2}{T_2} + \cdots + \dfrac{C_n}{T_n}$

$\therefore EI = \dfrac{2}{8} + \dfrac{2}{4} + \dfrac{1}{2} = 1.25$

∴ 노출지수가 1을 초과하므로, 노출기준 초과로 판정한다.

※ 소음수준에 따른 노출기준

소음수준(dB)	노출기준(시간)
90	8
95	4
100	2
105	1
110	0.5 – 30분
115	0.25 – 15분
120	0.125 – 7.5분

05. 풀이

① (**정확도**) : 분석치가 참값에 얼마나 접근하였는가 하는 수치상의 표현
② (**정밀도**) : 일정한 물질에 대해 반복 측정·분석을 했을 때 나타나는 자료 분석치의 변동 크기가 얼마나 작은가 하는 수치상의 표현
③ (**단위작업장소**) : 작업환경측정대상이 되는 작업장소 또는 공정에서 정상적인 작업을 수행하는 동일노출집단의 근로자가 작업을 행하는 장소
④ (**지역시료채취**) : 시료채취기를 이용하여 가스·증기·분진·흄(fume)·미스트(mist) 등을 근로자의 작업행동 범위에서 호흡기 높이에 고정하여 채취하는 것을 말한다.
⑤ (**정도관리**) : 작업환경측정·분석치에 대한 정확성과 정밀도를 확보하기 위하여 지정측정기관의 작업환경측정·분석능력을 평가하고, 그 결과에 따라 지도·교육 그 밖에 측정·분석능력 향상을 위하여 행하는 모든 관리적 수단을 말한다.

06. 풀이

마틴직경, 헤이후드직경, 페레트직경

07. 풀이

식) $Q_c = 0.5(10X^2 + A) \times V_c$

$\therefore Q_c = 0.5 \times (10 \times 0.5^2 + \dfrac{\pi \times 0.08^2}{4}) \times 0.8 \times 60 = 60.12 \, m^3/min$

정답) $60.12 \, m^3/min$

08. 풀이

(1) 송풍량

$$Q_2 = Q_1 \times \left(\frac{N_2}{N_1}\right)^1 = 25 \times \left(\frac{500}{400}\right)^1 = 31.25 m^3/sec$$

정답 31.25m³/sec

(2) 정압

$$P_{s2} = P_{s1} \times \left(\frac{N_2}{N_1}\right)^2 = 60 \times \left(\frac{500}{400}\right)^2 = 93.75 m^3/sec$$

정답 93.75m³/sec

(3) 동력

$$P_2 = P_1 \times \left(\frac{N_2}{N_1}\right)^3 = 0.7 \times \left(\frac{500}{400}\right)^3 = 1.37 kW$$

정답 1.37kW

09. 풀이

공기조화장치란 공기의 정화, 환기, 냉각, 가열, 가습, 감습 등의 기능을 가지는 장치를 말한다. 습도와 온도, 공기질을 관리하여 열적으로 공기질적으로 실내를 항상 쾌적하게 유지해 준다.

10. 풀이

운동과정에서 젖산을 산화하는 데 산소량이 부족할 때, 부족한 만큼의 산소량으로 작업이나 운동이 끝난 후 회복기에 안정시 섭취하는 산소량에 부족한 산소량을 더 섭취하게 된다.

11. 풀이

- 흡착장치의 처리능력
- 흡착대상 오염물질분석
- 흡착제의 파과점
- 압력손실

※ 제시된 답안 중 3가지 선택

12. 풀이

(1) 플래넘 : 후드 뒷부분에 위치하며 각 후드의 흡입유속의 강약을 작게 하여 일정하게 만들어 압력과 공기흐름을 균일하게 형성하는 데 필요한 장치이다. 가능한 길게 설치한다.(플래넘의 단면이 유입구 면적의 5배 이상)
(2) 제어속도 : 오염물질을 후드내로 도입시키기 위해 필요한 공기의 최소 흡인속도
(3) 플랜지 : 후드의 흡인구 테두리에 설치되어 후드 뒤 쪽의 공기흡입을 배제하여 흡인공기량을 약 25% 감축시키는 설비이다.(슬로트형의 경우 30% 감소)

13. 풀이

(1) 석면의 종류
① 갈석면   ② 청석면   ③ 백석면

(2) 석면해체, 제거작업계획에 포함되어야 하는 사항
- 공사개요 및 투입인력
- 석면함유물질의 위치, 범위 및 면적 등
- 석면해체, 제거작업의 절차 및 방법
- 석면 흩날림 방지 및 폐기방법
- 근로자 보호조치

※ 제시된 답안 중 3가지 선택

14. 풀이

(1) 기하평균(GM) : 누적분포 50%에 해당하는 값 $= 0.2\mu g/m^3$

정답 $0.2\mu g/m^3$

(2) 기하표준편차

표를 살펴보면, 50보다 15.9가 낮고 84.1은 높은 왼쪽꼬리를 갖는 음의 분포를 따르므로,

$$GSD = \frac{15.87\%에\ 해당하는\ 값}{50\%에\ 해당하는\ 값} = \frac{50\%에\ 해당하는\ 값}{84.13\%에\ 해당하는\ 값} = \frac{0.2}{0.8} = 0.25$$

정답 0.25

※ 양, 음별 기하표준편차

- 양의 분포(오른쪽 꼬리) : 15.9% > 50% > 84.1%

$$GSD = \frac{50\%에\ 해당하는\ 값}{15.87\%에\ 해당하는\ 값} = \frac{84.13\%에\ 해당하는\ 값}{50\%에\ 해당하는\ 값}$$

- 음의 분포(왼쪽 꼬리) : 84.1% > 50% > 15.9%

$$GSD = \frac{15.87\%에\ 해당하는\ 값}{50\%에\ 해당하는\ 값} = \frac{50\%에\ 해당하는\ 값}{84.13\%에\ 해당하는\ 값}$$

---

15. 풀이

$$\gamma_a(kg/m^3) = \frac{MW(kg)}{24.45 m^3}$$

- $MW = 28 \times 0.783 + 32 \times 0.21 + 44 \times 0.003 + 18 \times 0.004 = 28.848 kg$

$$\therefore \gamma_a(kg/m^3) = \frac{28.848}{24.45} = 1.18 kg/m^3$$

정답 $1.18 kg/m^3$

16. 풀이
(1) 공기정화시설을 갖춘 사무실에서의 환기횟수는 시간당 (**4**)회 이상으로 한다.
(2) 공기의 측정시료는 사무실 내에서 공기질이 가장 나쁠 것으로 예상되는 (**2**)곳 이상에서 채취한다.
(3) 일산화탄소(CO)는 연 1회 이상, 업무 시작 후 1시간 이내 및 업무 종료 후 1시간 이내에 각각 (**10**)분간 측정을 실시한다.

17. 풀이
초기농도에 비례하여 시간에 따른 농도변화를 물으므로, 1차반응식을 이용하여 답을 산출한다.

식 $\ln\left(\dfrac{C_t}{C_o}\right) = -k \cdot t$

• $k = \dfrac{Q}{\forall} = \dfrac{80 m^3/\sec}{4,000 m^3} \times \dfrac{60 \sec}{1 \min} = 1.2/\min$

$\ln\left(\dfrac{50}{100}\right) = -1.2 \times t$, ∴ $t = 0.58 \min$

정답 0.58min

18. 풀이

식 $V = \sqrt{\dfrac{2 \times g \times VP}{\gamma}} = \sqrt{\dfrac{2 \times 9.81 \times VP}{1.21}} = 4.043\sqrt{VP}$

정답 $4.043\sqrt{VP}$

19. 풀이

식 $Q = A \times V$

• $V = \sqrt{\dfrac{2gP_v}{\gamma}} = \sqrt{\dfrac{2 \times 9.8 \times 33}{1.2}} = 23.22 m/\sec$

• $P_v = P_t - P_s = -30 - (-63) = 33 mmH_2O$

∴ $Q = \dfrac{\pi \times (0.15m)^2}{4} \times \dfrac{23.22m}{\sec} = 0.41 m^3/\sec$

정답 $0.41 m^3/\sec$

20. 풀이
• 15 : 배출구와 공기를 유입하는 흡입구는 서로 15m 이상 떨어져야 함
• 3 : 배출구의 높이는 지붕 꼭대기나 공기 유입구보다 위로 3m 이상 높게 하여야 함
• 15 : 배출되는 공기는 재유입되지 않도록 배출가스 속도를 15m/sec 이상 유지함

해설 기출문제 – 정답 및 해설 2018년도 제1회 기사 필답형

01. 풀이
전기집진장치

02. 풀이

식 $\Delta P = 4f \times \dfrac{L}{D} \times \dfrac{\gamma V^2}{2g}$

직경을 제외한 나머지 조건은 일정하므로, 직경을 제외한 나머지 인자들을 K로 정리하면,

$\Delta P = K \times \dfrac{1}{D} \times \left(\dfrac{Q}{A}\right)^2 = K \times \dfrac{1}{D} \times \left(\dfrac{4}{\pi \times D^2}\right)^2 = K \times \dfrac{1}{D^5}$

$\therefore \dfrac{\Delta P_1}{\Delta P_1} = \dfrac{K \times \dfrac{1}{(0.5D)^5}}{K \times \dfrac{1}{D^5}} = 32$

∴ 32배 증가한다.

정답 32배

03. 풀이
- 유해물질의 확산을 통제할 수 있다.
- 유해물질의 완벽한 흡입이 가능하다.
- 작업장 내 방해기류의 영향을 거의 받지 않는다.

04. 풀이
JSI

05. 풀이
- 접촉차단(간섭) • 관성충돌 • 확산 • 중력침강 • 정전기

06. 풀이
- 직접적정법 • 간접적정법 • 치환적정법 • 역적정법

07. 풀이
- 테이퍼 • 분리날개 • 슬롯 • 차폐막 • 충만실

08. 풀이

식) $GM = \sqrt[n]{a_1 \times a_2 \times \cdots \times a_n}$

∴ $GM = \sqrt[10]{98 \times 205 \times 47 \times 51 \times 132 \times 93 \times 61 \times 190 \times 170 \times 55} = 95.64\text{ppm}$

정답) 95.64ppm

09. 풀이

식) 필요환기량 $= Q_1 + Q_2$

- Q_1 : 톨루엔 필요환기량 $= \dfrac{G}{TLV} \times K$

$= \dfrac{1kg}{hr} \times \dfrac{24.45m^3}{92kg} \times \dfrac{10^6 mL}{1m^3} \times 4 \times \dfrac{m^3}{100mL} = 10630.4347 m^3/hr$

- Q_2 : 벤젠 필요환기량 $= \dfrac{G}{TLV} \times K$

$= \dfrac{1kg}{hr} \times \dfrac{24.45m^3}{78kg} \times \dfrac{10^6 mL}{1m^3} \times 6 \times \dfrac{m^3}{50mL} = 37615.3846 m^3/hr$

∴ 필요환기량 $= 10630.4347 + 37615.3846 = 48245.82 m^3/hr$

정답) 48245.82m³/hr

10. 풀이

(1) 플랜지가 부착된 경우 송풍량

식) $Q_c = 0.7(10X^2 + A) \times V_c$

∴ $Q_c = 0.7 \times [10 \times 1^2 + (2.5 \times 0.5)] \times 0.6 \times 60 = 283.5 m^3/\min$

정답) 283.5m³/min

(2) 플랜지가 없는 경우 송풍량

식) $Q_c = (10X^2 + A) \times V_c$

∴ $Q_c = [10 \times 1^2 + (2.5 \times 0.5)] \times 0.6 \times 60 = 405 m^3/\min$

정답) 405m³/min

11. 풀이

식) $F_3 = E + 0.8H$

- F_3 : 후드의 직경
- E : 열원의 직경
- H : 후드 높이

12. 풀이

    식 $Q = \dfrac{G}{TLV} \times K$

    - G : 오염물질발생량$(mL) = \dfrac{2L}{hr} \times \dfrac{0.805kg}{1L} \times \dfrac{24.45m^3}{72.06kg} \times \dfrac{10^6 mL}{1m^3} = 546273.9384 mL/hr$

    $\therefore Q = \dfrac{546273.9384}{200} \times 6 = 16388.22 m^3/hr ≒ 273.14 m^3/min$

    정답 $273.14 m^3/min$

13. 풀이

    식 $Q = 3.7 LVX$

    - $W/L = 0.2$, $W = 0.2L$

    ① 폭 15cm일 때

    $60 = 3.7 \times (\dfrac{0.15}{0.2}) \times 0.9 \times 60 \times X$, $X = 0.4m$

    정답 $0.4m$

    ② 폭 25cm일 때

    $\therefore Q = 3.7 \times (\dfrac{0.25}{0.2}) \times 0.9 \times 60 \times 0.4 = 99.9 m^3/min$

    정답 $99.9 m^3/min$

14. 풀이

    식 최소 채취시간(min) = $\dfrac{오염물질량(L)}{채취유량(L/min)}$

    - 오염물질량(L) = $\dfrac{LOQ}{C} = 0.5mg \times \dfrac{m^3}{50mL} \times \dfrac{24.45mL}{131.39mg} \times \dfrac{10^3}{1m^3} = 1.8608 L$

    $\therefore$ 최소 채취시간(min) = $\dfrac{1.8608}{0.15} = 12.41 min$

    정답 $12.41 min$

15. 풀이

    식 $N_{Re} = \dfrac{D \times V \times \rho}{\mu}$

    $\therefore N_{Re} = \dfrac{0.35 \times 11 \times 1.203}{1.8 \times 10^{-5}} = 257308.33$

    $\therefore N_{Re}$가 4,000 이상이므로 유체의 흐름은 난류이다.

16. 풀이

(1) 차음효과 = (NRR−7)×50% = (19−7)×0.5 = 6dB(A)

정답 6dB(A)

(2) 노출되는 음압수준 = 차음전 음압수준−차음효과 = 100−6 = 94dB(A)

정답 94dB(A)

17. 풀이

(1) 노출지수 평가

식 $EI = \dfrac{C_1}{TLV_1} + \dfrac{C_2}{TLV_2} + \cdots + \dfrac{C_n}{TLV_n}$

∴ $EI = \dfrac{5}{10} + \dfrac{9}{20} + \dfrac{5}{50} = 1.05$

∴ 노출지수가 1을 초과하므로, 노출기준 초과

(2) 보정된 허용농도

식 보정된 허용농도 = $\dfrac{C_1 + C_2 + \cdots + C_n}{EI}$

∴ 보정된 허용농도 = $\dfrac{5+9+5}{1.05} = 18.10\,ppm$

정답 18.10ppm

18. 풀이

식 $TWA = \dfrac{C_1 T_1 + C_2 T_2 + \cdots + C_n T_n}{8}$

∴ $TWA = \dfrac{60 \times 3 + 45 \times 4}{8} = 45\,ppm$

∴ 헥산의 TLV는 50ppm이므로 허용기준을 초과하지 않는다.

19. 풀이

식 $Q = \dfrac{G \times K}{LEL \times B}$

- $G = \dfrac{2L}{hr} \times \dfrac{0.806\,kg}{1L} \times \dfrac{1hr}{60\min} \times \dfrac{22.4\,m^3}{106\,kg} \times \dfrac{273+150}{273} = 8.7969 \times 10^{-3}\,m^3/\min$
- $K = 5$
- $LEL = 0.01$
- $B = 0.7\,(120℃\ 이상)$

∴ $Q = \dfrac{(8.7969 \times 10^{-3}) \times 5}{0.01 \times 0.7} = 6.28 m^3/min$

정답 $6.28 m^3/min$

20. **풀이**

- **식** $\Delta P_h = \dfrac{1 - C_e^{\,2}}{C_e^{\,2}} \times \dfrac{\gamma V^2}{2g}$

- $V = \dfrac{Q}{A} = \dfrac{10 m^3}{min} \times \dfrac{1 min}{60 sec} \times \dfrac{4}{\pi \times (0.2 m)^2} = 5.3051 m/\sec$

$\Delta P_h = \dfrac{1 - 0.4^2}{0.4^2} \times \dfrac{1.2 \times 5.3051^2}{2 \times 9.8} = 9.05 mmH_2O$

정답 $9.05 mmH_2O$

해설 기출문제 – 정답 및 해설 2018년도 제2회 기사 필답형

01. 풀이

식) $P_2 = P_1 \times \left(\dfrac{N_2}{N_1}\right)^3$

식) $Q_2 = Q_1 \times \left(\dfrac{N_2}{N_1}\right)^1$

$\dfrac{Q_2}{Q_1} = \left(\dfrac{N_2}{N_1}\right)^1$

$\dfrac{1.2\,Q_1}{Q_1} = \left(\dfrac{N_2}{N_1}\right)^1 = 1.2$

$\therefore P_2 = 7.5 \times (1.2)^3 = 12.96\,kW$

정답) 12.96kW

02. 풀이

식) 급기 중 외부공기 포함량(%) = 100 − 급기 중 재순환량(%)

• 급기 중 재순환량(%) = $\dfrac{C_{in} - C_{out}}{\text{재순환}\,C - C_{out}} \times 100 = \left(\dfrac{450-300}{650-300}\right) \times 100 = 42.8571\%$

∴ 급기 중 외부공기 포함량(%) = 100 − 42.8571 = 57.1429 = 57.14%

정답) 57.14%

03. 풀이

작업상 전 근로자들이 일하지 않으면 안되는 중추시간을 제외한 전수시간을 주 40시간의 작업조건 하에 자유스럽게 근무하는 제도이다. 이 제도는 개인생활의 편의와 피로의 경감, 출퇴근 시 교통량의 완화 등 정신적인 면에서 좋은 효과를 보이고 있다.

04. 풀이

식) 먼지농도(mg/m³) = $\dfrac{\text{채취 후 여과지 무게} - \text{채취 전 여과지 무게}}{\text{흡인공기량}}$

∴ 먼지농도(mg/m³) = $\dfrac{(22.5-20)mg}{850L} \times \dfrac{10^3 L}{1\,m^3} = 2.94\,mg/m^3$

정답) 2.94mg/m³

05. 풀이

식 혼합물질의 비중 $= \dfrac{S_a \times V_a + S_b \times V_b}{V}$

- S_a : a물질 비중
- V_a : a물질 부피
- S_b : b물질 비중
- V_b : b물질 부피
- V : 총 부피

혼합물질의 비중 $= \dfrac{5.7 \times 7,500 + 1 \times (10^6 - 7,500)}{10^6} = 1.0352 = 1.04$

정답 1.04

06. 풀이

식 $Q = \dfrac{G \times K}{LEL \times B}$

- G : 인화물질 사용량(m³/min)

$= \dfrac{1.5L}{hr} \times \dfrac{0.88kg}{1L} \times \dfrac{24.45m^3}{106kg} \times \dfrac{1hr}{60min} = 5.0745 \times 10^{-3} m^3/min$

- K(ⓒ) : 안전계수 = 10
- B : 온도에 따른 보정상수 = 0.7

  120℃ 까지 $B = 1.0$
  120℃ 이상 $B = 0.7$

$Q = \dfrac{(5.0745 \times 10^{-3}) \times 10}{0.01 \times 0.7} = 7.2492 m^3/min$ (온도 보정 전)

∴ 온도 보정한 실제 환기량 $= \dfrac{7.2492m^3}{min} \times \dfrac{273 + 200}{273 + 25} = 11.51 m^3/min$

정답 11.51m³/min

07. 풀이

① 흡입성 입자상 물질
   평균입경 : $100\mu m$
② 흉곽성 입자상 물질
   평균입경 : $10\mu m$
③ 호흡성 입자상 물질
   평균입경 : $4\mu m$

08. 풀이

식 $\Delta P = \left(F \times \dfrac{\theta}{90}\right) \times P_v = \varepsilon \times P_v$

- $\varepsilon = \Delta P / P_v = F \times \dfrac{\theta}{90}$
- 형상비(W/D) = 30 ÷ 15 = 2.0
- 곡률반경비(R/D) = 30 ÷ 15 = 2.0
  → 표에서 압력손실계수를 찾아보면, 압력손실계수 = 0.11

∴ $\Delta P = 0.11 \times 20 = 2.2 \text{mmH}_2\text{O}$

정답 $22\text{mmH}_2\text{O}$

09. 풀이

(1) **속도압의 정의** : 유속에 의하여 유체흐름방향으로 미치는 압력으로 유체가 갖고 있는 운동에너지를 의미한다.

(2) **공기속도의 관계식**

식 $P_v = \dfrac{\gamma V^2}{2g}$

속도로 정리하면,

$V = \sqrt{\dfrac{2gP_v}{\gamma}}$

$V = 4.043 \sqrt{P_v}$

10. 풀이

③ → ④ → ⑥ → ② → ① → ⑤ → ⑦

11. 풀이

- 포집액의 온도를 낮추어 오염물질의 휘발성을 제한한다.
- 두 개 이상의 임핀저나 버블러를 연속적(직렬)으로 연결하여 사용하는 것이 좋다.
- 채취속도를 낮춘다.(채취물질이 흡수액을 통과하는 속도를 낮춤)
- 기포의 체류시간을 길게 한다.
- 기포와 액체의 접촉면적을 크게 한다.(가는 구멍이 많은 fritted 버블러 사용).
- 액체의 교반을 강하게 한다.
- 흡수액의 양을 늘려준다.
- 액체에 포집된 오염물질의 휘발성을 제거한다.

※ 제시된 답안 중 3가지 선택

12. 풀이

식 $P = \dfrac{\Delta P \times Q}{102 \times \eta} \times \alpha$

∴ $P = \dfrac{120 \times (200/60)}{102 \times 0.7} \times 1.2 = 6.72 \text{kW}$

정답 6.72kW

13. 풀이
- 정압(P_s) : 정지하고 있는 유체 중의 임의의 면에 작용하는 압력
- 동압(속도압, P_v) : 유속에 의하여 유체흐름방향으로 미치는 압력
- 전압(P_t) : 정압과 동압의 합

14. 풀이

(1) 톨루엔의 농도가 50ppm이라고 할 때 10ppm으로 감소하는데 걸리는 시간(min)

식 $\ln\left(\dfrac{C_t}{C_0}\right) = -k \times t$

- $k = \dfrac{Q}{\forall} = \dfrac{0.5 m^3}{\sec} \times \dfrac{1}{1000 m^3} \times \dfrac{60 \sec}{1 \min} = 0.03/\min$

$\ln\left(\dfrac{10}{50}\right) = -0.03 \times t,$ ∴ $t = 53.65 \min$

정답 53.65min

(2) 1시간 후의 공기 중 농도(ppm)

식 $\ln\left(\dfrac{C_t}{C_0}\right) = -k \times t$

$\ln\left(\dfrac{C_t}{50}\right) = -0.03 \times 60,$ ∴ $C_t = 8.26 ppm$

정답 8.26ppm

15. 풀이
청력보존 프로그램

16. 풀이

식 $\log GSD = \sqrt{\dfrac{(\log a_1 - \log GM)^2 + (\log a_2 - \log GM)^2 + \cdots + (\log a_n - \log GM)^2}{n-1}}$

- $\log GM = \dfrac{\log a_1 + \log a_2 + \cdots + \log a_n}{n} = \dfrac{\log 0.4 + \log 1.5 + \log 15 + \log 78}{4} = 0.7115$

$\log GSD = \sqrt{\dfrac{(\log 0.4 - \log 0.7115)^2 + (\log 1.5 - \log 0.7115)^2 + (\log 15 - \log 0.7115)^2 + (\log 78 - \log 0.7115)^2}{4-1}} = 1.4237$

∴ $GSD = 10^{1.4237} = 26.53$

정답 26.53

---

17. 풀이

① 전압 : $-0.39\,\text{mmH}_2\text{O}$

② 정압 : $-1.39\,\text{mmH}_2\text{O}$

③ 동압 : $1\,\text{mmH}_2\text{O}$

---

18. 풀이

3개월 후에 1회 이상 작업환경 측정을 실시하여야 한다.

---

19. 풀이

(1) **바이오 에어로졸의 정의** : 바이오 에어로졸(Bio-Aerosols)은 미생물이나 생물 그 자체이거나 여기에서 파생되는 단편, 입자, 독성물질 등 공기중에 퍼져있는 입자 및 액체상의 물질을 말한다.

(2) **생물학적 유해인자** : 박테리아, 바이러스, 곰팡이, 꽃가루, 진드기, 침액, 털

---

20. 풀이

(1) **1차 표준보정기구**
- 정의 : 물리적 크기에 의해서 공간의 부피를 직접 측정할 수 있는 기구를 말한다.
- 정확도 : ±1% 이내

(2) **2차 표준보정기구**
- 정의 : 공간의 부피를 직접 측정할 수 없으며, 유량과 비례관계가 있는 유속, 압력을 유량으로 환산하는 방식, 즉 1차 표준기구를 기준으로 보정하여 사용할 수 있는 기구
- 정확도 : ±5% 이내

해설 기출문제 – 정답 및 해설 2018년도 제3회 기사 필답형

01. 풀이
(1) 열사병   (2) 열경련

02. 풀이
식) 소요풍량(m^3/min) $= Q_1 \times (1 + K_L)$

∴ 소요풍량 $= 15 \times (1 + 3.5) = 67.50 m^3/min$

정답) $67.50 m^3/min$

03. 풀이

식) $C(mg/m^3) = \dfrac{\text{아연 채취량} \times \dfrac{\text{산화아연 분자량}}{\text{아연 원자량}}}{\text{공기채취량}}$

∴ $C(mg/m^3) = \dfrac{0.25mg \times \dfrac{81}{65}}{96L} \times \dfrac{10^3 L}{1 m^3} = 3.25 mg/m^3$

정답) $3.25 mg/m^3$

04. 풀이
- 관리대상 유해물질의 명칭 및 물리·화학적 특성
- 인체에 미치는 영향과 증상
- 취급상의 주의사항
- 착용하여야 할 보호구와 착용방법
- 위급상황 시의 대처방법과 응급조치 요령
- 그 밖에 근로자의 건강장애 예방에 관한 사항

※ 제시된 답안 중 3가지 선택

05. 풀이
① 여과지 : MCE막 여과지
② 분석기기 : 원자흡광광도계(AAS)

06. 풀이
① 여과   ② 유도결합플라스마 원자발광분광법

07. 풀이
- 휴대 및 운반하기 간편하다.
- 조작이 간단하고, 빠른 시간 내 분석이 가능하다.
- 소형이고, 정밀도가 좋다.
- 비전문가도 사용방법만 숙지하면 사용할 수 있다.

※ 제시된 답안 중 3가지 선택

08. 풀이
- 긴 소매의 옷과 긴 바지의 작업복을 착용하도록 할 것
- 곤충 및 동물매개 감염병 발생우려가 있는 장소에서는 음식물 섭취 등을 제한할 것
- 작업장소와 인접한 곳에 오염원과 격리된 식사 및 휴식장소를 제공할 것
- 작업 후 목욕을 하도록 지도할 것
- 곤충이나 동물에 물렸는지를 확인하고 이상증상 발생 시 의사의 진료를 받도록 할 것

※ 제시된 답안 중 4가지 선택

09. 풀이

식 $Q_c = C \times L \times X \times V_c$

- $C = 2.8$ (플랜지부착 슬로트후드이므로 2.8)

∴ $Q_c = 2.8 \times 0.2 \times 0.3 \times 3 \times 60 = 30.24 m^3/\min$

정답 $30.24 m^3/\min$

10. 풀이

(1) 식 $\Delta P = \zeta \times (P_{v1} - P_{v2})$

- $\zeta = 1 - R = 1 - 0.76 = 0.24$

- $P_{v1} = \dfrac{\gamma V^2}{2g} = \dfrac{1.2 \times 9.5492^2}{2 \times 9.8} = 5.5828 mmH_2O$

- $V_1 = \dfrac{Q}{A_1} = \dfrac{0.3 m^3/\sec}{\dfrac{\pi \times (0.2m)^2}{4}} = 9.5492 m/\sec$

- $P_{v2} = \dfrac{\gamma V^2}{2g} = \dfrac{1.2 \times 4.2441^2}{2 \times 9.8} = 1.1027 mmH_2O$

- $V_1 = \dfrac{Q}{A_1} = \dfrac{0.3 m^3/\sec}{\dfrac{\pi \times (0.3m)^2}{4}} = 4.2441 m/\sec$

∴ $\Delta P = 0.24 \times (5.5828 - 1.1027) = 1.08 mmH_2O$

정답 $1.08 mmH_2O$

(2) 식 $P_{s2} = P_{s1} + R(P_{v1} - P_{v2})$

∴ $P_{s2} = -21.5 + 0.76 \times (5.5828 - 1.1027) = -18.1 mmH_2O$

정답 $-18.1 mmH_2O$

11. 풀이

식 $Q = \dfrac{H_s}{0.3\Delta t}$

∴ $Q = \dfrac{H_s}{0.3\Delta t} = \dfrac{15,000 kcal/hr \times \dfrac{1hr}{60\min}}{0.3 \times (30-20)} = 83.33 m^3/\min$

정답 $83.33 m^3/\min$

12. 풀이

- 유해물질의 독성이 비교적 낮은 경우
- 동일한 작업장에 오염원이 분산되어 있는 경우
- 유해물질이 이동성인 경우
- 유해물질의 발생량이 적은 경우
- 유해물질이 증기나 가스일 경우
- 오염원이 근무자가 근무하는 장소로부터 멀리 떨어져 있는 경우
- 가연성 가스의 농축으로 폭발의 위험이 있는 경우

※ 제시된 답안 중 5가지 선택

13. 풀이

식 $G = $ 시간당 사용량$(g/hr) \times \dfrac{22.4 SL}{92.13 g} \times \dfrac{273+t}{273}$

∴ $G = \dfrac{100g}{hr} \times \dfrac{22.4 SL}{92.13 g} \times \dfrac{273+18}{273} = 25.92 L/hr$

정답 $25.92 L/hr$

14. 풀이

(1) 불꽃연소법
- 고농도 물질 처리에 적합
- 보조연료의 사용이 적음
- NOx 및 SOx가 생성

(2) 촉매산화법
- 저농도 물질 처리에 적합
- NOx 및 SOx의 생성이 없음
- 촉매독물질 유입 시 촉매의 수명이 저하되는 문제가 있음

※ 제시된 답안 중 각각 2가지 선택

15. [풀이]

[식] 보정된 허용농도(ppm) $= \dfrac{C_1 + C_2 + \cdots + C_n}{EI}$

[식] $EI = \dfrac{C_1}{TLV_1} + \dfrac{C_2}{TLV_2} + \cdots + \dfrac{C_n}{TLV_n}$

∴ $EI = \dfrac{0.25}{0.5} + \dfrac{25}{50} + \dfrac{60}{100} = 1.6$, EI가 1을 초과하였음으로 노출기준 초과

∴ 보정된 허용농도(ppm) $= \dfrac{0.25 + 25 + 60}{1.6} = 53.28 ppm$

[정답] 허용농도 초과, 53.28ppm

16. [풀이]

[식] $Q = 1.4 \times P \times H \times V$ (H/L ≤ 0.3인 장방형의 캐노피형 후드의 경우 필요송풍량)

→ $H/L = \dfrac{0.7}{2.5} = 0.28$

- $P = 2 \times (2.5 + 1.5) = 8m$
- $H = 0.7m$
- $V = 0.3 m/\sec$

∴ $Q = 1.4 \times 8 \times 0.7 \times 0.3 \times 60 = 141.12 m^3/\min$

[정답] 141.12㎥/min

17. [풀이]
대상입자와 침강속도가 같고 단위밀도를 갖는 구형입자의 직경

18. [풀이]

[식] $Q_c = A \times V_c$

- $A = 3 \times 2 = 6 m^2$
- $V_c = 0.25 \times 1.2 = 0.3 m/\sec$

∴ $Q_c = 6 \times 0.3 \times 60 = 108 m^3/\min$

[정답] 108㎥/min

19. 풀이

(1) 플랜지가 붙은 외부식 후드

식 $Q_c = 0.75(10X^2 + A) \times V_c$

- X : 후드 개구면과 오염원까지의 거리
- A : 후드 개구면적
- V_c : 제어속도

(2) 하방흡인형 후드(오염원이 개구면과 가까울 때)

식 $Q_c = A \times V_c$

- A : 후드 개구면적
- V_c : 제어속도

20. 풀이

(A) 0.01~0.1μm : 확산
(B) 0.1~0.5μm : 확산, 직접차단
(C) 0.5μm~1μm : 관성충돌, 직접차단

※ 가장 낮은 포집효율의 입경은 약 0.3μm이다.

해설 기출문제 – 정답 및 해설 2019년도 제1회 기사 필답형

01. 풀이
- 정압조절평형법
- 저항조절평형법(damper 부착평형법)
- 속도압 측정을 통한 후드압력손실, 덕트 압력손실, 공기정화장치의 압력손실의 합계를 산출

※ 제시된 답안 중 2가지 선택

02. 풀이

식 $Q_c = (10X^2 + A) \times V_c$

∴ $Q_c = (10 \times 0.5^2 + 1.2) \times 6 = 22.2 m^3/\sec = 1,332 m^3/\min$

정답 1,332m³/min

03. 풀이
- 취급방법이 편리하다.
- 착용 및 채취가 간편하다.
- 착용 시 작업에 방해가 되지 않는다.
- 펌프의 보정이나 충전에 드는 시간과 노동력을 절약할 수 있다.

04. 풀이
- 마틴경 : 입자의 면적을 이등분하는 직경, 과소평가의 위험성
- 헤이후드경(등면적 직경) : 입자와 등면적을 가진 원의 직경(가장 정확)
- 페레트경 : 입자의 가장자리를 수직으로 내려 이은 선을 직경으로 함, 과대평가의 위험성

05. 풀이
- 혈액 : 혈당치가 저하, 젖산이나 탄산이 증가, 산혈증
- 소변 : 소변량이 줆, 소변색이 악화

06. 풀이
- 유해물질의 독성이 비교적 낮은 경우
- 동일한 작업장에 오염원이 분산되어 있는 경우
- 유해물질이 이동성인 경우
- 유해물질의 발생량이 적은 경우

07. 풀이

① 흡입성 입자상 물질
   평균입경 : $100\mu m$
② 흉곽성 입자상 물질
   평균입경 : $10\mu m$
③ 호흡성 입자상 물질
   평균입경 : $4\mu m$

08. 풀이

• 관성충돌   • 접촉차단(간섭)   • 확산   • 중력   • 체거름(가교작용)   • 정전기적인 인력

※ 제시된 답안 중 5가지 선택

09. 풀이

식 발열 시 필요환기량 $= \dfrac{H_s}{0.3 \, \Delta t}$

∴ 발열 시 필요환기량 $= \dfrac{200,000/60}{0.3 \times (30-20)} = 1111.11 m^3/min$

정답 $1111.11 m^3/min$

10. 풀이

(1) 송풍량

식 $Q_2 = Q_1 \times \left(\dfrac{N_2}{N_1}\right)^1 = 28.3 \times \left(\dfrac{1,125}{1,000}\right)^1 = 31.84 m^3/min$

정답 $31.84 m^3/min$

(2) 정압

식 $P_{s_2} = P_{s_1} \times \left(\dfrac{N_2}{N_1}\right)^2 = 21.6 \times \left(\dfrac{1,125}{1,000}\right)^2 = 27.34 mmH_2O$

정답 $27.34 mmH_2O$

(3) 동력

식 $P_2 = P_1 \times \left(\dfrac{N_2}{N_1}\right)^3 = 0.5 \times \left(\dfrac{1,125}{1,000}\right)^3 = 0.71 HP$

정답 $0.71 HP$

11. 풀이

식 $Q_1(m^3/\min) = \dfrac{0.57}{\gamma(A\gamma)^{0.33}} \times \Delta t^{0.45} \times Z^{1.5}$

- $H/E = 1m/1.2m = 0.8333$
- $\Delta t = (t_m - 20)\{(2E+H)/2.7E\}^{-1.7}$ ← $H/E > 0.7$ 조건적용

  $\Delta t = (1{,}800 - 20)\{(2\times1.2+1)/2.7\times1.2\}^{-1.7} = 1{,}639.9566℃$

- $Z = 0.74(2E+H)$ ← $H/E > 0.7$ 조건적용

  $Z = 0.74 \times (2\times1.2+1) = 2.516m$

- $A = \dfrac{\pi \times E^2}{4} = \dfrac{\pi \times 1.2^2}{4} = 1.1309m^2$

∴ $Q_1(m^3/\min) = \dfrac{0.57}{1\times(1.1309\times1)^{0.33}} \times (1{,}639.9566)^{0.45} \times (2.516)^{1.5} = 61.09 m^3/\min$

정답 $61.09 m^3/\min$

12. 풀이

식 $\gamma = \gamma' \times \dfrac{273+t_1}{273+t_2} \times \dfrac{P_2}{P_1}$

∴ $\gamma = 1.293 \times \dfrac{273+0}{273+70} \times \dfrac{1}{1} = 1.03 kg/m^3$

정답 $1.03 kg/m^3$

13. 풀이

식 노출인년 = 조사인원 × 조사시간

∴ 노출인년 = $\left(8 \times \dfrac{6}{12}\right) + \left(20 \times \dfrac{12}{12}\right) + \left(10 \times \dfrac{36}{12}\right) = 54$인년

정답 54인년

14. 풀이

(1) 반송속도

식 $V = \sqrt{\dfrac{2gP_v}{\gamma}}$

- $P_v = P_t - P_s = (-20.5) - (-64.5) = 44 mmH_2O$

∴ $V = \sqrt{\dfrac{2\times9.8\times44}{1.2}} = 26.81 m/\sec$

정답 26.81m/sec

(2) 공기유량

식 $Q = A \times V$

∴ $Q = 0.38 \times 26.81 = 10.1878 m^3/\sec = 611.27 m^3/\min$

정답 $611.27 m^3/\min$

15. 풀이

흡수제에 쉽게 흡수되지 않는 시료에 사용되는 매체는 흡착관이다. 흡착관에 들어있는 활성탄과 실리카겔은 용해도가 낮거나 반응성이 적어 흡수제에 흡수되지 않는 염소와 이산화질소를, 염소는 실리카겔로, 이산화질소는 활성탄으로 물리적인 작용을 이용하여 흡착함으로 채취할 수 있다.

16. 풀이

구분	온도(℃)	1mol의 부피(L)
순수자연 분야	0	22.4
산업위생 분야	25	24.45
산업환기 분야	21	24.1

17. 풀이

(1) 파과 여부

식 $X(\%) = \dfrac{뒷층\ 검출량}{앞층\ 검출량} \times 100 = \dfrac{0.11}{3.31} \times 100 = 3.32\%$

∴ 뒷층 검출량이 앞층 검출량의 10%보다 적음으로 파과되지 않음

(2) 공기 중 농도

식 $C = \dfrac{검출량}{공기\ 채취량}$

- 검출량 = $(3.31 + 0.11) mg \times \dfrac{24.45 mL}{92.13 mg} = 0.9076 mL$

- 공기채취량 = $\dfrac{0.25 L}{\min} \times 200 \min \times \dfrac{1 m^3}{10^3 L} = 0.05 m^3$

∴ $C = \dfrac{0.9076 mL}{0.05 m^3} \times \dfrac{1}{0.95} = 19.11 mL/m^3$

정답 $19.11 mL/m^3$

18. 풀이

식 $N_{Re} = \dfrac{D V \rho}{\mu}$

- $D = 150mm = 0.15m$
- $\mu = 1.607 \times 10^{-4} poise = 1.607 \times 10^{-4} g/cm \cdot sec = 1.607 \times 10^{-5} kg/m \cdot sec$

$30,000 = \dfrac{0.15 \times V \times 1.203}{1.607 \times 10^{-5}}$, $\therefore V = 2.67 m/sec$

정답 2.67m/sec

19. 풀이

식 $V\dfrac{dc}{dt} = G - Q'C \;\rightarrow\; \ln\left(\dfrac{G - Q \cdot C}{G}\right) = -k \cdot t$

- $G = 600 g/hr$
- $Q = 56.6 m^3/min$
- $C = 100 mg/m^3$
- $k = \dfrac{Q}{\forall} = \dfrac{56.6 m^3/min}{3,000 m^3} = 0.0188/min$

$\ln\left(\dfrac{600g/hr - \left(\dfrac{56.6m^3}{min} \times \dfrac{100mg}{m^3} \times \dfrac{1g}{10^3 mg} \times \dfrac{60min}{1hr}\right)}{600g/hr}\right) = -0.0188 \times t$, $\therefore t = 44.40 min$

정답 44.40min

20. 풀이

TLV가 주어졌음으로 주어진 TLV(기준)을 따라 소음정도를 합산하여 답을 산출한다. (TLV가 주어지지 않았을 경우에는 90dB 기준 8시간, 95dB 4시간…을 기준으로 하여 90dB 이상의 소음만 고려하여 합산하여 산출한다.)

식 $EI = \dfrac{C_1}{T_1} + \dfrac{C_2}{T_2} + \cdots + \dfrac{C_n}{T_n}$

$\therefore EI = \dfrac{4}{24} + \dfrac{2}{8} + \dfrac{0.5}{2} + \dfrac{\tfrac{10}{60}}{1} = 0.83$

$\therefore EI$가 1을 초과하지 않았음으로 허용기준을 초과하지 않음

해설 기출문제 - 정답 및 해설 | 2019년도 제2회 기사 필답형

01. 풀이

식) $P_{sf} = P_{tf} - P_{vo} = (P_{so} - P_{si}) + (P_{vo} - P_{vi}) - P_{vo} = (P_{so} - P_{si}) - P_{vi}$

- $P_{so} = 20 mmH_2O$
- $P_{si} = -70 mmH_2O$
- $P_{vi} = \dfrac{\gamma V^2}{2g} = \dfrac{1.21 \times 13.5^2}{2 \times 9.8} = 11.2511 mmH_2O$

$\therefore P_{sf} = (20-(-70)) - 11.2511 = 78.75 mmH_2O$

정답) $78.75 mmH_2O$

02. 풀이

- 귀마개보다 일관성 있는 차음효과를 가진다.
- 차음효과의 개인차가 적다.
- 착용요령을 습득할 필요가 없다.
- 차음효과가 비교적 높다.
- 착용여부의 확인이 용이하다.

※ 제시된 답안 중 4가지 선택

03. 풀이

- 유해물질의 독성이 비교적 낮은 경우
- 동일한 작업장에 오염원이 분산되어 있는 경우
- 유해물질이 이동성인 경우
- 유해물질의 발생량이 적은 경우
- 유해물질이 증기나 가스일 경우
- 오염원이 근무자가 근무하는 장소로부터 멀리 떨어져 있는 경우
- 가연성 가스의 농축으로 폭발의 위험이 있는 경우
- 국소배기를 적용하기 어려운 경우

※ 제시된 답안 중 5가지 선택

04. 풀이

그래프를 보면 A 물질이 B 물질보다 용량에 따른 반응의 변화정도가 더 크게 나타난 것을 볼 수 있다. 따라서, A 물질이 B 물질보다 조직 등에 손상을 입히는 정도가 더 크다.

05. 풀이

(1) **플랜지** : 후드의 흡인구 테두리에 설치되어 후드 뒤쪽의 공기흡입을 배제하여 흡인공기량을 약 25% 감축시키는 설비이다.(슬로트형의 경우 30% 감소)

(2) **테이퍼** : 비행기 날개의 한 형태로 후드와 덕트를 연결하는 부분을 말한다. 경사접합부라고도 하며, 시작부에서 끝으로 감에 따라 두께와 익현의 길이가 같이 감소되는 형태가 되어 압력손실을 감소시키며 후드 개구면 속도를 균일하게 분포시키는 장치이다.

(3) **슬롯** : 슬롯후드는 후드 개방부분의 길이가 길고 높이가 좁은 형태로 H/W의 비가 0.2 이하인 경우를 말하며, 흡인속도를 균일하게 유지시키는 장치이다.

06. 풀이

식 $ACH = \dfrac{필요환기량}{실내용적}$

- 필요환기량 $= \dfrac{G}{C_s - C_{out}} = \dfrac{10.5 m^3/hr}{(1,000-300) mL/m^3 \times \dfrac{1 m^3}{10^6 mL}} = 15,000 m^3/hr$

- G(오염물질발생량) $= \dfrac{21 L}{hr \cdot 인} \times 500인 \times \dfrac{1 m^3}{10^3 L} = 10.5 m^3/hr$

- $C_s = 0.1\% = 1,000 ppm$
- $C_o = 300 ppm$

$\therefore ACH = \dfrac{필요환기량}{실내용적} = \dfrac{15,000}{3,000} = 5회/hr$

정답 5회/hr

07. 풀이

- 피토관
- 경사마노미터
- 아네로이드 게이지

08. 풀이

식 $S = \dfrac{C_1 \times S_1 + C_2 \times S_2}{C_1 + C_2}$

$\therefore S = \dfrac{3,000 \times 2 + (10^6 - 3,000) \times 1}{10^6} = 1.003$

정답 1.003

09. 풀이

식 $P_s = P_v(1 + F_i)$

- $P_v = \dfrac{\gamma V^2}{2g} = \dfrac{1.21 \times \left(\dfrac{40/60}{\pi \times 0.2^2/4}\right)^2}{2 \times 9.8} = 27.8001 \text{mmH}_2\text{O}$

∴ $P_s = 27.8001 \times (1 + 0.65) = 45.87 mmH_2O$ 또는 $-45.87 mmH_2O$

정답 45.87mmH₂O 또는 −45.87mmH₂O

10. 풀이

(1) 사용용도
- 활성탄 : 비극성 물질 채취(예 비극성 유기용제, 알코올류, 탄화수소류 등)
- 실리카겔 : 극성 물질 채취(예 산, 극성 유기용제, 페놀류 등)

(2) 시료채취
- 시료채취시 온도, 습도, 채취유속이 분석치에 영향을 주지 않는 범위에서 채취한다.
- 파과현상이 일어나지 않도록 주의한다.

11. 풀이

- 폭로시간(폭로횟수) • 작업강도 • 기상조건 • 폭로농도 • 개인 감수성

12. 풀이

- 환기 및 통풍 • 작업장소의 밀폐 및 포위 • 작업공정의 습식화 • 개인보호구 지급 및 착용

13. 풀이

(1) 풍량(m³/min)

식 $Q = 0.5(10X^2 + A) \times V_c$

- $A = 30cm \times 10cm = 0.3m \times 0.1m = 0.03m^2$

∴ $Q = 0.5 \times (10 \times 0.3^2 + 0.03) \times 1 \times 60 = 27.9 m^3/min$

정답 27.9m³/min

(2) 플랜지 폭(cm)

식 $W = \sqrt{A}$

∴ $W = \sqrt{0.03} = 0.1732m = 17.32cm$

정답 17.32cm

14. 풀이

식 $N_{Re} = \dfrac{D \cdot V \cdot \rho}{\mu} = \dfrac{D \cdot V}{\nu}$

$\therefore N_{Re} = \dfrac{0.2 \times 25}{1.85 \times 10^{-5}} = 270,270.27$

정답 270,270.27

15. 풀이

식 $\Delta P = \lambda \times \dfrac{L}{D} \times \dfrac{rV^2}{2g}$

- $D_o = \dfrac{2ab}{a+b} = \dfrac{(2 \times 0.4 \times 0.85)m^2}{(0.4+0.85)m} = 0.544m$

- $V = \dfrac{Q}{A} = \dfrac{\dfrac{300m^3}{min} \times \dfrac{1min}{60sec}}{(0.4 \times 0.85)m^2} = 14.7058 m/\sec$

$\therefore \Delta P = 0.02 \times \dfrac{5}{0.544} \times \dfrac{1.2 \times (14.7058)^2}{2 \times 9.8} = 2.43 mmH_2O$

정답 2.43mmH₂O

16. 풀이

식 $ACH = \dfrac{\text{실내공기 환기량}}{\text{실내 체적}}$

$10 = \dfrac{\text{실내공기 환기량}}{1,000}$, $\therefore \text{실내공기 환기량} = 10,000 m^3/hr = 2.78 m^3/\sec$

정답 2.78m³/sec

17. 풀이

20~20,000Hz

18. 풀이

식 보정된 허용기준 $= TLV \times RF$

- $RF = \left(\dfrac{8}{T}\right) \times \left(\dfrac{24-T}{16}\right) = \left(\dfrac{8}{10}\right) \times \left(\dfrac{24-10}{16}\right) = 0.7$

$\therefore$ 보정된 허용기준 $= 50 \times 0.7 = 35 ppm$

정답 35ppm

19. 풀이

식: 먼지의 채취효율 $= 50\% \times (1 + e^{-(0.06\,d)})$

∴ 먼지의 채취효율 $= 50\% \times (1 + e^{-(0.06 \times 5.5)}) = 85.95\%$

정답: 85.95%

20. 풀이

식: $V = 0.003 \times S \times d_p^{\,2}$

∴ $V = 0.003 \times 6.6 \times 2.4^2 = 0.11\,cm/\sec$

정답: 0.11cm/sec

해설 | 기출문제 - 정답 및 해설 — 2019년도 제3회 기사 필답형

01. 풀이

식) $Q = \dfrac{H_s}{C_p \times \Delta t}$

- $H_s = (2 \times 30 \times 730) + (20 \times 200) + (30 \times 860) = 73{,}600\, kcal/hr$
- $C_p = 0.24 \times 1.230 = 0.2952$

$\therefore Q = \dfrac{73{,}600}{0.2952 \times (32-27)} = 49864.4986\, m^3/hr = 831.07\, m^3/\min$

정답) $831.07\, m^3/\min$

02. 풀이

식) $C(ppm) = C'(mg/L) \times \dfrac{273+t_1}{273+t_2} \times \dfrac{P_2}{P_1} \times \dfrac{24.1\, mL}{MW(mg)} \times \dfrac{10^3 L}{1\, m^3}$

$\therefore C(ppm) = \dfrac{65\, mg}{853\, L} \times \dfrac{273+40}{273+21} \times \dfrac{760}{800} \times \dfrac{24.1\, mL}{100\, mg} \times \dfrac{10^3 L}{1\, m^3} = 18.57\, mL/m^3\, (ppm)$

정답) $18.57\, mL/m^3\, (ppm)$

03. 풀이

식) $\Delta P_h = \dfrac{1-C_e^2}{C_e^{\,2}} \times P_v$

$3.24 = \dfrac{1-C_e^2}{C_e^{\,2}} \times 30,\ \ \therefore C_e = 0.95$

정답) 0.95

04. 풀이

대상입자와 침강속도가 같고 단위밀도를 갖는 구형입자의 직경

05. 풀이

- 필요환기량을 최소화하여야 한다.
- 작업자의 호흡영역을 유해물질로부터 보호해야 한다.
- ACGIH 및 OSHA의 설계기준을 준수해야 한다.
- 작업자의 작업방해를 최소화할 수 있도록 설치되어야 한다.

06. 풀이

① > ② > ④ > ③

흡인유량이 적은 후드일수록 오염공기 외의 외부공기의 흡인량이 줄어듦으로 처리유량이 줄어들고, 적정 제어속도 유지가 용이하여 효율이 좋아진다. (답안지에는 번호만 적으면 됩니다. 해설은 참고)

07. 풀이

식 $\Delta P(곡관) = F \times P_v \times \dfrac{\theta}{90}$

- F : 압력손실계수
- $\Delta P_{(90°)} = 1 \times 10 \times \dfrac{90}{90} = 10\,mmH_2O$
- $\Delta P_{(30°)} = 0.18 \times 10 \times \dfrac{30}{90} = 0.6\,mmH_2O$

∴ $\Delta P_{(90°)} - \Delta P_{(30°)} = 10 - 0.6 = 9.4\,mmAq(mmH_2O)$

정답 9.4mmAq

08. 풀이

(1) 송풍량

식 $Q_2 = Q_1 \times \left(\dfrac{N_2}{N_1}\right)^1 = 300 \times \left(\dfrac{500}{400}\right)^1 = 375\,m^3/min$

정답 $375\,m^3/min$

(2) 소요동력

식 $P_2 = P_1 \times \left(\dfrac{N_2}{N_1}\right)^3 = 3.8 \times \left(\dfrac{500}{400}\right)^3 = 7.42\,kW$

정답 7.42kW

09. 풀이

식 $\rho = \rho' \times \dfrac{273+t_1}{273+t_2} \times \dfrac{P_2}{P_1}$

$\rho = \dfrac{1.2kg}{m^3} \times \dfrac{273+21}{273+32} \times \dfrac{720}{760} = 1.10\,kg/m^3$

정답 $1.10\,kg/m^3$

10. 풀이

식 $N_{Re} = \dfrac{D \cdot V \cdot \rho}{\mu}$

- $D = 15cm = 0.15m$

$30,000 = \dfrac{0.15 \times V \times 1.203}{1.85 \times 10^{-5}}$, $\therefore V = 3.08 m/\sec$

정답 3.08m/sec

11. 풀이

(1) **계통오차** : 참값과 측정치 간에 일정한 차이가 있음을 나타내며, 오차의 크기와 부호를 추정 및 보정할 수 있다.

(2) **우발오차** : 참값의 변이가 가로값과 비교하여 불규칙하게 변하는 경우로, 오차의 원인 규명 및 그에 따른 보정도 어렵다.

12. 풀이

- 24시간 노출 또는 정상작업시간을 초과한 노출에 대한 독성평가에는 적용할 수 없다.
- 대기오염평가 및 지표관리에 사용할 수 없다.
- 작업조건이 다른 나라에서 허용기준을 그대로 사용할 수 없다.
- 안전농도와 위험농도를 정확히 구분하는 경계선이 아니다.
- 독성의 강도를 비교할 수 있는 지표는 아니다.
- 반드시 산업위생전문가에 의하여 설명, 적용되어야 한다.

※ 제시된 답안 중 5가지 선택

13. 풀이

식 $TWA = 16.61 \log\left(\dfrac{D(\%)}{100}\right) + 90 (dB)$

- 210분 측정하였으므로 3.5시간 측정 → 12.5×3.5

$\therefore TWA = 16.61 \log\left(\dfrac{40}{12.5 \times 3.5}\right) + 90(dB) = 89.40 dB$

정답 89.4dB

14. 풀이

식 $C(\mu g/m^3) = \dfrac{\text{시료 검출량} - \text{공 시료 검출량}}{\text{공기 채취량}} \times \dfrac{1}{\text{회수율}}$

$\therefore C(\mu g/m^3) = \dfrac{(22-3)\mu g}{\dfrac{2L}{\min} \times 4hr \times \dfrac{60\min}{1hr} \times \dfrac{1m^3}{10^3 L}} \times \dfrac{1}{0.98} = 40.39 \mu g/m^3$

정답 40.39μg/m³

15. 풀이
① 18   ② 23.5   ③ 1.5   ④ 10   ⑤ 30

16. 풀이

식 $C(mg/m^3) = \dfrac{\text{포집 후 무게} - \text{포집 전 무게}}{\text{공기 채취량}}$

$\therefore C(mg/m^3) = \dfrac{(16.04 - 10.04)mg}{\dfrac{40L}{\min} \times 30\min \times \dfrac{1m^3}{10^3 L}} = 5mg/m^3$

정답 $5mg/m^3$

17. 풀이

식 $Q = \dfrac{G}{TLV} \times K$

- $G = \dfrac{0.5L}{hr} \times \dfrac{0.805kg}{1L} \times \dfrac{24.1m^3}{72.1kg} \times \dfrac{10^6 mL}{1m^3} = 134{,}538.835 mL/hr$

$\therefore Q = \dfrac{134{,}538.835}{200} \times 6 = 4{,}036.1650 m^3/hr = 67.27 m^3/\min$

정답 $67.27 m^3/\min$

18. 풀이

보충용 공기는 국소배기장치를 통해 배출되는 것과 같은 양의 공기가 외부로부터 보충되는 것을 말한다.

19. 풀이

식 $P = \dfrac{\Delta P \times Q}{102 \times \eta} \times \alpha$

- $\Delta P = 100 mmH_2O$
- $Q = \dfrac{200 m^3}{\min} \times \dfrac{1\min}{60 sec} = 3.3333 m^3/sec$
- $P = 5kW$

$5 = \dfrac{100 \times 3.3333}{102 \times \eta}, \quad \therefore \eta = 0.6535 = 65.35\%$

정답 65.35%

20. [풀이]

(1) 시간(min)

[식] $\ln\left(\dfrac{G-QC}{G}\right) = -k \times t$

- $k = \dfrac{Q}{\forall} = \dfrac{50\,m^3/\min}{2{,}500\,m^3} = 0.02/\min$

$\ln\left(\dfrac{0.03 - (50 \times 200 \times 10^{-6})}{0.03}\right) = -0.02 \times t, \qquad \therefore t = 20.27\,\min$

[정답] 20.27min

(2) 1시간 후의 농도(ppm)

[식] $\ln\left(\dfrac{G-QC}{G}\right) = -k \times t$

$\ln\left(\dfrac{0.03 - (50 \times 10^{-6} \times C)}{0.03}\right) = -0.02 \times 60, \qquad \therefore C = 419.28\,ppm$

[정답] 419.28ppm

기출문제 - 정답 및 해설 — 2020년도 제1회 기사 필답형

01. 풀이
- 관성충돌 · 접촉차단(간섭) · 확산 · 중력 · 체거름 · 정전기
※ 제시된 답안 중 5가지 선택

02. 풀이
- 유해물질 사용량을 조사하여 필요환기량을 계산
- 배출공기를 보충하기 위하여 청정공기를 공급
- 오염물질배출구는 가능한 한 오염원으로부터 가까운 곳에 설치하여 '점환기'의 효과를 얻는다.
- 공기배출구와 근로자의 작업위치 사이에 오염원이 위치해야 한다.
- 공기가 배출되면서 오염장소를 통과하도록 공기 배출구와 유입구의 위치를 선정한다.
- 배출된 공기가 재유입되지 못하게 배출구 높이를 적절히 설계하고 창문이나 문 근처에 위치하지 않도록 한다.
- 오염된 공기는 작업자가 호흡하기 전에 충분히 희석되어야 한다.
※ 제시된 답안 중 6가지 선택

03. 풀이

식 $N_{Re} = \dfrac{D V \rho}{\mu}$

- $D = 200mm = 0.2m$
- $\mu = 1.8 \times 10^{-5} kg/m \cdot \sec$

$50,000 = \dfrac{0.2 \times V \times 1.203}{1.8 \times 10^{-5}}$, $\therefore V = 3.74 m/\sec$

정답 3.74 m/sec

04. 풀이

식 $P_s = (1 + F_i) P_v$

- $P_v = \dfrac{\gamma V^2}{2g}$
- $V = \dfrac{Q}{A} = \dfrac{0.1 m^3}{\sec} \times \dfrac{4}{\pi \times (0.1 m)^2} = 12.7323 m/\sec$
- $P_v = \dfrac{\gamma V^2}{2g} = \dfrac{1.2 \times 12.7323^2}{2 \times 9.8} = 9.9251 mmH_2O$
- $F_i = \dfrac{1 - C_e^2}{C_e^2} = \dfrac{1 - 0.65^2}{0.65^2} = 1.3668$

$$\therefore P_s = (1+1.3668) \times 9.9251 = 23.49 \mathrm{mmH_2O}$$

정답 23.49mmH₂O

05. **풀이**
(1) **산소부채의 정의** : 운동과정에서 젖산을 산화하는 데 산소량이 부족할 때, 부족한 만큼의 산소량으로 작업이나 운동이 끝난 후 회복기에 안정시 섭취하는 산소량에 부족한 산소량을 더 호흡하게 된다.
(2) **산소부채가 일어날 때 에너지 공급원 3가지**
- ATP(아데노신삼인산)
- CP(크레아틴인산)
- Glycogen(글리코겐)

06. **풀이**
- 유해물질의 특성
- 분진퇴적
- 덕트 내 마찰손실
- 분지관 설치 및 관의 확대 및 축소

07. **풀이**
(1) 장점
- 휴대가 간편
- 착용이 간편
- 안경과 안전모 등에 방해가 되지 않음
- 덥고 습한 환경에서 비교적 착용하기 좋음
(2) 단점
- 귀에 질병이 있는 경우 착용불가
- 외이도에 염증유발 우려
- 착용요령 습득 필요
- 차음효과가 비교적 낮음

※ 제시된 답안 중 각각 2가지 선택

08. **풀이**
식 $V = C \times \sqrt{\dfrac{2gP_v}{\gamma}} = 1 \times \sqrt{\dfrac{2 \times 9.8 \times 30}{1.293}} = 21.33 m/\sec$

정답 21.33m/sec

09. 풀이

① 송풍량(회전수비에 비례한다.)

식 $Q_2 = Q_1 \times \left(\dfrac{N_2}{N_1}\right)^1 = 300 \times \left(\dfrac{1,200}{1,000}\right)^1 = 360 m^3/min$

정답 $360 m^3/min$

② 정압(회전수비의 제곱에 비례한다.)

식 $P_{s2} = P_{s_1} \times \left(\dfrac{N_2}{N_1}\right)^2 = 100 \times \left(\dfrac{1,200}{1,000}\right)^2 = 144 mmH_2O$

정답 $144 mmH_2O$

③ 동력(회전수비의 세제곱에 비례한다.)

식 $P_2 = P_1 \times \left(\dfrac{N_2}{N_1}\right)^3 = 12 \times \left(\dfrac{1,200}{1,000}\right)^3 = 20.74 kW$

정답 20.74kW

10. 풀이

- 진공청소기 등을 이용한 작업장 바닥의 청소방법
- 작업자의 왕래와 외부기류 또는 기계진동 등에 의하여 분진이 흩날리는 것을 방지하기 위한 조치
- 분진이 쌓일 염려가 있는 깔개 등을 작업장 바닥에 방치하는 행위를 방지하기 위한 조치
- 분진이 확산되거나 작업자가 분진에 노출될 위험이 있는 경우에는 선풍기 사용 금지
- 용기에 석면을 넣거나 꺼내는 작업
- 석면을 담은 용기의 운반
- 여과집진방식 집진장치의 여과재 교환
- 해당 작업에 사용된 용기 등의 처리
- 이상사태가 발생한 경우의 응급조치
- 보호구의 사용·점검·보관 및 청소

11. 풀이

(1) 장점
- 채취효율이 좋음
- 과부하에서도 사용가능

(2) 단점
- 흡습성이 큼
- 물리적 강도가 약함

12. [풀이]

파과현상(파과)

13. [풀이]

마틴직경, 헤이후드직경(등면적 직경), 페레트직경

14. [풀이]

식 $EI = \dfrac{C_1}{T_1} + \dfrac{C_2}{T_2} + \cdots + \dfrac{C_n}{T_n}$

$\therefore EI = \dfrac{2}{8} + \dfrac{2}{4} + \dfrac{45/60}{2} = 1.125$

$\therefore$ 노출지수가 1을 초과하므로, 노출기준 초과로 판정한다.

[정답] 1.125

※ 소음수준에 따른 노출기준

소음수준(dB)	노출기준(시간)
90	8
95	4
100	2
105	1
110	0.5 – 30분
115	0.25 – 15분
120	0.125 – 7.5분

15. [풀이]

식 $Q = \dfrac{G}{TLV} \times K$

- G : 오염물질발생량$(mL/hr) = \dfrac{1kg}{hr} \times \dfrac{24.45m^3}{92kg} \times \dfrac{10^6 mL}{1m^3} = 265760.8696 mL/hr$

$\therefore Q = \dfrac{265760.8696}{50} \times 5 = 26{,}576.09 m^3/hr$

[정답] $26{,}576.09 m^3/hr$

16. [풀이]

- 직접적정법
- 간접적정법
- 치환적정법
- 역적정법

17. 풀이

(1) 노출지수와 초과여부판단

식 $EI = \dfrac{C_1}{TLV_1} + \dfrac{C_2}{TLV_2} + \cdots + \dfrac{C_n}{TLV_n}$

∴ $EI = \dfrac{0.25}{0.5} + \dfrac{30}{100} + \dfrac{40}{100} = 1.2$

∴ 1을 초과하므로 허용농도 초과

(2) 혼합공기 허용농도

식 혼합공기 허용농도 $= \dfrac{C_1 + C_2 + \cdots + C_n}{EI}$

∴ 혼합공기 허용농도 $= \dfrac{0.25 + 30 + 40}{1.2} = 58.54\,ppm$

정답 58.54ppm

18. 풀이
- 미세입자에 대한 포집효율이 높을 것
- 압력손실(흡인저항)이 낮을 것
- 흡습성이 낮을 것
- 불순물이 없을 것
- 가볍고 1매당 무게의 불균형이 적을 것

19. 풀이
- 프로펠러형
- 튜브형
- 베인형

20. 풀이
- 후드 뒤쪽의 공기흡입을 배제하여 흡인공기량을 약 25% 감축
- 배기량 감소에 따른 동력절감
- 오염원 쪽으로 송풍량을 집중시켜 오염물질의 제거효율을 향상

기출문제 - 정답 및 해설 > 2020년도 제2회 기사 필답형

01. 풀이
- 접촉차단 • 증습에 의한 입자의 응집 • 확산 • 관성충돌

02. 풀이
- 로터미터 • 오리피스미터 • 벤투리미터 • 헤드미터 • 습식테스트미터 • 열선기류계

※ 제시된 답안 중 5가지 선택

03. 풀이

식) $\Delta P_h = \dfrac{1 - C_e^2}{C_e^2} \times P_v$

$3.5 = \dfrac{1 - C_e^2}{C_e^2} \times 50$, ∴ $C_e = 0.97$

정답) 0.97

04. 풀이

식) 최소 채취시간(min) = $\dfrac{\text{오염물질량}(L)}{\text{채취유량}(L/\min)}$

- 오염물질량(L) = $\dfrac{LOQ}{C} = 0.5mg \times \dfrac{m^3}{50mL} \times \dfrac{24.45mL}{131.39mg} \times \dfrac{10^3}{1m^3} = 1.8608L$

∴ 최소 채취시간(min) = $\dfrac{1.8608}{0.15} = 12.41\min$

정답) 12.41min

05. 풀이
- 유해물질의 독성이 비교적 낮은 경우
- 동일한 작업장에 오염원이 분산되어 있는 경우
- 유해물질이 이동성인 경우
- 유해물질의 발생량이 적은 경우
- 유해물질이 증기나 가스일 경우
- 오염원이 근무자가 근무하는 장소로부터 멀리 떨어져 있는 경우
- 가연성 가스의 농축으로 폭발의 위험이 있는 경우
- 국소배기를 적용하기 어려운 경우

※ 제시된 답안 중 5가지 선택

06. 풀이

식 $\Delta P = 4f \times \dfrac{L}{D} \times \dfrac{\gamma V^2}{2g} = \lambda \times \dfrac{L}{D} \times \dfrac{\gamma V^2}{2g}$

- $D = 30cm = 0.3m$
- $V = \dfrac{Q}{A} = \dfrac{100m^3}{\min} \times \dfrac{4}{\pi \times (0.3m)^2} \times \dfrac{1\min}{60\sec} = 23.5785 m/\sec$
- $\gamma = 1.2 kg/m^3$ (온도, 압력이 제시되지 않았음으로 21℃, 1atm 기준으로 적용)

∴ $\Delta P = 0.02 \times \dfrac{10}{0.3} \times \dfrac{1.2 \times 23.5785^2}{2 \times 9.8} = 22.69 mmH_2O$

정답 22.69mmH₂O

07. 풀이

- 테이퍼
- 분리날개
- 슬롯
- 차폐막
- 충만실

08. 풀이

① 전압 : $-3.9 mmH_2O$
② 정압 : $-13.9 mmH_2O$
③ 동압 : $10 mmH_2O$

09. 풀이

식 $X(L) = 3L \times \dfrac{0.879 kg}{1L} \times \dfrac{24.45 m^3}{78 kg} \times \dfrac{10^3 L}{1 m^3} = 826.60 L$

정답 826.60L

10. 풀이

식 $ACH = \dfrac{\text{필요환기량}}{\text{실내용적}}$

- 필요환기량 $= \dfrac{G}{C_s - C_{out}} = \dfrac{5 m^3/hr}{(1,000 - 300) mL/m^3 \times \dfrac{1 m^3}{10^6 mL}} = 7142.8571 m^3/hr$

- G(오염물질발생량) $= 5,000 L/hr = 5 m^3/hr$
- $C_s = 0.1\% = 1,000 ppm$
- $C_{out} = 300 ppm$

$$\therefore ACH = \frac{필요환기량}{실내용적} = \frac{7,142.8571}{3,000} = 2.38회/hr$$

정답 2.38회/hr

11. **풀이**

식 $\rho = \rho' \times \dfrac{273+t_1}{273+t_2} \times \dfrac{P_2}{P_1}$

$\rho = \dfrac{1.2kg}{m^3} \times \dfrac{273+21}{273+28} \times \dfrac{700}{760} = 1.08 kg/m^3$

정답 1.08kg/m³

12. **풀이**

① 송풍량(회전수비에 비례한다.)

식 $Q_2 = Q_1 \times \left(\dfrac{N_2}{N_1}\right)^1 = 300 \times \left(\dfrac{1,200}{1,000}\right)^1 = 360 m^3/\min$

정답 360m³/min

② 정압(회전수비의 제곱에 비례한다.)

식 $P_{s2} = P_{s_1} \times \left(\dfrac{N_2}{N_1}\right)^2 = 100 \times \left(\dfrac{1,200}{1,000}\right)^2 = 144 mmH_2O$

정답 144mmH₂O

③ 동력

식 $P_2 = P_1 \times \left(\dfrac{N_2}{N_1}\right)^3 = 12 \times \left(\dfrac{1,200}{1,000}\right)^3 = 20.74 kW$

정답 20.74kW

13. **풀이**

• 흡착장치의 처리능력   • 흡착대상 오염물질분석   • 흡착제의 파과점   • 압력손실

※ 제시된 답안 중 3가지 선택

14. **풀이**

(1) **단시간노출기준(STEL)** : 15분간의 시간가중평균노출값으로 1회 노출 지속시간이 15분 미만이어야 하고, 이러한 상태가 1일 4회 이하로 발생하여야 하며, 각 노출의 간격은 60분 이상이어야 한다.

(2) **최고노출기준(C)** : 근로자가 1일 작업시간동안 잠시라도 노출되어서는 아니 되는 기준으로 노출기준 앞에 "C"를 붙여 표시한다.

※ 제시된 답안 중 1가지 선택

15. 풀이

(1) 노출지수와 초과여부판단

식 $EI = \dfrac{C_1}{TLV_1} + \dfrac{C_2}{TLV_2} + \cdots + \dfrac{C_n}{TLV_n}$

$\therefore EI = \dfrac{0.1}{0.5} + \dfrac{20}{50} + \dfrac{30}{100} = 0.9$

∴ 1 미만으로 허용농도를 초과하지 않음

(2) 혼합공기 허용농도(ppm)

식 혼합공기 허용농도 $= \dfrac{C_1 + C_2 + \cdots + C_n}{EI}$

$\therefore$ 혼합공기 허용농도 $= \dfrac{0.1 + 20 + 30}{0.9} = 55.67\,\text{ppm}$

정답 55.67ppm

16. 풀이

식 $SHD \times 체중 = C \times T \times V \times R$

- $SHD(mg/kg) = 0.2\,mg/kg$
- $T = 8\,hr$
- $V = 1.2\,m^3/hr$
- $R = 1.0$

$0.2 \times 70 = C \times 8 \times 1.2 \times 1$, $\therefore C = 1.46\,mg/m^3$

정답 $1.46\,mg/m^3$

17. 풀이

- 국소적 흡인을 취한다.
- 적절한 제어속도를 선정한다. (충분한 흡인속도를 취한다.)
- 작업이 방해되지 않도록 설치한다.
- 가급적 공정을 많이 포위한다.
- 후드 개구면에서 기류가 균일하게 분포되도록 설계한다.
- 공정에서 발생 또는 배출되는 오염물질의 절대량을 감소시킨다.
- 발생원을 후드에 접근시킨다.

※ 제시된 답안 중 5가지 선택

18. 풀이

식 $Q = \dfrac{G \times K}{LEL \times B}$

- $G = \dfrac{2L}{hr} \times \dfrac{0.806kg}{1L} \times \dfrac{1hr}{60min} \times \dfrac{22.4m^3}{106kg} \times \dfrac{273+130}{273} = 8.3810 \times 10^{-3} m^3/min$
- $K = 5$
- $LEL = 0.01$
- $B = 0.7$ (120℃ 이상)

$\therefore Q = \dfrac{(8.3810 \times 10^{-3}) \times 5}{0.01 \times 0.7} = 5.99 m^3/min$

정답 $5.99 m^3/min$

19. 풀이

(1) 플랜지 폭(cm)

식 $W = \sqrt{A}$

$\therefore W = \sqrt{0.3 \times 0.1} = 0.1732m = 17.32cm$

정답 17.32cm

(2) 플랜지 부착시 감소 흡인풍량(%)

식 $Q_{c1} = (10X^2 + A) \times V_c$ ← 기본식(자유공간)

식 $Q_{c2} = 0.75(10X^2 + A) \times V_c$ ← 플랜지를 부착한 경우

$\therefore \dfrac{Q_{c1} - Q_{c2}}{Q_{c1}} = \dfrac{(10X^2 + A) \times V_c - 0.75(10X^2 + A) \times V_c}{(10X^2 + A) \times V_c} \times 100 = 25\%$

정답 25%

20. 풀이

- 중력집진장치
- 관성력집진장치
- 원심력집진장치
- 여과집진장치
- 전기집진장치
- 세정집진장치
- 충전탑
- 제트스크러버
- 단탑

※ 제시된 답안 중 5가지 선택

해설 기출문제 - 정답 및 해설 　2020년도 제3회 기사 필답형

01. 풀이

식 $Q = \dfrac{G \times K}{LEL \times B}$

- $G = \dfrac{1.15L}{hr} \times \dfrac{0.9kg}{1L} \times \dfrac{1hr}{60\min} \times \dfrac{22.4m^3}{78kg} \times \dfrac{273+157}{273} = 7.8027 \times 10^{-3} m^3/\min$
- $K = 10$
- $LEL = 0.01$ (폭발범위가 1~7%이므로 하한치(LEL)는 1%)
- $B = 0.7$ (120℃ 이상)

$\therefore Q = \dfrac{(7.8027 \times 10^{-3}) \times 10}{0.01 \times 0.7} = 11.15 m^3/\min$

정답 11.15m³/min

02. 풀이

식 $Q = \dfrac{G}{(C - C_{out})} \times 100$

- $G = \dfrac{12L}{인 \cdot hr} \times 10인 \times \dfrac{1m^3}{10^3 L} = 0.12 m^3/hr$

$\therefore Q = \dfrac{0.12}{(0.1 - 0.04)} \times 100 = 200 m^3/hr$

정답 200m³/hr

03. 풀이

식 보정된 허용농도 = TLV × RF

- $RF = \dfrac{8}{H} \times \dfrac{24-H}{16} = \dfrac{8}{10} \times \dfrac{24-10}{16} = 0.7$

$\therefore$ 보정된 허용농도 = $100 \times 0.7 = 70 ppm$

정답 70ppm

04. 풀이

식 $RWL(kg) = 23 \times HM \times VM \times DM \times AM \times FM \times CM$

- HM : 수평계수
- VM : 수직계수
- DM : 거리계수
- AM : 비대칭계수
- FM : 빈도계수
- CM : 커플링계수

05. 풀이

(1) 공기정화시설을 갖춘 사무실에서의 환기횟수는 시간당 (**4**)회 이상으로 한다.

(2) 공기의 측정시료는 사무실 내에서 공기질이 가장 나쁠 것으로 예상되는 (**2**)곳 이상에서 채취한다.

(3) 일산화탄소(CO)는 연 1회 이상, 업무 시작 후 1시간 이내 및 업무 종료 후 1시간 이내에 각각 (**10**)분간 측정을 실시한다.

06. 풀이

(1) 유속

식 $V = C \times \sqrt{\dfrac{2gP_v}{\gamma}}$

- $P_v = P_t - P_s = 15 - 7 = 8\,mmH_2O$

∴ $V = 1 \times \sqrt{\dfrac{2 \times 9.8 \times 8}{1.2}} = 11.43\,m/\sec$

정답 11.43m/sec

(2) 유량

식 $Q = A \cdot V$

∴ $Q = 0.09\,m^2 \times \dfrac{11.43\,m}{\sec} \times \dfrac{60\sec}{1\min} = 61.72\,m^3/\min$

정답 61.72m³/min

07. 풀이

식 $SHD \times 체중 = C \times T \times V \times R$

- SHD(mg/kg) $= 0.1\,mg/kg$
- $T = 8\,hr$
- $V = 1.2\,m^3/hr$
- $R = 1.0$

$0.1 \times 70 = 100 \times T \times 1.4 \times 1$, ∴ $T = 0.05\,hr = 3\min$

∴ 노출시간으로 3분 이하로 제한

08. 풀이

③ 후드형식 선정 → ② 제어속도 선정 → ⑤ 덕트 내 직경 크기 선정 → ④ 후드의 크기 선정 → ① 총 압력손실 계산

09. 풀이

식 $\eta_t = [1-(1-\eta_1)(1-\eta_2)] \times 100$

$0.99 = [1-(1-\eta_1)(1-0.95)]$, ∴ $\eta_1 = 0.8 = 80\%$

정답 80%

10. 풀이
- 국소배기장치의 원활한 작동을 위하여
- 국소배기장치의 효율 유지를 위하여
- 안전사고를 예방하기 위하여
- 에너지(연료)를 절약하기 위하여
- 작업장 내의 방해 기류가 생기는 것을 방지하기 위하여

※ 제시된 답안 중 4가지 선택

11. 풀이

식 $Q = \dfrac{G}{TLV} \times K$

- G : 오염물질발생량$(mL) = \dfrac{1.8L}{hr} \times \dfrac{0.805kg}{1L} \times \dfrac{24.45m^3}{72.06kg} \times \dfrac{10^6 mL}{1m^3} = 491646.5445\, mL/hr$

∴ $Q = \dfrac{491646.5445}{200} \times 5 = 12291.1636\, m^3/hr \fallingdotseq 204.85\, m^3/\min$

정답 204.85 m³/min

12. 풀이

(1) 플랜지가 없는 경우 송풍량

식 $Q_c = (10X^2 + A) \times V_c$

∴ $Q_c = [10 \times 1^2 + 0.5] \times 0.5 \times 60 = 315\, m^3/\min$

정답 315 m³/min

(2) 플랜지가 부착된 경우 송풍량

식 $Q_c = 0.75(10X^2 + A) \times V_c$

∴ $Q_c = 0.75 \times [10 \times 1^2 + 0.5] \times 0.5 \times 60 = 236.25\, m^3/\min$

정답 236.25 m³/min

13. 풀이

문제에서 전체 환기의 설치조건을 쓰라고 제시되어 있으나, 국소배기장치의 설치가 어려운 경우로 가정조건이 있으므로, 설치 시 주의사항보다 전체 환기의 설치가 가능한 조건인 적용조건으로 서술해주는 것이 적합하다.

- 유해물질의 독성이 비교적 낮은 경우, 즉 TLV가 높은 경우(가장 중요한 제한조건)
- 동일한 작업장에 오염원이 분산되어 있는 경우
- 유해물질이 시간에 따라 균일하게 발생될 경우
- 유해물질의 발생량이 적은 경우

14. 풀이
(1) 정확도 (2) 정밀도 (3) 단위작업장소

15. 풀이
- 발연관 • 청음기 또는 청음봉 • 절연저항계 • 표면온도계 및 초자온도계 • 줄자

16. 풀이

식) $Q = Q' \times \dfrac{273 + t_2}{273 + t_1} \times \dfrac{P_1}{P_2}$

$\therefore Q = \dfrac{150 m^3}{\min} \times \dfrac{273 + 20}{273 + 117} \times \dfrac{700}{760} = 103.80 m^3/\min$

정답) $103.80 m^3/\min$

17. 풀이
마틴직경, 헤이후드직경(등면적 직경), 페레트직경

18. 풀이
- 후드의 개구면을 작게 한다.
- 발생원을 후드에 접근시킨다.
- 가급적 공정을 많이 포위한다.
- 충분한 흡인속도를 취한다.
- 에어커튼을 사용한다.

※ 제시된 답안 중 4가지 선택

19. 풀이

식) $V = 0.003 \times \rho \times d_p^2$

$\therefore V = 0.003 \times 1.3 \times 15^2 = 0.88 cm/\sec$

정답) $0.88 cm/\sec$

20. 풀이
- 중력침강 • 확산 • 접촉차단(간섭) • 관성충돌

해설 기출문제 - 정답 및 해설 | 2022년도 제1회 기사 필답형

01. 풀이
① 10ppm ② 0.1ppm ③ 100μg/m³

02. 풀이
식) $\Delta S = M \pm C \pm R - E$
- ΔS : 생체 열용량의 변화
- M : 작업대사량
- C : 대류에 의한 열교환
- R : 복사에 의한 열교환
- E : 증발에 의한 열교환

03. 풀이
- 에어라인 마스크
- 호스마스크
- 자기공기공급장치(SCBA)
※ 제시된 답안 중 2가지 선택

04. 풀이
식) $C = \dfrac{PVC}{채취공기량}$

$\therefore C = \dfrac{(0.6721 - 0.4230)mg - (0.3988 - 0.3978)mg}{\dfrac{1.98m^3}{min} \times 210min} = 5.97 \times 10^{-4} mg/m^3$

정답) $5.97 \times 10^{-4} mg/m^3$

05. 풀이
식) $Q_c = (10X^2 + A)V_c$
$\therefore Q_c = (10 \times 0.5^2 + (2 \times 1.4)) \times 0.4 \times 60 = 127.2 m^3/min$

정답) $127.2 m^3/min$

06. 풀이

식 $ACH = \dfrac{\ln(C_o - C_{out}) - \ln(C_t - C_{out})}{t}$

$\therefore ACH = \dfrac{\ln(1{,}500 - 330) - \ln(500 - 330)}{2.5\text{hr}} = 0.77$회(시간당)

정답 0.77회(시간당)

07. 풀이

식 $Q_c = (10X^2 + A)V_c$

- $Q_c(1) = (10 \times 0.5^2 + 0.9) \times 0.5 = 1.7 m^3/\sec$
- $Q_c(2) = (10 \times 1^2 + 0.9) \times 0.5 = 5.45 m^3/\sec$

$\therefore \dfrac{Q_c(2)}{Q_c(1)} = \dfrac{5.45}{1.7} = 3.21$배로 증가

정답 3.21배로 증가

08. 풀이

- 온도
- 농도
- 입경(입자의 직경)
- 여과속도

09. 풀이

- 중력집진장치
- 관성력집진장치
- 원심력집진장치
- 여과집진장치
- 세정집진장치
- 전기집진장치

※ 제시된 답안 중 3가지 선택

10. 풀이

식 $P_{sf} = (P_{so} - P_{si}) - P_{vi}$

- $P_{so} = 20 mmH_2O$
- $P_{si} = 60 mmH_2O$
- $P_{vi} = \dfrac{\gamma V^2}{2g} = \dfrac{1.2 \times 20^2}{2 \times 9.8} = 24.4897 mmH_2O$

$\therefore P_{sf} = (20 - 60) - 24.4897 = -64.49 mmH_2O$

정답 $-64.49 mmH_2O$

11. 풀이

식 $\Delta P = \left(F \times \dfrac{\theta}{90}\right) \times P_v$

$\therefore \Delta P = \left(0.22 \times \dfrac{90}{90}\right) \times 15 = 3.3 \text{mmH}_2\text{O}$

정답 $3.3 \text{mmH}_2\text{O}$

12. 풀이

(1) **플랜지** : 후드의 흡인구 테두리에 설치되어 후드 뒤 쪽의 공기흡입을 배제하여 흡인공기량을 약 25% 감축시키는 설비이다.(슬로트형의 경우 30% 감소)
(2) **배플(baffle)** : 금속판으로 주위의 공기 흐름을 후드로 안내하는 설비
(3) **슬롯** : 후드의 한 형태로 후드 개방부분의 길이가 길고 높이가 짧다. H/W의 비가 0.2 이하인 경우를 말하며, 흡인속도를 균일하게 유지시키는 장치이다.
(4) **플래넘** : 후드 뒷부분에 위치하며 각 후드의 흡입유속의 강약을 작게 하여 일정하게 만들어 압력과 공기흐름을 균일하게 형성하는 데 필요한 장치이다. 가능한 길게 설치한다.(플래넘의 단면이 유입구 면적의 5배 이상)
(5) **개구면 속도** : 오염물질을 후드 내로 도입시키기 위해 필요한 공기의 최소 흡인속도

13. 풀이

(1) **독립작용** : 두 물질을 동시에 투여할 때 각각의 독성으로 작용
(2) **상가작용** : 두 물질을 동시에 투여할 때 각각의 독성의 합으로 작용
(3) **상승작용** : 두 물질을 동시에 투여할 때 각각의 독성의 합보다 훨씬 큰 독성이 되는 작용
(4) **길항작용** : 두 물질을 동시에 투여할 때 서로 독성을 방해하여 독성으로 인한 영향이 단독 물질일 때보다 작아지는 경우

14. 풀이

- 유해물질의 독성이 비교적 낮은 경우
- 동일한 작업장에 오염원이 분산되어 있는 경우
- 유해물질이 이동성인 경우
- 유해물질의 발생량이 적은 경우
- 유해물질이 증기나 가스일 경우
- 오염원이 근무자가 근무하는 장소로부터 멀리 떨어져 있는 경우
- 가연성 가스의 농축으로 폭발의 위험이 있는 경우

※ 제시된 답안 중 5가지 선택

15. 풀이

식 $P_v = \dfrac{\gamma V^2}{2g}$

- $V = \dfrac{Q}{A} = \dfrac{50m^3}{\min} \times \dfrac{4}{\pi \times (0.3m)^2} \times \dfrac{1\min}{60\sec} = 11.7892 m/\sec$

$\therefore P_v = \dfrac{1.3 \times 11.7892^2}{2 \times 9.8} = 9.22 mmH_2O$

정답 9.22mmH$_2$O

16. 풀이

식 $Q_2 = Q_1 \times \dfrac{273+t_2}{273+t_1} \times \dfrac{P_2}{P_1}$

$\therefore Q_2 = 100 \times \dfrac{273+5}{273+50} \times \dfrac{1}{1} = 86.07 m^3/\min$

정답 86.07m^3/min

17. 풀이

식 $Q = \dfrac{G}{TLV} \times K$

- G : 오염물질발생량$(mL) = \dfrac{16L}{8hr} \times \dfrac{0.805kg}{1L} \times \dfrac{24.1m^3}{72kg} \times \dfrac{10^6 mL}{1m^3} = 538,902.7778 mL/hr$

$\therefore Q = \dfrac{538,902.7778}{200} \times 6 = 16,167.0833 m^3/hr ≒ 269.45 m^3/\min$

정답 269.45m^3/min

18. 풀이

식 $N_{Re} = \dfrac{D \cdot V \cdot \rho}{\mu}$

$\therefore N_{Re} = \dfrac{0.2 \times 23 \times 1.2}{(1.8 \times 10^{-5})} = 306,666.67$

정답 306,666.67

19. 풀이

식 $Q_c(1) = 0.75(10X^2 + A) \times V_c$ (플랜지 부착 시 흡인유량)

개구면 면적과, 제어속도, 개구면까지 거리가 같으므로 K로 정리하면

→ $Q_c(1) = 0.75K$

식 $Q_c(2) = 0.5(10X^2 + A) \times V_c$ (작업면 위, 플랜지 부착 시 흡인유량)

→ $Q_c(2) = 0.5K$

∴ $\dfrac{Q_c(2) - Q_c(1)}{Q_c(1)} = \dfrac{0.75 - 0.5}{0.75} \times 100 = 33.33\%$

정답 33.33%

20. 풀이

식 $WBGT = 0.7$습구온도 $+ 0.3$흑구온도

∴ $WBGT = 0.7 \times 18 + 0.3 \times 25 = 20.1\,℃$

정답 20.1℃

해설 기출문제 - 정답 및 해설 | 2022년도 제2회 기사 필답형

01. 풀이
- ㉠ 산업안전보건위원회에서 심의·의결한 업무와 안전보건관리규정 및 취업규칙에서 정한 업무
- ㉡ 안전인증대상 기계·기구 등과 자율안전확인대상 기계·기구 등 중 보건과 관련된 보호구(保護具) 구입 시 적격품 선정에 관한 보좌 및 조언·지도
- ㉢ 위험성평가에 관한 보좌 및 조언·지도
- ㉣ 산업보건의의 직무(보건관리자가 별표 6 제1호에 해당하는 사람인 경우로 한정한다)
- ㉤ 해당 사업장 안전교육계획의 수립 및 안전교육 실시에 관한 보좌 및 조언·지도
- ㉥ 해당 사업장의 근로자를 보호하기 위한 다음 각 목의 조치에 해당하는 의료행위(보건관리자가 별표 6 제1호 또는 제2호에 해당하는 경우로 한정한다)
  - 가. 외상 등 흔히 볼 수 있는 환자의 치료
  - 나. 응급처치가 필요한 사람에 대한 처치
  - 다. 부상·질병의 악화를 방지하기 위한 처치
  - 라. 건강진단 결과 발견된 질병자의 요양 지도 및 관리
  - 마. 가목부터 라목까지의 의료행위에 따르는 의약품의 투여
- ㉦ 작업장 내에서 사용되는 전체 환기장치 및 국소 배기장치 등에 관한 설비의 점검과 작업방법의 공학적 개선에 관한 보좌 및 조언·지도
- ㉧ 사업장 순회점검·지도 및 조치의 건의
- ㉨ 산업재해 발생의 원인 조사·분석 및 재발 방지를 위한 기술적 보좌 및 조언·지도
- ㉩ 산업재해에 관한 통계의 유지·관리·분석을 위한 보좌 및 조언·지도
- ㉪ 법 또는 법에 따른 명령으로 정한 보건에 관한 사항의 이행에 관한 보좌 및 조언·지도
- ㉫ 업무수행 내용의 기록·유지

※ 제시된 답안 중 3가지 선택

02. 풀이
(1) WBGT

식 $WBGT = 0.7$습구온도 $+ 0.3$흑구온도

∴ 실내 $WBGT = 0.7 \times 31 + 0.3 \times 50 = 36.7\,℃$

정답 $36.7\,℃$

(2) 노출기준 초과 여부 : $36.7\,℃$를 초과하므로 노출기준 초과

[작업강도에 따른 습구흑구온도지수]

작업강도 작업과 휴식시간비	경작업	중등작업	중작업
계속작업	30.0	26.7	25.0
매 시간 75% 작업, 25% 휴식	30.6	28.0	25.9
매 시간 50% 작업, 50% 휴식	31.4	29.4	27.9
매 시간 25% 작업, 75% 휴식	32.2	33.1	30.0

- 경작업 : 시간당 200kcal 열량 소요 작업
- 중등작업 : 시간당 200~350kcal 열량 소요 작업
- 중작업 : 시간당 350~500kcal 열량 소요 작업

03. 풀이
특급
※ 특급(99.5% 이상), 1급(95% 이상), 2급(85% 이상)으로 분류

04. 풀이
- 후드 뒤쪽의 공기흐름을 방지하여 흡인공기량 감소
- 제어속도(포착속도) 증가
- 압력손실 감소

05. 풀이
- 관성충돌 · 접촉차단 · 확산 · 중력 · 체거름(가교현상) · 정전기
※ 제시된 답안 중 5가지 선택

06. 풀이
3년

07. 풀이
- 대치(대체) : 공정의 변경, 시설의 변경, 유해물질의 변경
- 격리 : 저장물질의 격리, 시설의 격리, 공정의 격리, 작업자의 격리
- 환기 : 전체 환기, 국소배기

08.

[풀이]

[식] $ACH = \dfrac{\ln(C_o - C_{out}) - \ln(C_t - C_{out})}{t}$

$\therefore ACH = \dfrac{\ln(1{,}500 - 330) - \ln(500 - 330)}{1.25\,\text{hr}} = 1.54$ 회(시간당)

[정답] 1.54회(시간당)

09.

[풀이]

(1) 노출지수 평가

[식] $EI = \dfrac{C_1}{TLV_1} + \dfrac{C_2}{TLV_2} + \cdots + \dfrac{C_n}{TLV_n}$

$\therefore EI = \dfrac{7}{10} + \dfrac{9}{20} + \dfrac{5}{50} = 1.25$

∴ 노출지수가 1을 초과하므로, 노출기준 초과

(2) 보정된 허용농도

[식] 보정된 허용농도 $= \dfrac{C_1 + C_2 + \cdots + C_n}{EI}$

∴ 보정된 허용농도 $= \dfrac{7 + 9 + 5}{1.25} = 16.80\,ppm$

[정답] 16.80ppm

10.

[풀이]

[식] 차음효과 $= (NRR - 7) \times 0.5$

∴ 차음효과 $= (NRR - 7) \times 0.5 = (18 - 7) \times 0.5 = 5.5\,\text{dB}$

[정답] 5.5dB

11.

[풀이]

3년

12.

[풀이]

① 흡입성 입자상 물질 평균입경 : $100\,\mu m$
② 흉곽성 입자상 물질 평균입경 : $10\,\mu m$
③ 호흡성 입자상 물질 평균입경 : $4\,\mu m$

13. 풀이
- 착용하여 작업하기 쉬울 것
- 유해위험물로부터 보호성능이 충분할 것
- 사용되는 재료는 작업자에게 해로운 영향을 주지 않을 것
- 마무리가 양호할 것
- 외관이나 디자인이 양호할 것

※ 제시된 답안 중 3가지 선택

14. 풀이
㉠ 10명 ㉡ 5명 ㉢ 10%

15. 풀이
식 $L_m = 10\log(10^{L_1/10} + 10^{L_2/10} + \cdots + 10^{L_n/10})$

$\therefore L_m = 10\log\left[\dfrac{1}{5}(10^{85/10} + 10^{95/10} + 10^{80/10} + 10^{82/10} + 10^{87/10})\right] = 89.28\,\text{dB}$

정답 89.28dB

16. 풀이
㉠ 2 ㉡ 10 ㉢ 100

17. 풀이
- 유해물질 사용량을 조사하여 필요환기량을 계산하여야 한다.
- 배출공기를 보충하기 위하여 청정공기를 공급하여야 한다.
- 오염물질배출구는 가능한 한 오염원으로부터 가까운 곳에 설치하여 '점환기'의 효과를 얻는다.
- 공기배출구와 근로자의 작업위치 사이에 오염원이 위치해야 한다.
- 공기가 배출되면서 오염장소를 통과하도록 공기 배출구와 유입구의 위치를 선정한다.
- 배출된 공기가 재유입되지 못하게 배출구 높이를 적절히 설계하고 창문이나 문 근처에 위치하지 않도록 한다.
- 오염된 공기는 작업자가 호흡하기 전에 충분히 희석되어야 한다.

※ 제시된 답안 중 6가지 선택

18. 풀이
2명 이상

19. 풀이
- 채용 후 정기적 건강관리(체중, 위장증상 체크), 근로자의 체중이 3kg 이상 감소하면 정밀검사를 받아야 한다.
- 평균 주 작업시간 : 40시간 기준(a조 - b조 - c조 순환식)
- 근무시간 간격 : 15~16시간 이상
- 야근의 주기 : 4~5일
- 야근의 연속일수 : 2~3일(3일 이상 연속으로 하지 않는다.)
- 야근 후 다음 반으로 가기 전 최저 48시간 이상의 휴식시간을 갖도록 하여야 한다.
- 야근 교대시간은 상오 0시 이전에 하는 것이 좋다.
- 야근 시 가면은 반드시 필요하다.
- 야근 시 가면은 작업강도에 따라 30분에서 1시간 범위로 하는 것이 좋다.
- 야간작업자의 휴무일은 주간작업자보다 많아야 한다.
- 근로자가 교대일정을 미리 알 수 있도록 해야 한다.
- 일반적으로 오전근무의 개시시간은 오전 9시로 한다.
- 교대방식은 낮근무, 저녁근무, 밤근무 순으로 한다.

※ 제시된 답안 중 4가지 선택

20. 풀이
- 면 분진
- 목 분진
- 석면 분진
- 석탄 분진
- 광물성 분진
- 용접 흄
- 유리섬유

※ 제시된 답안 중 5가지 선택

해설 기출문제 - 정답 및 해설 2023년도 제1회 기사 필답형

01. 풀이

식 $EI = \dfrac{C_1}{TLV_1} + \dfrac{C_2}{TLV_2} + \cdots + \dfrac{C_n}{TLV_n}$

$\therefore EI = \dfrac{5}{10} + \dfrac{10}{50} + \dfrac{7}{20} = 1.05$

정답 1.05

02. 풀이

㉠, ㉡, ㉢, ㉣

03. 풀이

- 에어라인 마스크
- 호스마스크
- 자기공기공급장치(SCBA)

※ 제시된 답안 중 2가지 선택

04. 풀이

① 산업재해 예방계획의 수립에 관한 사항
② 안전보건관리규정의 작성 및 변경에 관한 사항
③ 안전보건교육에 관한 사항
④ 작업환경측정 등 작업환경의 점검 및 개선에 관한 사항
⑤ 근로자의 건강진단 등 건강관리에 관한 사항
⑥ 산업재해의 원인 조사 및 재발 방지대책 수립에 관한 사항
⑦ 산업재해에 관한 통계의 기록 및 유지에 관한 사항
⑧ 안전·보건과 관련된 안전장치 및 보호구 구입 시의 적격품 여부 확인에 관한 사항
⑨ 그 밖에 근로자의 유해·위험 예방조치에 관한 사항으로서 고용노동부령으로 정하는 사항

※ 제시된 답안 중 3가지 선택

05. 풀이

먼저 Hertig 식을 이용하여 휴식시간 비율(%)을 구하면

$T_{rest}(\%) = \left[\dfrac{\text{PWC의 } \frac{1}{3} - \text{작업대사량}}{\text{휴식대사량} - \text{작업대사량}} \right] \times 100 = \left[\dfrac{(16 \times \frac{1}{3}) - 9}{1.4 - 9} \right] \times 100 = 48.25\%$

∴ 60분 중 48.25%인 29분이 휴식시간, 31분(60-29분)이 작업시간

06. 풀이
- 근골격계 부담작업의 유해요인
- 근골격계 질환의 징후와 증상
- 근골격계 질환 발생 시의 대처요령
- 올바른 작업자세와 작업도구, 작업시설의 올바른 사용방법
- 그 밖에 근골격계 질환 예방에 필요한 사항

※ 제시된 답안 중 3가지 선택

07. 풀이

식) $Q = \dfrac{G}{TLV} \times K$

- $G(mL/hr) = \dfrac{1.5kg}{hr} \times \dfrac{22.4m^3}{72.06kg} \times \dfrac{273+15}{273} \times \dfrac{10^6 mL}{1m^3} = 491897.7775 mL/hr$

∴ $Q = \dfrac{491897.7775}{200} \times 6 = 14756.9333 m^3/hr ≒ 245.95 m^3/\min$

정답) $245.95 m^3/\min$

08. 풀이

(1) 작업자의 특성요인
- 체격
- 체력
- 심리적 불안
- 연령
- 성별

(2) 작업의 특성요인
- 반복적인 동작
- 부적절한 작업자세
- 무리한 힘의 사용
- 날카로운 면과의 신체접촉
- 진동 및 온도

※ 제시된 답안 중 각각 2가지 선택

09. 풀이
- 바이오 리듬이 깨짐
- 낮은 체온상승
- 체중의 감소
- 쉽게 피로해짐
- 활동력의 감소
- 주간수면 시 혈액수분의 증가가 충분하지 않고, 에너지대사량이 저하되지 않음에 따른 수면장애
- 자율신경계의 조절기능저하(교감신경 약화, 부교감신경 강화)로 인한 수면장애

※ 제시된 답안 중 4가지 선택

10. 풀이
마틴직경, 헤이후드직경, 페레트직경

11. 풀이
식 $X(L) = 3L \times \dfrac{0.879 kg}{1L} \times \dfrac{24.45 m^3}{78 kg} \times \dfrac{10^3 L}{1 m^3} = 826.60 L$

정답 826.60L

12. 풀이
(1) 장점
- 휴대가 간편
- 안경과 안전모 등에 방해가 되지 않음
- 착용이 간편
- 덥고 습한 환경에서 비교적 착용하기 좋음

(2) 단점
- 귀에 질병이 있는 경우 착용불가
- 착용요령 습득 필요
- 외이도에 염증유발 우려
- 차음효과가 비교적 낮음

※ 제시된 답안 중 각각 2가지 선택

13. 풀이
위험성 평가

14. 풀이
① 혈액 ② 소변 ③ 호기

15. 풀이
(1) 플랜지: 후드의 흡인구 테두리에 설치되어 후드 뒤 쪽의 공기흡입을 배제하여 흡인공기량을 약 25% 감축시키는 설비이다.(슬로트형의 경우 30% 감소)

(2) 테이퍼: 비행기 날개의 한 형태로 후드와 덕트를 연결하는 부분을 말한다. 경사접합부라고도 하며, 시작부에서 끝으로 감에 따라 두께와 익현의 길이가 같이 감소되는 형태가 되어 압력손실을 감소시키며 후드 개구면 속도를 균일하게 분포시키는 장치이다.

(3) 슬롯: 슬롯후드는 후드 개방부분의 길이가 길고 높이가 좁은 형태로 H/W의 비가 0.2 이하인 경우를 말하며, 흡인속도를 균일하게 유지시키는 장치이다.

16. 풀이

(1) WBGT

[식] 실내 WBGT = 0.7 습구온도 + 0.3 흑구온도

∴ 실내 WBGT = 0.7 × 31 + 0.3 × 50 = 36.7℃

[정답] 36.7℃

(2) 노출기준 초과 여부 : 26.7℃를 초과하므로 노출기준 초과

17. 풀이

[식] $N_{Re} = \dfrac{D \times V \times \rho}{\mu} = \dfrac{D \times V}{\nu}$

$2 \times 10^5 = 30cm \times \dfrac{1m}{100cm} \times V \times \dfrac{\sec}{1.5 \times 10^{-5} cm^2} \times \dfrac{10^4 cm^2}{1m^2}$, ∴ $V = 1 \times 10^{-3} m/\sec$

[정답] 1×10^{-3} m/sec

18. 풀이

- 15 : 배출구와 공기를 유입하는 흡입구는 서로 15m 이상 떨어져야 함
- 3 : 배출구의 높이는 지붕 꼭대기나 공기 유입구보다 위로 3m 이상 높게 하여야 함
- 15 : 배출되는 공기는 재유입되지 않도록 배출가스 속도를 15m/sec 이상 유지함

19. 풀이

- 용접흄
- 소음
- 유해광선
- 분진
- 유기용제
- 유해가스(예 일산화탄소, 질소산화물, 오존, 불화수소, 포스겐, 아크로레인, 포르말린, 페놀 등)

※ 제시된 답안 중 4가지 선택

알기 쉽게 풀어쓴 산업위생관리(산업)기사 실기

부록
산업위생공식 및 법규정리

CHAPTER 01 산업위생 공식정리

1 작업환경 측정 및 평가

(1) 입자상 물질을 측정, 평가하기

① 침강속도

㉠ Stokes식

$$V_s = \frac{d_p^2(\rho_p - \rho_g)g}{18\mu}$$

- d_p : 입자의 직경
- ρ_p : 입자의 밀도
- ρ_g : 가스(공기)의 밀도
- μ : 가스(공기)의 점도

㉡ Lippman식

$$V_s = 0.003 \times S \times d_p^2$$

- S : 입자의 비중
- d_p : 입자의 직경

② 입자상물질 시료채취 농도

$$C = \frac{(W_2 - W_1) - (WB_2 - WB_1)}{V}$$

- W_1 : 시료 채취 전 여과지 무게
- W_2 : 시료 채취 후 여과지 무게
- WB_1 : 시료 채취 전 공시료 무게
- WB_2 : 시료 채취 후 공시료 무게
- V : 공기 채취량

③ 흡광광도계(자외선/가시선 분광계)

$$I_t = I_o \times 10^{-\epsilon CL} \quad (\ast \; \epsilon CL : 흡광도(A))$$

$$\frac{I_t}{I_o} = 10^{-\epsilon CL} = 10^{-A} \quad (\ast \; t = \frac{I_t}{I_o} : 투과도)$$

$$A = \log \frac{1}{t}$$

- I_t : 투사광의 강도
- I_o : 입사광의 강도
- C : 농도
- L : 빛의 투사거리
- ϵ : 흡광계수(비례상수)

④ 누적오차

$$E_c = \sqrt{E_1^2 + E_2^2 + E_3^2 + \cdots + E_n^2}$$

(2) 소음 및 진동을 측정, 평가하기

① 손(sone) : 소음의 감각량을 나타내는 단위로서, 순음 1,000Hz의 40phon을 1sone으로 나타낸다.

$$S = 2^{\frac{(L_L - 40)}{10}}$$

- L_L : 음의 크기 레벨(phon)

② 음압레벨(SPL)

$$SPL = 20\log\frac{P}{P_o} \ (P : 현재음압, \ P_o : 기준음압(2 \times 10^{-5} \text{N/m}^2))$$

- $SPL = PWL - 10\log(4\pi r^2)$ (PWL : 음향파워레벨, 자유공간 기준)
- $SPL = PWL - 20\log r - 11$ (점음원, 자유공간 기준)
- $SPL = PWL - 10\log r - 8$ (선음원, 자유공간 기준)
- $SPL = PWL - 10\log(2\pi r^2)$ (PWL : 음향파워레벨, 반자유공간 기준)
- $SPL = PWL - 20\log r - 8$ (점음원, 반자유공간 기준)
- $SPL = PWL - 10\log r - 5$ (선음원, 반자유공간 기준)

③ 음향파워(W)

$$W = I \times S \ (I : 음의\ 세기, \ S : 표면적)$$

④ 파워레벨(PWL)

$$PWL = 10 \times \log\left(\frac{W}{W_o}\right) \ (W : 음향파워, \ W_o : 기준\ 음향파워 = 10^{-12}\ W)$$

⑤ 음의 세기레벨(SIL)

$$SIL = 10\log\left(\frac{I}{I_o}\right) \ (I : 음의세기(\text{W/m}^2), \ I_o : 최소가청음\ 세기(10^{-12}\text{W/m}^2))$$

⑥ 음의 거리감쇠

$$L_l = 20\log\left(\frac{r_2}{r_1}\right) \ (r : 음원과의\ 거리, 점음원)$$

↳ 점음원에서 거리 2배 증가시 6dB 감소

$$L_l = 10\log\left(\frac{r_2}{r_1}\right) \ (r : 음원과의\ 거리, 선음원)$$

↳ 선음원에서 거리 2배 증가시 3dB 감소

⑦ 파장

$$\lambda = \frac{c}{f}$$

- λ : 음의 파장
- c : 음속
- f : 주파수

 암기법 : 속주!

⑧ 주기

$$T = \frac{1}{f} \text{ (주파수와 역수관계)}$$

⑨ 등가소음레벨

$$\text{등가소음도(Leq)} = 16.61 \log \frac{n_1 \times 10^{\frac{L_{A1}}{16.61}} + \cdots + n_n \times 10^{\frac{L_{An}}{16.61}}}{\text{각 소음레벨 측정치의 발생시간 합}}$$

- L_A : 각 소음레벨의 측정치(dB)
- n : 각 소음레벨 측정치의 발생시간(min)

⑩ 옥타브밴드

   ㉠ 1/1 옥타브밴드 분석기
- 중심주파수(f_c) = $\sqrt{2}\, f_L$
- 밴드폭 = $0.707 f_c$

   ㉡ 1/3 옥타브밴드 분석기
- 중심주파수(f_c) = $\sqrt{1.26}\, f_L$
- 밴드폭 = $0.232 f_c$

⑪ 실내 평균흡음률 계산

   ㉠ 평균흡음률($\overline{\alpha}$)

$$\overline{\alpha} = \frac{\sum S_i \alpha_i}{\sum S_i} = \frac{\text{바닥} \times \text{흡음률} + \text{벽} \times \text{흡음률} + \text{천장} \times \text{흡음률}}{\text{바닥} + \text{벽} + \text{천장}}$$

- S : 면적
- α : 흡음률

   ㉡ 흡음력(A)

$$A = S_t \overline{\alpha}$$

- S_t : 실내 내부 전 표면적

   ㉢ 실정수(R)

$$R = \frac{S_t \overline{\alpha}}{1 - \overline{\alpha}}$$

⑫ 실내소음 저감량

   ㉠ 흡음대책에 따른 실내소음 저감량

$$NR = SPL_1 - SPL_2 = 10\log\left(\frac{R_2}{R_1}\right) = 10\log\left(\frac{A_2}{A_1}\right)$$

- R_1 : 실내면에 대한 흡음대책 전의 실정수(m², sabin)
- R_2 : 실내면에 대한 흡음대책 후의 실정수(m², sabin)
- A_1 : 실내면에 대한 흡음대책 전의 흡음력(m², sabin)
- A_2 : 실내면에 대한 흡음대책 후의 흡음력(m², sabin)

⑬ 잔향시간(반향시간)

$$\text{식} \quad T = \frac{0.161 \, \forall}{A} = \frac{0.161 \, \forall}{S_t \, \overline{\alpha}}$$

⑭ 투과손실

$$\text{식} \quad 투과손실(TL) = 10\log\frac{1}{\tau}$$

• $\tau = \dfrac{I_t}{I_o}$

$$\text{식} \quad 단일벽 \; 투과손실(TL) = 20\log(m \times f) - 43$$

• m : 벽체의 면밀도

⑮ 진동레벨

$$\text{식} \quad VAL = 20\log\left(\frac{a}{a_o}\right) \; (a : 진동가속도 \; 실효치, \; a_o : 기준가속도 = 10^{-5} \text{m/s}^2)$$

• $a = \dfrac{a_s}{\sqrt{2}}$ (a_s : 진동가속도 진폭)

⑯ 평균청력손실 평가   암기송 : a 2b c~4분법, a 2b 2c d 6분법~

$$\text{식} \quad 평균청력손실 = \frac{a + 2b + c}{4} \; (4분법)$$

$$\text{식} \quad 평균청력손실 = \frac{a + 2b + 2c + d}{6} \; (6분법)$$

• a : 옥타브밴드 중심주파수 500Hz에서의 청력손실(dB)
• b : 옥타브밴드 중심주파수 1,000Hz에서의 청력손실(dB)
• c : 옥타브밴드 중심주파수 2,000Hz에서의 청력손실(dB)
• d : 옥타브밴드 중심주파수 4,000Hz에서의 청력손실(dB)

⑰ 굴절률

$$\text{식} \quad 굴절률 = \frac{\sin\theta_1}{\sin\theta_2} = \frac{C_1}{C_2} = \frac{n_2}{n_1}$$

• θ_1 : 입사각
• C_1 : 매질 1에서의 음속
• n_1 : 매질 1에서의 굴절율

• θ_2 : 굴절각
• C_2 : 매질 2에서의 음속
• n_2 : 매질 2에서의 굴절율

⑱ 지향계수와 지향지수와의 관계

$$\text{식} \quad DI = 10\log Q$$

• Q : 지향계수
• DI : 지향지수

⑲ 시간가중평균 소음수준

$$TWA = 16.61\log\left(\frac{D}{100}\right) + 90 = 16.61\log\left(\frac{D}{100 \times \frac{T}{8}}\right) + 90$$

- T : 작업시간(별도 시간이 주어지지 않는 경우 8시간으로 가정)

⑳ 소음 노출지수 : 노출지수가 1 이상이면 초과, 노출지수가 1 미만이면 정상이다.

$$EI = \frac{C_1}{T_1} + \frac{C_2}{T_2} + \cdots + \frac{C_n}{T_n}$$

- T_1 : 90dB 노출허용시간(8hr)
- T_2 : 95dB 노출허용시간(4hr)
- T_3 : 00dB 노출허용시간(2hr)
- T_4 : 105dB 노출허용시간(1hr)
- T_5 : 110dB 노출허용시간(0.5hr)
- T_6 : 115dB 노출허용시간(0.25hr)

(3) 고열환경 및 이상기압을 측정, 평가하기

① 기습(습도)

㉠ 절대습도

$$\text{절대습도}(g/m^3) = \frac{\text{수증기}(g)}{\text{공기}(m^3)}$$

㉡ 상대습도(비교습도)

$$\text{상대습도} = \frac{\text{절대습도}}{\text{포화습도}} \times 100$$

㉢ 포화습도 : 공기 $1m^3$가 포화상태에서 함유할 수 있는 수증기량

② 습구흑구온도지수(WBGT)

㉠ 태양광선이 내리쬐는 장소

$$WBGT = 0.7 \times \text{습구온도} + 0.2 \times \text{흑구온도} + 0.1 \times \text{건구온도}$$

㉡ 태양광선이 내리쬐지 않는 장소

$$WBGT = 0.7 \times \text{습구온도} + 0.3 \times \text{흑구온도}$$

③ 불쾌지수

$$\text{불쾌지수} = 0.72[\text{습구온도}(℃) + \text{건구온도}(℃)] + 40.6 = 0.72(18+32) + 40.6 = 76.6$$

④ 열평형 방정식

$$\Delta S = M \pm C \pm R - E$$

- ΔS : 생체 열용량의 변화
- M : 작업대사량
- C : 대류에 의한 열교환
- R : 복사에 의한 열교환
- E : 증발에 의한 열교환

2 작업환경 관리

(1) 인간공학

① 권장무게한계(AL = RWL)

$$AL(kg) = 40\left(\frac{15}{H}\right)(1-0.004|V-75|)\left(0.7+\frac{7.5}{D}\right)\left(1-\frac{F}{F_{\max}}\right)$$

- H : 대상물체의 수평거리, 물체를 움직이기 전 물체의 위치
- V : 대상물체의 수직거리, 물체를 움직이기 전 물체의 위치
- D : 대상물체의 이동거리, 수직 및 수평의 이동을 모두 포함
- F : 중량물 취급작업의 빈도

$$RWL(kg) = 23 \times HM \times VM \times DM \times AM \times FM \times CM$$

- HM : 수평계수
- VM : 수직계수
- DM : 거리계수
- AM : 비대칭계수
- FM : 빈도계수
- CM : 커플링계수

② 최대허용기준(MPL)

$$MPL = 3AL$$

③ 들기지수(LI)
- 실제 작업물의 무게/권장한계무게(RWL)
- 특정 작업에서의 스트레스의 정도를 나타냄

$$LI = \frac{\text{물체무게(kg)}}{RWL(kg)}$$

(2) 산업피로

① 작업강도

$$\text{작업강도(\%MS)} = \frac{\text{작업시 요구되는 힘}}{\text{근로자가 가지고 있는 최대 힘}} \times 100$$

$$\text{적정 작업시간(sec)} = 671{,}120 \times \%MS^{-2.222}$$

② 작업대사율(RMR) : 산소의 소모량으로 에너지의 소모량을 결정

$$RMR = \frac{\text{작업대사량}}{\text{기초대사량}}$$

- 작업대사량 = 작업 시 소비에너지 - 안정 시 소비에너지

③ 실동률(%) = 85 - (5×RMR) ← 사이토, 오시마의 경험식

④ 피로예방 허용작업시간

$$\log T_{end} = 3.720 - (0.1949 \times 작업 대사량)$$
$$\log T_{end} = 3.724 - (3.25\log(RMR)) \leftarrow 사이토, 오시마 식$$

- T_{end} : 허용작업시간

⑤ 피로예방 휴식시간(Hertig식)

$$휴식시간(\%) = \left[\frac{PWC \times \frac{1}{3} - 작업 대사량}{휴식 대사량 - 작업 대사량}\right] \times 100 \;(휴식시간 : 60분 기준)$$

- PWC : 육체적 작업능력(kcal/min)

(3) 산업위생 관련 고시에 관한 사항(고용노동부 고시)

① 시간가중평균노출기준(TWA)

$$TWA = \frac{C_1 T_1 + C_2 T_2 + \cdots + C_n T_n}{8}$$

- C : 유해인자의 측정치(단위 : ppm, mg/m³ 또는 개/cm³)
- T : 유해인자의 발생시간(단위 : 시간)

② 노출지수(EI)

$$EI = \frac{C_1}{T_1} + \frac{C_2}{T_2} + \cdots + \frac{C_n}{T_n}$$

(4) 산업재해

① 재해율

㉠ 연천인율 : 재적 근로자 1,000명당 발생하는 재해자수

$$연천인율 = \frac{연간재해자수}{평균근로자수} \times 10^3$$

㉡ 건수율 또는 발생율(incidence rate) : 1,000명의 근로자 중에서 재해건수

$$건수율(발생율) = \frac{재해건수}{평균근로자수} \times 10^3$$

㉢ 도수율 : 1,000,000시간 중 발생한 재해건수를 의미한다.

$$도수율(FR) = \frac{재해발생건수}{연근로시간수} \times 10^6$$

㉣ 강도율 : 근로시간 1,000시간 중 재해로 인해 잃어버린 손실일수를 나타낸다.

$$강도율(SR) = \frac{근로손실일수}{연근로시간수} \times 1,000$$

- 근로손실일수
  - 사망 및 영구 전노동불능 : 7,500일
  - 영구일부 노동불능은 다음 표와 같다.

신체장애등급	4	5	6	7	8	9	10	11	12	13	14
손실일수	5,500	4,000	3,000	2,200	1,500	1,000	600	400	200	100	50

  - 일시 전노동불능은 역일에 의한 휴업일수에 300/365를 곱한다.
  - 사망 및 영구 전노동불능과 영구일부 노동불능으로 휴업한 일수는 상기의 손실일수에 가산되지 않는다.

ⓜ 환산도수율 : 100,000시간당 재해건수

$$환산도수율(F) = 도수율(FR) \times \frac{100,000}{1,000,000} = \frac{FR}{10}$$

ⓑ 환산강도율 : 100,000시간당 강도율

$$환산강도율(S) = 강도율(SR) \times \frac{100,000}{1,000} = SR \times 100$$

3 환기 일반

(1) 유체역학

① 레이놀즈 수

$$N_{Re} = \frac{관성력}{점성력} = \frac{DV\rho}{\mu}$$

- D : 관 직경
- V : 유속
- ρ : 유체의 밀도
- μ : 유체의 점도

- 2100 > N_{Re} : 층류, 4000 < N_{Re} : 난류(폐쇄된 상태)
- 1 > N_{Re} : 층류, 1000 < N_{Re} : 난류(자유대기)

[입자레이놀즈 수]

$$N_{Re} = \frac{관성력}{점성력} = \frac{D_p V\rho}{\mu}$$

- D_p : 입자 직경

② 연속방정식

$$A_1 V_1 = A_2 V_2$$

(2) 압력손실

① 후드의 압력손실

$$\Delta P_h = F_i \times P_v$$

- F_i : 유입손실계수 $= \dfrac{1 - C_e^{\,2}}{C_e^{\,2}}$
- C_e : 유입계수

② 후드정압

$$P_s = P_v + \Delta P_h = P_v + (F_i \times P_v) \Rightarrow P_s = P_v(1 + F_i)$$

③ 덕트의 압력손실

$$\text{장방형}(\Delta P) = f \times \dfrac{L}{D_o} \times \dfrac{\gamma V^2}{2g}$$

$$\text{원형}(\Delta P) = 4f \times \dfrac{L}{D} \times \dfrac{\gamma V^2}{2g} = \lambda \times \dfrac{L}{D} \times \dfrac{\gamma V^2}{2g}$$

※ $4f = \lambda$

※ $D_o = \dfrac{2ab}{a+b}$ (환산직경), 장방형관에서 직경에 상당하는 직경

- f : 관 마찰계수
- D : 직경
- L : 길이
- γ : 공기밀도

④ 곡관 압력손실

$$\text{곡관의 압력손실}(\Delta P) = \left(F \times \dfrac{\theta}{90}\right) \times P_v$$

- F : 압력손실계수

⑤ 합류관 압력손실

$$\text{합류관 압력손실} = \Delta P_1 + \Delta P_2$$

⑥ 확대관 압력손실

$$\text{확대관 압력손실} = F \times (P_{v1} - P_{v2})$$

$$\text{정압회복량}(P_{s2} - P_{s1}) = (P_{v1} - P_{v2}) - \Delta P$$

$$\text{확대측 정압}(P_{s2}) = P_{s1} + R(P_{v1} - P_{v2})$$

- $R = 1 - F$

⑦ 축소관 압력손실

> 식 $\Delta P = F \times (P_{v2} - P_{v1})$
>
> 식 정압감소량$(P_{s2} - P_{s1}) = -(P_{v2} - P_{v1}) - \Delta P = -(1+F)(P_{v2} - P_{v1})$
>
> - P_{v2} : 축소 후의 속도압
> - P_{s2} : 축소 후의 정압
> - P_{v1} : 축소 전의 속도압
> - P_{s1} : 축소 전의 정압

(3) 전체 환기

① 유효환기량

> 식 $Q' = \dfrac{G}{C}$
>
> - G : 유해물질 발생률(L/hr)
> - C : 유해물질 농도

② 실제환기량

> 식 $Q = Q' \times K$
>
> - Q' : 유효환기량(m³/min)
> - K : 안전계수

[안전계수(K)]
- $K=1$: 전체 환기가 제대로 이루어진 경우
- $K=2$: 작업장 내의 혼합이 보통인 경우
- $K=3$: 작업장 내의 혼합이 불완전한 경우
- $K=10$: 사각지대가 생겨서 환기가 제대로 이루어지지 않기 때문에 실제환기량을 유효환기량의 10배만큼 늘려야 함

③ 필요환기량

> 식 $Q = \dfrac{G}{TLV} \times K$

④ 전체 환기량

> 식 $\ln\left(\dfrac{C_t}{C_o}\right) = -k \cdot t$
>
> 식 $ACH = \dfrac{\text{필요환기량}}{\text{용적}}$, $ACH = \dfrac{\ln(C_o - C_{out}) - \ln(C_t - C_{out})}{t}$

⑤ 화재 및 폭발방지를 위한 전체 환기

> 식 $Q = \dfrac{G \times K}{LEL \times B}$

- G : 인화물질 사용량(m³/min)
- K(C) : 안전계수
  - LEL의 25%일 때 → $K=4$
  - 공기의 재순환이 없거나 환기가 잘 되지 않는 곳은 K값을 10보다 크게 적용한다.

- LEL : 폭발 하한 농도
  - 일반적으로 환기가 계속적으로 가동되고 있는 곳에서는 LEL의 1/4를 유지하는 것이 안전하다.
- B : 온도에 따른 보정상수
  - 120℃ 까지 $B=1.0$
  - 120℃ 이상 $B=0.7$

⑥ 혼합물질 발생 시의 전체 환기
  ㉠ 상가작용 : 각 유해물질당 환기량을 모두 합하여 필요환기량으로 산출한다.

  식 $Q = Q_1 + Q_2 + \cdots + Q_n$

  ㉡ 독립작용 : 각 유해물질당 환기량을 계산하고, 그 중 가장 큰 값을 필요환기량으로 한다.

⑦ 열평형 방정식 : 생체와 작업환경 사이의 열교환 관계를 나타내는 식이다.

  식 $\Delta S = M \pm C \pm R - E$ (중요 ★★★)

  - ΔS : 생체열용량의 변화(인체의 열축적 또는 열손실)
  - M : 작업대사량(체내열생산량)
  - C : 대류에 의한 열교환
  - R : 복사에 의한 열교환
  - E : 증발에 의한 열손실

⑧ 발열 시 필요환기량(방열 목적의 필요환기량)

  식 $Q = \dfrac{H_s}{0.3 \times \Delta t}$

  - H_s : 작업장 내 열부하량
  - Δt : 급배기의 온도차

⑨ 수증기 발생 시 필요환기량

  식 $Q = \dfrac{W}{1.2 \times \Delta G}$

  - W : 수증기 부하량
  - ΔG : 급배기 절대습도 차이

(4) 국소배기
① 후드의 흡인유량

  식 기본식(자유공간) $Q_c = (10X^2 + A) \times V_c$
  식 테이블(바닥) 위에 설치되어 있을 때 $Q_c = 0.5(10X^2 + 2A) \times V_c$
  식 플랜지를 부착한 경우 $Q_c = 0.75(10X^2 + A) \times V_c$
  식 테이블(바닥) 위에서 플랜지 부착하여 설치된 경우 $Q_c = 0.5(10X^2 + A) \times V_c$

  - X(제어거리) : 후드의 개구면에서 후드의 흡인력이 미치는 발생원까지의 거리
  - A : 흡인면적
  - V_c : 제어속도

  ※ 플랜지 : 후드의 흡인구 테두리에 설치되어 후드 뒤 쪽의 공기흡입을 배제하여 흡인공기량을 약 25% 감축시키는 설비이다.(슬로트형의 경우 30% 감소)

② 슬로트 후드의 흡인유량

식 $Q_c = C \times L \times V_c \times X$

- C : 형상계수
  - 자유공간(전체 원주) : 5.0(ACGIH 3.7)
  - 3/4 원주 : 4.1
  - 1/2 원주, 플랜지 부착 : 2.6(ACGIH 2.8)
  - 1/4 원주 : 1.6
- L : 슬로트 개구면의 길이(m)

③ 캐노피형(수형) 후드 직경 산출식

식 $F_3 = E + 0.8H$

- F_3 : 후드의 직경
- E : 열원의 직경
- H : 후드 높이

[장방형의 캐노피형 후드의 경우 필요송풍량]

- H/L ≤ 0.3인 경우

식 $Q = 1.4 \times P \times H \times V$

- $P : 2(L+W) \rightarrow$ 캐노피 둘레길이
- H : 배출원에서 후드 개구면까지의 높이
- V : 제어속도

- 0.3 < H/L ≤ 0.75인 경우

식 $Q = 14.5 \times H^{1.8} \times W^{0.2} \times V_c$

- H : 배출원에서 후드 개구면까지의 높이
- V : 제어속도
- W : 캐노피 폭

④ 덕트 직경 계산

식 $A = \dfrac{Q}{V}, \quad A = \dfrac{\pi D^2}{4}$

⑤ 정압조절평형법(유속조절평형법, 정압균형유지법)

식 $Q_2 = Q_1 \times \sqrt{\dfrac{P_{s2}}{P_{s1}}}$

- Q_2 : 조절 후 유량
- Q_1 : 조절 전 유량
- P_{s2} : 압력손실이 큰 관의 정압
- P_{s1} : 압력손실이 작은 관의 정압

⑥ 통과율 및 집진효율 계산 등
  ㉠ 집진효율(η)

식 $\eta = \dfrac{S_c}{S_i} = \dfrac{S_i - S_o}{S_i} = \dfrac{C_i - C_o}{C_i} = \left(1 - \dfrac{C_o}{C_i}\right)$

ⓒ 통과율(P)

$$P = \frac{S_o}{S_i} = 1 - \eta$$

ⓒ 부분집진율(η_f)

$$\eta_f = \left(1 - \frac{C_o \times f_o}{C_i \times f_i}\right)$$

ⓔ 총집진율(η_T)

$$\eta_T = 1 - [(1-\eta_1)(1-\eta_2)\cdots(1-\eta_n)]$$

- S_c : 포집분진량
- S_i : 유입분진량
- S_o : 유출분진량
- C_i : 유입분진농도
- C_o : 유출분진농도
- f_o : 유출분진분율
- f_i : 유입분진분율

⑦ 송풍기 관련 공식

㉠ 송풍기 소요동력

$$P(kW) = \frac{\Delta P \times Q}{102 \times \eta} \times \alpha \quad \text{(MKS 단위)}$$

- ΔP : 압력손실(mmH$_2$O)
- Q : 유량(m³/sec)
- η : 효율
- α : 여유율

㉡ 송풍기 압력
- 송풍기 유효전압

$$P_{tf} = P_{to} - P_{ti} = (P_{so} + P_{vo}) - (P_{si} + P_{vi})$$

- P_{tf} : 유효전압
- P_{to} : 출구전압
- P_{so} : 출구정압
- P_{si} : 입구정압
- P_{vo} : 출구동압
- P_{vi} : 입구동압

- 송풍기 유효정압

$$\begin{aligned}P_{sf} &= P_{tf} - P_{vo} \\ &= (P_{so} - P_{si}) + (P_{vo} - P_{vi}) - P_{vo} \\ &= (P_{so} - P_{si}) - P_{vi} \\ &= P_{so} - P_{ti}\end{aligned}$$

㉢ 송풍기 상사법칙
- 송풍기 크기가 같고, 공기의 비중이 일정할 때
  - 유량은 회전수에 비례한다.

$$Q_2 = Q_1 \times \left(\frac{N_2}{N_1}\right)$$

  - 풍압은 회전수의 제곱에 비례한다.

$$P_{s2} = P_{s1} \times \left(\frac{N_2}{N_1}\right)^2$$

- 동력은 회전수의 세제곱에 비례한다.

  식 $P_2 = P_1 \times \left(\dfrac{N_2}{N_1}\right)^3$

• 송풍기 회전수, 공기의 비중이 일정할 때
  - 유량은 송풍기의 직경의 세제곱에 비례한다.

  식 $Q_2 = Q_1 \times \left(\dfrac{D_2}{D_1}\right)^3$

  - 풍압은 송풍기의 직경의 제곱에 비례한다.

  식 $P_{s2} = P_{s1} \times \left(\dfrac{D_2}{D_1}\right)^2$

  - 동력은 송풍기의 직경의 오제곱에 비례한다.

  식 $P_2 = P_1 \times \left(\dfrac{D_2}{D_1}\right)^5$

• 송풍기 회전수와 송풍기 직경이 일정할 때
  - 유량은 공기의 비중의 변화에 무관하다.

  식 $Q_2 = Q_1$

  - 풍압은 공기의 비중에 비례한다.

  식 $P_{s2} = P_{s1} \times \left(\dfrac{\rho_2}{\rho_1}\right)$

  - 동력은 공기의 비중에 비례한다.

  식 $P_2 = P_1 \times \left(\dfrac{\rho_2}{\rho_1}\right)$

⑧ 배기구의 압력손실
  ㉠ 압력손실

  식 $\Delta P = F \times P_v$

  ㉡ 정압

  식 $P_s = (F-1) \times P_v$

(5) 공기정화장치

① 중력집진장치 부분집진율(η_f)

$$\eta_f = \frac{V_g}{V} \times \frac{L}{H}(\text{층류}), \quad \eta_f = 1 - \exp\left[\frac{V_g}{V} \times \frac{L}{H}\right](\text{난류})$$

② 원심력집진장치 부분집진율

㉠ 부분집진율

$$\eta_f = \frac{d_p^2 \pi V(\rho_s - \rho)N}{9\mu B} \times 100(\%)$$

㉡ 100% 제거입경

$$d_{p\min} = \sqrt{\frac{9\mu B}{\pi V(\rho_s - \rho)N}} \times 10^6 (\mu m)$$

㉢ 50% 제거입경

$$d_{pcut} = \sqrt{\frac{9\mu B}{2\pi V(\rho_s - \rho)N}} \times 10^6 (\mu m)$$

③ 여과포의 개수

$$n = \frac{\text{총 여과면적}}{\text{단위 여과포면적}} = \frac{A_f}{A_i} = \frac{Q_f / V_f}{\pi D L}$$

④ 전기집진장치 집진효율

$$\eta = 1 - e^{\left(-\frac{A \times We}{Q}\right)}$$

⑤ 헨리의 법칙

$$P = H \times C$$

(6) 보호구

1) 호흡용 보호구

① 보호계수(PF)

$$PF = \frac{C_o}{C_i}$$

- C_o : 보호구 밖의 농도
- C_i : 보호구 안의 농도

② 할당보호계수(APF)

> 식 $APF \geq HR$
> - HR : 위해비

③ 최대사용농도(MUC)

> 식 $MUC = 노출기준 \times APF$

④ 위해비(HR)

> 식 $HR = \dfrac{C}{PEL}$
> - PEL : 노출기준
> - C : 기대되는 공기 중 농도

2) 귀마개

① 차음효과(OSHA)

> 식 차음효과 $= (NRR - 7) \times 0.5$

4 위험성 평가

① 노출기준의 보정

㉠ 급성/만성중독

- 급성중독

> 식 보정노출기준 = 8시간 노출기준 $\times \dfrac{8hr/일}{t}$

- 만성중독

> 식 보정노출기준 = 8시간 노출기준 $\times \dfrac{44hr/주}{t}$

㉡ 보정된 노출기준농도(상가작용 고려)

- 혼합물질의 노출지수(EI)

> 식 $EI = \dfrac{C_1}{TLV_1} + \dfrac{C_2}{TLV_2} + \cdots + \dfrac{C_n}{TLV_n}$

- 보정된 노출기준 농도

> 식 보정된 노출기준 $= \dfrac{C_1 + C_2 + \cdots + C_n}{EI}$

ⓒ 증발기체의 허용농도(상가작용 고려)

> 식 $TLV_m = \dfrac{1}{\dfrac{f_1}{TLV_1} + \dfrac{f_2}{TLV_2} + \cdots + \dfrac{f_n}{TLV_n}}$
>
> • f : 물질의 분율   • TLV : 허용농도

ⓔ 비정상 작업시간에 대한 보정된 노출기준농도
  • 보정계수(RF)

> 식 $RF = \dfrac{8}{h}$ (미국산업안전보건청, OSHA)
>
> 식 $RF = \dfrac{8}{H} \times \dfrac{24-H}{16}$ (Brief and Scala)

  • 보정된 노출기준농도

> 식 보정된 노출기준 = 노출기준 × 보정계수(RF)

② 안전흡수량

> 식 $SHD \times 체중 = C \times T \times V \times R$
>
> • SHD(mg/kg) : 안전흡수량   • C : 유해물질 농도   • T : 노출시간
> • V : 폐환기율(호흡률)   • R : 체내잔류율

③ 위험도
  ㉠ 상대위험도(상대위험비)

> 식 상대위험도 = $\dfrac{노출군에서\ 질병발생률}{비노출군에서\ 질병발생률}$
>
> • 상대위험도 = 1인 경우 노출과 질병 사이의 연관성 없음을 의미
> • 상대위험도 > 1인 경우 위험의 증가를 의미
> • 상대위험도 < 1인 경우 질병에 대한 방어효과가 있음을 의미

  ㉡ 기여위험도(귀속위험도)

> 식 기여위험도 = 노출군에서의 질병발생률 - 비노출군에서의 질병발생률
>
> 식 기여분율 = $\dfrac{노출군에서\ 질병발생률 - 비노출군에서\ 질병발생률}{노출군에서\ 질병발생률}$

  ㉢ 교차비

> 식 교차비 = $\dfrac{환자군에서의\ 노출대응비}{대조군에서의\ 노출대응비}$
>
> • 교차비 = 1인 경우 요인과 질병 사이의 관계가 없음을 의미
> • 교차비 > 1인 경우 요인에의 노출이 질병발생의 증가를 의미
> • 교차비 < 1인 경우 요인에의 노출이 질병발생의 방어를 의미

④ 표준사망비(SMR)

$$SMR = \frac{작업장에서의 사망률}{일반인구의 사망률}$$

⑤ 측정타당도

㉠ 민감도 : 노출을 측정 시 실제로 노출된 사람이 이 측정방법에 의하여 '노출된 것'으로 나타날 확률

$$민감도 = \frac{실제값\ 양성자수}{실제값\ 총\ 양성자수} = \frac{A}{A+C}$$

㉡ 특이도 : 노출을 측정 시 실제로 노출되지 않은 사람이 이 측정방법에 의하여 '노출되지 않은 것'으로 나타날 확률

$$특이도 = \frac{실제값\ 음성자수}{실제값\ 총\ 음성자수} = \frac{D}{B+D}$$

5 석면 관리

① X선 회절법 농도계산

$$C(개/cc) = \frac{(C_s - C_b) \times A}{A_f \times Q}$$

- C_s : 분석시료 시야당 석면개수
- C_b : 공시료 시야당 석면개수
- A : 여과지 유효면적
- A_f : 개수면적(시야면적)
- R : 채취량

CHAPTER 02 법규정리

1 산업안전보건법

① 제2조(정의)

이 법에서 사용하는 용어의 뜻은 다음과 같다.
- ㉠ "산업재해"란 근로자가 업무에 관계되는 건설물·설비·원재료·가스·증기·분진 등에 의하거나 작업 또는 그 밖의 업무로 인하여 사망 또는 부상하거나 질병에 걸리는 것을 말한다.
- ㉡ "근로자"란 「근로기준법」 제2조 제1항 제1호에 따른 근로자를 말한다.
- ㉢ "사업주"란 근로자를 사용하여 사업을 하는 자를 말한다.
- ㉣ "근로자대표"란 근로자의 과반수로 조직된 노동조합이 있는 경우에는 그 노동조합을, 근로자의 과반수로 조직된 노동조합이 없는 경우에는 근로자의 과반수를 대표하는 자를 말한다.
- ㉤ "작업환경측정"이란 작업환경 실태를 파악하기 위하여 해당 근로자 또는 작업장에 대하여 사업주가 유해인자에 대한 측정계획을 수립한 후 시료(試料)를 채취하고 분석·평가하는 것을 말한다.
- ㉥ "안전·보건진단"이란 산업재해를 예방하기 위하여 잠재적 위험성을 발견하고 그 개선대책을 수립할 목적으로 고용노동부장관이 지정하는 자가 하는 조사·평가를 말한다.
- ㉦ "중대재해"란 산업재해 중 사망 등 재해 정도가 심한 것으로서 고용노동부령으로 정하는 재해를 말한다.

② 제15조(안전보건관리책임자)

사업주는 사업장에 안전보건관리책임자(이하 "관리책임자"라 한다)를 두어 다음 각 호의 업무를 총괄관리하도록 하여야 한다.
- ㉠ 산업재해 예방계획의 수립에 관한 사항
- ㉡ 안전보건관리규정의 작성 및 변경에 관한 사항
- ㉢ 안전보건교육에 관한 사항
- ㉣ 작업환경측정 등 작업환경의 점검 및 개선에 관한 사항
- ㉤ 근로자의 건강진단 등 건강관리에 관한 사항
- ㉥ 산업재해의 원인 조사 및 재발 방지대책 수립에 관한 사항
- ㉦ 산업재해에 관한 통계의 기록 및 유지에 관한 사항
- ㉧ 안전·보건과 관련된 안전장치 및 보호구 구입 시의 적격품 여부 확인에 관한 사항
- ㉨ 그 밖에 근로자의 유해·위험 예방조치에 관한 사항으로서 고용노동부령으로 정하는 사항

③ 시행령 제18조(안전관리자의 업무 등)

안전관리자가 수행하여야 할 업무는 다음 각 호와 같다.
- ㉠ 산업안전보건위원회에서 심의·의결한 업무와 안전보건관리규정 및 취업규칙에서 정한 업무
- ㉡ 안전인증대상 기계·기구 등과 자율안전확인대상 기계·기구 등 중 보건과 관련된 보호구(保護具) 구입 시 적격품 선정에 관한 보좌 및 조언·지도
- ㉢ 위험성평가에 관한 보좌 및 조언·지도
- ㉣ 산업보건의의 직무(보건관리자가 별표 6 제1호에 해당하는 사람인 경우로 한정한다)
- ㉤ 해당 사업장 안전교육계획의 수립 및 안전교육 실시에 관한 보좌 및 조언·지도
- ㉥ 해당 사업장의 근로자를 보호하기 위한 다음 각 목의 조치에 해당하는 의료행위(보건관리자가 별표 6 제1호 또는 제2호에 해당하는 경우로 한정한다)

가. 외상 등 흔히 볼 수 있는 환자의 치료
나. 응급처치가 필요한 사람에 대한 처치
다. 부상·질병의 악화를 방지하기 위한 처치
라. 건강진단 결과 발견된 질병자의 요양 지도 및 관리
마. 가목부터 라목까지의 의료행위에 따르는 의약품의 투여
ⓐ 작업장 내에서 사용되는 전체 환기장치 및 국소 배기장치 등에 관한 설비의 점검과 작업방법의 공학적 개선에 관한 보좌 및 조언·지도
ⓞ 사업장 순회점검·지도 및 조치의 건의
ⓩ 산업재해 발생의 원인 조사·분석 및 재발 방지를 위한 기술적 보좌 및 조언·지도
ⓩ 산업재해에 관한 통계의 유지·관리·분석을 위한 보좌 및 조언·지도
ⓣ 법 또는 법에 따른 명령으로 정한 보건에 관한 사항의 이행에 관한 보좌 및 조언·지도
ⓔ 업무수행 내용의 기록·유지
ⓟ 그 밖에 작업관리 및 작업환경관리에 관한 사항

④ 제31조(산업보건의의 직무 등)
1. 건강진단 결과의 검토 및 그 결과에 따른 작업 배치, 작업 전환 또는 근로시간의 단축 등 근로자의 건강보호 조치
2. 근로자의 건강장해의 원인 조사와 재발 방지를 위한 의학적 조치
3. 그 밖에 근로자의 건강 유지 및 증진을 위하여 필요한 의학적 조치에 관하여 고용노동부장관이 정하는 사항

⑤ 시행령 제98조(정의-건강진단)
㉠ "일반건강진단"이란 상시 사용하는 근로자의 건강관리를 위하여 사업주가 주기적으로 실시하는 건강진단을 말한다.
㉡ "특수건강진단"이란 다음 각 목의 어느 하나에 해당하는 근로자의 건강관리를 위하여 사업주가 실시하는 건강진단을 말한다.
 • 특수건강진단 대상 유해인자에 노출되는 업무(이하 "특수건강진단대상업무"라 한다)에 종사하는 근로자
 • 근로자건강진단 실시 결과 직업병 유소견자로 판정받은 후 작업 전환을 하거나 작업장소를 변경하고, 직업병 유소견 판정의 원인이 된 유해인자에 대한 건강진단이 필요하다는 의사의 소견이 있는 근로자
㉢ "배치전 건강진단"이란 특수건강진단대상업무에 종사할 근로자에 대하여 배치 예정업무에 대한 적합성 평가를 위하여 사업주가 실시하는 건강진단을 말한다.
㉣ "수시건강진단"이란 특수건강진단대상업무로 인하여 해당 유해인자에 의한 직업성 천식, 직업성 피부염, 그 밖에 건강장해를 의심하게 하는 증상을 보이거나 의학적 소견이 있는 근로자에 대하여 사업주가 실시하는 건강진단을 말한다.
㉤ "임시건강진단"이란 다음 각 목의 어느 하나에 해당하는 경우에 특수건강진단 대상 유해인자 또는 그 밖의 유해인자에 의한 중독 여부, 질병에 걸렸는지 여부 또는 질병의 발생원인 등을 확인하기 위하여 법 제43조 제2항에 따른 지방고용노동관서의 장의 명령에 따라 사업주가 실시하는 건강진단을 말한다.
 • 같은 부서에 근무하는 근로자 또는 같은 유해인자에 노출되는 근로자에게 유사한 질병의 자각·타각증상이 발생한 경우
 • 직업병 유소견자가 발생하거나 여러 명이 발생할 우려가 있는 경우
 • 그 밖에 지방고용노동관서의 장이 필요하다고 판단하는 경우

⑥ 시행령 별표 6(보건관리자의 자격)
보건관리자는 다음 각 호의 어느 하나에 해당하는 사람으로 한다.
1. 산업보건지도사 자격을 가진 사람
2. 의사
3. 간호사
4. 산업위생관리산업기사 또는 대기환경산업기사 이상의 자격을 취득한 사람
5. 인간공학기사 이상의 자격을 취득한 사람
6. 전문대학 이상의 학교에서 산업보건 또는 산업위생 분야의 학위를 취득한 사람(법령에 따라 이와 같은 수준 이상의 학력이 있다고 인정되는 사람을 포함한다)

2 산업안전보건기준에 관한 규칙

① 제449조(유해성 등의 주지)

사업주는 관리대상 유해물질을 취급하는 작업에 근로자를 종사하도록 하는 경우에 근로자를 작업에 배치하기 전에 다음 각 호의 사항을 근로자에게 알려야 한다.
- ㉠ 관리대상 유해물질의 명칭 및 물리적·화학적 특성
- ㉡ 인체에 미치는 영향과 증상
- ㉢ 취급상의 주의사항
- ㉣ 착용하여야 할 보호구와 착용방법
- ㉤ 위급상황 시의 대처방법과 응급조치 요령
- ㉥ 그 밖에 근로자의 건강장해 예방에 관한 사항

② 제517조(청력보존 프로그램 시행 등)

사업주는 다음 각 호의 어느 하나에 해당하는 경우에 청력보존 프로그램을 수립하여 시행하여야 한다.
- ㉠ 소음의 작업환경 측정 결과 소음수준이 90데시벨을 초과하는 사업장
- ㉡ 소음으로 인하여 근로자에게 건강장해가 발생한 사업장

3 화학물질의 분류·표시 및 물질안전보건자료에 관한 기준

① 제10조(작성항목)

물질안전보건자료 작성 시 포함되어야 할 항목 및 그 순서는 다음 각 호에 따른다.
1. 화학제품과 회사에 관한 정보
2. 유해성·위험성
3. 구성성분의 명칭 및 함유량
4. 응급조치요령
5. 폭발·화재시 대처방법
6. 누출사고시 대처방법
7. 취급 및 저장방법
8. 노출방지 및 개인보호구
9. 물리화학적 특성
10. 안정성 및 반응성
11. 독성에 관한 정보
12. 환경에 미치는 영향
13. 폐기 시 주의사항
14. 운송에 필요한 정보
15. 법적규제 현황
16. 그 밖의 참고사항

📖 참고문헌

한국산업안전보건공단
대기오염방지시설 설계실무편람(1999)
(최신) 산업위생관리, 한돈희 외 1인, 신광문화사
핵심 산업보건, 김치년 외 10인, 신광문화사
산업안전보건법(고용노동부)

"꿈은
날짜와 함께 적으면 목표가 되고,
목표를 잘게 나누면 계획이 되며,
계획을 실행에 옮기면 꿈은 실현된다."

당신의 합격메이커 에듀피디